U0199828

本书系中国博士后科学基金第 72 批面上资助项目"中国冷兵器设计机制及地理信息编码研究"（资助编号：2022M720450）阶段成果

造物武道：

清代远程武器装备设计思想研究

吴岳骏　著

学苑出版社

图书在版编目（CIP）数据

造物武道：清代远程武器装备设计思想研究 / 吴岳
骏著 . —北京：学苑出版社，2023.11

ISBN 978-7-5077-6828-2

Ⅰ.①造… Ⅱ.①吴… Ⅲ.①武器装备－设计－研究
－中国－清代 Ⅳ.① TJ02

中国国家版本馆 CIP 数据核字（2023）第 210593 号

出 版 人：洪文雄
责任编辑：魏　桦　周　鼎
出版发行：学苑出版社
社　　　址：北京市丰台区南方庄 2 号院 1 号楼
邮政编码：100079
网　　　址：www.book001.com
电子信箱：xueyuanpress@163.com
联系电话：010-67601101（营销部）、010-67603091（总编室）
印 刷 厂：廊坊市印艺阁数字科技有限公司
开本尺寸：787 mm×1092 mm　1/16
印　　张：16
字　　数：430 千字
版　　次：2023 年 11 月第 1 版
印　　次：2023 年 11 月第 1 次印刷
定　　价：298.00 元

序　言

　　本书以清代远程武器装备设计为研究基点，深入探讨了中国古代武器装备设计的精神意义和价值取向。旨在通过对清代远程武器装备设计思想的深入研究，探索古代制器造物艺术的内在文化，归纳传统设计行为规律，构建中华文明下的设计思想体系。本书从多个角度解读了清代远程武器装备的设计思想，并分析其在现代意义上的重要性。

　　在中国古代设计史与中国古代设计思想的研究中，武器装备无疑是一个狭特的研究对象。以兵器为主体的武器装备，作为历代必备的辅助工具，与战争有着极为密切的关系。中国古人对于武器装备设计的极端重视，不仅体现在其物质属性的日趋完善，设计制作所倾注的大量人力、物力、财力资源，更体现在其所寄托的复杂的精神内涵。时代的进步和科学技术的发展，造就了中国武器装备造型样式的多样性，并使其自然形成了复杂的设计体系。这一体系与中国古代文化的演化过程相伴而行，承载了设计文化与审美文化的发展。

　　通过对清代军事战争环境、造物设计实践、手工业发展情况、经济环境概况、伦理道德关系、哲学思想环境的多角度解读，揭示了古代武器装备设计和人类生存和发展问题之间的关系。从工艺、功能、形式等多个角度来解读清代远程武器装备的设计思想。同时，书中还从价值、本质、功用等多个方面分析了古代武器装备设计思想的现代意义。通过对清代远程武器装备设计活动的理解与阐释，将武器装备设计放置在人类社会活动和"武"的行为事理与设计存在意义的层面进行探讨，着重强调了其精神意义和价值取向。

　　在现代社会中，武器装备作为辅助工具与战争密切相关。中国古代对武器装备设计的极端重视体现在其物质属性的完善以及大量人力、物力、财力资源的投入上，更体现在其所寄托的复杂精神内涵。随着时代的进步和科学技术的发展，中国武器装备造型样式逐渐多样化，形成了复杂的设计体系。这一体系伴随着中国古代文化的演化过程，承载了设计文化与审美文化的发展。本书总结了清代远程武器装备设计过程中处理兵器与人体、自然、权力、欲望之间关系的特殊伦理态度，并体现在造物行为、"武"文化和物—人关系中。武器装备设计的终极目的是促进人类社会理想化和谐化发展。因此，对清代远程武器装备设计思想的研究不仅具有对历史遗存设计特征的归纳总结价值，也对当今武器装备设计的发展具有引导价值。

通过深入研究清代远程武器装备设计思想，我们可以更好地理解中国古代造物与现代设计所面临的共同的设计本质问题，推动中国现代军备设计的本土化发展。本书的研究结果对于提升我们对中国古代武器文化的了解，拓宽对现代武器装备设计的认识具有重要意义。对于历史遗存设计特征的归纳总结具有重要价值，同时也对当今武器装备设计的发展具有引导价值。通过深入研究清代远程武器装备设计思想，我们能够更好地理解中国传统文化中的"武"观念与战争文化，并将其融入到现代武器装备设计中，推进文化自信。希望本书能够为读者提供新的视角和思考方式，推动中国现代军备设计的发展。

前　言

　　武器装备兼具实际功用和文化符码的双重属性。一系列武器装备设计问题的解决，伴随着人类"武"文化与战争文化的发展。无论设计语境如何变迁，中国古代造物与现代设计所面临的设计本质问题却始终是人类的生存与发展问题。古代武器装备，作为承载传统设计思想与人文因素的载体，具有强烈的区域文化特征，因此，对于清代远程冷兵器设计思想的研究，为现代武器装备设计的本土化发展提供了新的契机；对于古代武器装备设计特征和设计思想的研究，则有助于探寻古代制器造物艺术的内在文化，归纳传统设计行为规律，构建中华文明下的设计思想价值体系，从而加快中国现代军备设计实现文化自信。

　　本书以清代军事战争环境、造物设计实践、手工业发展情况、经济环境概况、伦理道德关系、哲学思想环境为背景，从工艺、功能、形式多个角度来解读清代远程冷兵器的设计思想，进而从价值、本质、功用等多个方面分析古代武器装备设计思想的现代意义。

　　清代远程冷兵器设计是本书研究基点。在中国古代设计史与中国古代美学的研究中，武器装备无疑是一个内容广泛、深刻的研究对象。以兵器为主体的武器装备，作为历代必备的辅助工具，与战争有着极为密切的关系。中国古人对于武器装备设计的极端重视，不仅体现在其物质属性的日趋完善，设计制作所倾注的大量人力、物力、财力资源，更体现在其所寄托的复杂的精神内涵。时代的进步和科学技术的发展，造就了中国武器装备造型样式的多样性，并使其自然形成了复杂的设计体系。这一体系与中国古代文化的演化过程相伴而行，承载了设计文化与审美文化的发展。本书将清代远程冷兵器设计活动放置在人类社会活动、"武"之行为事理与设计存在意义的高度进行理解和阐释，主要探讨了中国古代武器装备设计的精神意义以及价值取向。

　　论文总结了清代远程冷兵器设计过程中，处理兵器与人体、自然、权力、欲望之间关系的特殊伦理态度，具体体现在造物行为、"武"文化和"物、人"关系中。武器装备设计的终极目的是促进人类社会理想化、和谐化发展。因此，对清代远程冷兵器设计思想的研究同时具有对历史遗存设计特征的归纳总结价值，又对当今武器装备设计的发展具有引导价值。

目　录

第一章

绪论

一、研究背景

中华文明博大精深，在悠久的造物历史中，丰富的造物思想和设计，构成中华民族宝贵的文化遗产。而在中国古代设计史的研究当中，武器装备是一个广泛而富有深刻内容的研究对象。

武器特指军事斗争中具有杀伤和破坏功能的各类器械装置。但从广义上来说，任何可造成伤害（包括心理伤害）的事物或工具，都可称为武器。我们需要从历史发展的脉络来探析人类武器装备最早的起源。动物的"武器"是它们身体的组成部分，如尖齿、毒牙、利爪、锐角等。与人类不同，动物无法控制也无法预知使用"武器"的具体时间，所以在自然选择的漫长进化中，许多动物都具备了独有的"武器"，它们是身体的组成部分，可以随时供自己使用，被快速地调动来进行斗争。由此可知，将"武器"从身体分离，也就是具有使用"工具"的意识，能够使用自身以外的"工具"作为武器装备，将是一次重大的突破。这还说明武器在人类社会出现时是具有偶然性的，开始只是作为工具存在，在某种意外情况下被赋予了进攻和防护的功能，从那一刻起这些工具就具备了武器的性质。之后，人类才有意识地将某些工具专门用于进攻和防护，逐渐制造出真正意义上的武器。

以兵器为主体的武器装备，与战争有着极为密切的关系，是历代统治阶级夺取政权、巩固政权必备的重要工具。在古代，中国人十分重视武器装备的设计，在设计行为过程中，不仅局限于其物理属性，同时还赋予器物深刻的精神内涵。随着时间的推移和科学技术的发展，中国武器装备的造型不断变化、更新，形成了多样的造型和庞大复杂的体系。这一体系的发展历经数千年，与中华文明的演进过程相伴而行，是中华文化发展的重要物质载体。

随着历史的演进，武器的功能性意义越来越强，造型意义相对减弱。古代冷兵器是实用性与象征性的结合体，其寓意文化特点十分明显，发展过程可以归纳为：实用大于审美—实用与审美共存—审美大于实用。进入近代、当代乃至现代，武器在实用的同时，审美同样是不可忽略的软实力。这是长"时间"的累积效应，是在一定时空范围内，人类最高生产力与智慧的体现。

武器的功用在毁伤敌人同时，也带来广泛的技术传播与技术革新。新的技术不断叠加在已有武器制造技术上，也反作用于一定的社会结构。因此，从武器古今对比，找出相同或相异之处，多方面找出分析点，才能发掘出中华设计文明中"武"

的思想文脉。同时，古代冷武器的造物美学与现代武器的美学设计，具有内在的间接关联性。本书通过对古代武器装备设计特征和设计思想的研究，有助于探寻古代制器造物艺术的内在文化，归纳传统设计行为规律，构建中华文明下的设计思想价值体系，将其运用于中国现代武器装备设计之中，从设计方面树立中华民族的文化自信。

二、研究对象的选择

最终本书选定武器装备作为研究内容的主要原因是，中国古代先民在设计制造武器装备时，除满足其杀伤和防护功能外，常赋予其很多文化寓意，也就是中国设计史上常说的"器以载道"。在世界各个文明中，远程冷兵器都是重要的战争和习武工具，在国家军事、政治、民生等领域占有重要地位。通过对传统武器装备的设计进行深入研究，可以发掘其承载的文化内涵、民族特征、价值观念、审美取向等，对中国现代军事相关设计的本土化发展至关重要。

作为研究的主题，选定一个具有代表性的历史区间和典型性的武备种类至关重要。中国传统武器装备，不仅是我国古代科学技术成就的典型代表，也是与我国古代社会文化思想紧密联系的观念之物。在我国设计思想发展史上，清代具有"集成性"，其地位极为显著。这一时期，为中国传统设计思想向近代设计思想转型的关键时期，受政治、经济、科技等方面的影响，无论是美学思想、哲学思想、宗教思想，还是市井文化、宫廷文化，都体现为中国传统文化的集大成者。

整个清朝代历 276 年，政权迭变、战争频仍，少数民族侵扰、外敌入侵、农民起义等等，多种形式的战争直接导致了作战方式的变革和武器装备设计思想的变更。受外来文化思想和科学技术的影响，加之外敌入侵作战方式发生变化，武器装备设计进入了冷兵器和火器并存的时期，"物质决定意识"，其武器装备造物设计思想必然呈现出与之相应的特点，并对后世武器装备设计影响十分深远。

清代远程冷兵器的设计涉及机械结构、部件之间的连接以及力学结构，是中国古代武器装备设计制造的顶峰。同时，清王朝源于善骑射的女真族，"射"对清代有着至关重要的意义，无论是战争、武举、狩猎、习武、祭祀都十分重视远程冷兵器的使用。此期间，远程冷兵器的设计也十分具有代表性。

另外，清代武器装备历史遗存十分丰富，武备图谱与实物文物存世量极大并保存完好，十分具有代表性和研究价值。

综上所述，本课题旨在以清代兵器装备为支点，系统深入研究清代武器装备制造工艺、成器范式、设计思想等，重点探究武器装备的成器范式和设计思想，并尝试与现代设计理论互读互释。

三、学术梳理及研究动态

中国的造物设计思想具有悠久而辉煌的历史。在古代武器装备分类上，纵向分为石木兵器时代、铜兵器时代、铁兵器时代、冷火并用时代；而横向研究则有四种分类方式：

1. 从武器装备的现实意义上分为实战武器装备和礼器武器装备；
2. 从武器装备的设计目的上分为攻击兵器、防具、载具、攻守城装置等；
3. 从武器装备的作战方式上分为步兵武器装备、骑兵武器装备、水兵武器装备、攻城武器装备等；
4. 从攻击方式上分为远程武器装备、近身武器装备、埋伏武器装备等，见图1.1。

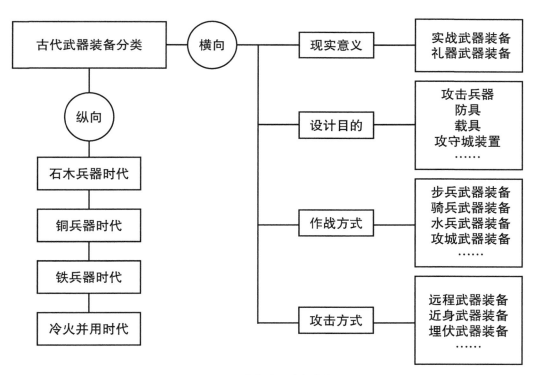

图 1.1　古代武器装备分类

从横向四种分类方法的角度看，都有一定量对清代武器装备的研究。但是，绝大部分研究并没有从设计入手。仅有的涉及艺术设计的部分研究论文，也是单一地从使用方式或纹饰纹样进行分析。尽管清代武器装备文物现存量巨大，对其设计的研究也十分丰富，但主要集中于宫廷武器装备设计研究，切入角度多以对战争、对历史进程的影响，以及冷火交替变更等为主，以及大量的、对单个案例的外观造型的器形、纹样、色彩总结性研究，而鲜有对其造物设计思想的研究。

近年来，国内兴起了中国民族艺术设计的研究热潮，相关的研究成果和公开发表的论著层出不穷。然而，将中国传统造物设计思想作为一个完整的体系所进行的系统研究还远远不够。学界对武器装备设计的研究，主要从四个方向切入。

（一）武器装备设计起源与发展

刘文强（2012）认为，彩绘石钺是一种钺体表面穿孔、两侧彩绘的史前遗物，其产生、发展、演变到消亡跨越漫长的文化历史进程[①]；安丽（2004）指出：以旧石器时代晚期的投掷抛击类狩猎工具为基础，到商周时代的石质棍棒头、青铜质棍棒头，逐渐发展成为蒙古族的独特狩猎工具布鲁[②]；王兆春（1987）指出：我国的冷兵器起源于夏王朝，夏王朝开始创设专门的冷兵器的手工业制作部门，进行冷兵器的批量生产；杨私（1985）指出兵器多是从坚硬有锋刃的生产生活工具（尤其是狩猎工具）转化而来[③]；沈志刚（2009）指出中国古代的兵器发展主要分为冷兵器（石质、青铜、铁器兵器）、冷兵器与火器并用两个阶段[④]；新石器时代中晚期是冷兵器的萌发阶段或原始阶段。青铜兵器经历了出现（早商）、发展（商代）、成熟（西周至春秋）以及衰落（战国）四个时期。钢铁兵器的发展也可划分为出现（战国到秦汉）、发展（三国西晋到南北朝）、成熟（隋唐）、衰落（北宋）四个时期[⑤]。

① 刘文强：《中国史前彩绘石钺初步研究》，安徽大学考古学及博物馆学专业硕士学位论文，2012年，第2-10页。
② 安丽：《蒙古族的狩猎工具——布鲁及源流》，《内蒙古文物考古》2004年第2期，第68-72页。
③ 杨私：《考古学与中国古代兵器史研究》，《文物》1985年第8期，第16-24页。
④ 沈志刚：《中国兵器的发展》，《明长陵营建600周年学术研讨会论文集》，2009年。
⑤ 赵娜：《茅元仪〈武备志〉研究》，华中师范大学历史文献学博士论文，2013年，第145-162页。

（二）武器装备设计受地域文化影响

乌恩（1978）详细阐述了北方青铜短剑的类型、出现时期、文化渊源等[①]；杨泽蒙（2002）指出："鄂尔多斯青铜器"多为实用器械，可分为兵器和工具、装饰品、日用品及马具和战车用具四大类。鄂尔多斯兵器以虎、豹、狼、狐狸等动物纹装饰，极具特色[②]；杨少祥、郑政魁（1990）指出：广东过去仅见出土过石琮、玉琮，发现玉琮和青铜兵器还是首次[③]，这些表面刻划兽面纹的玉琮，面部以广东新石器时代晚期流行的云雷纹构成，形象与广东封开县鹿尾村新石器时代墓葬出土的石琮[④]和江苏常州武进寺墩遗址出土的玉琮[⑤]都很相似，判别其年代应在新石器时代晚期。玉琮出土地点并无发现其他遗物，推断出玉琮、青铜兵器很有可能与北面、东面、南面的遗址有内在文化联系[⑥]；江苏省文物管理委员会（1966）根据江苏高淳出土器物中有铜矛与铜戈分析认为，铜矛造型艺术上具有周代兵器之特点，铜戈则具有春秋战国吴地铜戈造型的特点[⑦]。

（三）武器装备设计受生产力发展影响

中国古代冷兵器的设计，体现着中国古代优良的手工制造技艺。自夏商开始，中国古代兵器制造文明与泰勒制的西方制造文明有着本质区别。在中国古代兵器制造的基础上，没有发展为现代制造文明[⑧]。古代兵器的制造思想对现代工业制造思想也有着一定影响。魏双盈（2000）研究了中国古代兵器制造的模式特点以及组织管理方式；孙玲（2011）从制作材料、制作工艺、装饰艺术等方面描述东方（中国）与西方古代冷兵器制作的差异：东西方异源同时发展，都采用当时最先进的兵器技

① 乌恩：《关于我国北方的青铜短剑》，《考古》1978 年第 5 期，第 324-333 页。

② 杨泽蒙：《国内展览：内蒙古鄂尔多斯博物馆举办鄂尔多斯青铜器展》，《中国考古学年鉴》，北京：文物出版社，2002 年，第 410 页。

③ 杨少祥、郑政魁：《广东海丰县发现玉琮和青铜兵器》，《考古》1990 年第 8 期，第 751-753 页。

④ 杨式挺：《封开县鹿尾村新石器时代墓葬》，中国考古学会主编：《中国考古学年鉴》，北京：文物出版社，1985 年，第 201 页。

⑤ 汪遵国、李文明、钱锋：《1982 年江苏常州武进寺墩遗址的发掘》，《考古》1984 年第 2 期，第 109-129 页。

⑥ 刘丽君：《考古学家麦兆汉及其对粤东考古的贡献》，《汕头大学学报》1992 第 2 期，第 71-78 页。

⑦ 江苏省文物管理委具会：《江苏高淳出土春秋铜兵器》，《考古》1966 第 2 期，第 63-65 页。

⑧ 魏双盈：《中国古代兵器制造中的现代制造思想》，《机械技术史》2000 年第 S 期，第 85-91 页。

艺，杀伤力强，最大程度地满足战争需要[1]。手工时代的冷兵器就好比是当代的生化武器，对于捍卫领土完整甚至是向外扩张，都具有十分重要意义。

（四）武器装备设计受文化因素影响

王兆春（1987）阐述戚继光的"御敌须要先利器"、同时装备冷兵器与火器等军事思想[2]；晟永（1998）指出：冷兵器是人类战争史上最早出现，也是使用时间最长的武器类型，文化在古代战争与历史长河中发挥重要作用[3]；徐新照在（2003）从中华传统文化角度论述了兵器的技艺致用型价值取向[4]；徐新照（2003）分析了古代兵器与传统文化之间的关系，论述了铸造兵器的技艺及致用型的价值取向[5]；肖冬松（2004）指出：冷兵器军事变革的历史过程，文化心理在冷兵器发展的历史变革中起到重要作用[6]；汤惠生（2004）认为，艺术最先始于人类早期石斧使用、标识等；只有结合人类发展和生存状况进行考古学分析，讨论石斧以及艺术的出现，才具有超越单一学科局限的意义[7]；徐新照（2007）从文化史观角度，深度探讨了中国古代兵器的创制特征、兵器技艺的创制，发展往往受到文化规范的限制，是一种文化选择与筛选过程[8]；邵伟（2007）指出：兵器、军事和军事体育三者之间相互联系、相互影响、相互作用[9]；汉字在我国由来已久，有深厚的文化积淀，程奕（2009）指出：兵器是战争起源与发展阶段的重要标志，以汉字书写的中国古代兵器名称等，记录着我国古代战争的演变轨迹[10]；邵伟、王童、谢松林等（2011）指出：伴随着冷兵器的不断演变与发展，中国古代军队的军事训练活动（军事体育）逐渐趋向训练

---

[1] 孙玲：《论手工时代中西方冷兵器的工艺差异》，《东方艺术》2011 年第 S1 期，第 50-51 页。

[2] 王兆春：从《纪效新书》与《练兵实纪》看戚继光对古代军事学的贡献》，《军事历史研究》1987 年第 3 期，第 188-198 页。

[3] 晟永：《冷兵器与中国传统文化》，《军事历史研究》1998 年第 4 期，第 111-113 页。

[4] 徐新照：《中国文化赋予兵器的意义》，《南京理工大学学报（社会科学版）》2003 年第 5 期，第 22-27 页。

[5] 徐新照：《文化价值观与古代兵器》，《自然辩证法通讯》2003 年第 2 期，第 16-22 页。

[6] 肖冬松：《试析文化在冷兵器军事变革中的作用及特点》，《军事历史研究》2004 年第 4 期，第 157-162 页。

[7] 汤惠生：《旧石器时代石斧的认知考古学研究》，《东南文化》2004 年第 6 期，第 16-20 页。

[8] 徐新照：《中国兵器创制中的文化思想》，《国防科技》2007 年第 10 期，第 59-66 页。

[9] 邵伟：《从中国冷兵器的演变看中国古代军事体育的发展》，广西师范大学体育人文社会学硕士论文，2007 年，第 32-41 页。

[10] 程奕：《从汉字看古代兵器的演进》，《求实》2009 年第 S1 期，第 337 页。

内容系统化、士兵选材科学化、考核制度规范化[①]；王教健（2012）指出：中国古代兵器的产生、发展、分类、政治意义解读，都与中国的传统文化紧密相关[②]；王立（2013）指出：明清大刀叙事，在于借助大刀的传播效果与崇拜威慑力量，弘扬汉民族的自信与光荣[③]；汪翔、杨家余、陈力等（2013）指出：中国冷兵器时代战斗力生成模式的转变，经历了车战时代—骑兵时代、骑兵时代—火器时代两个转变阶段[④]。

学界以中国古代武器装备造型样式为研究对象的著作较少，从设计学角度对其发展规律展开研究的相关成果则更少。尤其是武器装备设计思想仍属于空白阶段。本论文的课题来源是北京理工大学主持的、国家艺术基金艺术人才培养专项——《国防工业艺术设计创新人才培养》子课题。该项目的目的是促进艺术设计参与武器装备研制，提升国防工业装备设计质量，培养国防工业艺术设计创新思维的人才。该课题的理论成果和实践内容为本论文的研究奠定了重要的工作基础。

（五）简评

现今对武器装备设计的研究已经取得一定成果：

1.发展过程上，对其概念界定、起源与发展等内容上，大同小异，多重复且不够深入。

2.研究对象上，主要以狭义的攻击型兵器为主，少有对防御和辅助装备设计展开研究。研究对象的范围选择，也多是以某个时间段为划定，鲜有从武器装备的使用对象和场景为切入点。

3.层次上，主要以对形制、纹饰、工艺的归纳总结为主，少有对其设计思想深入探讨。

4.视角上，多从武器装备设计受地域文化影响、受生产力发展影响、受文化因素影响等方面为切入点，套用现有的古代造物设计设想或哲学思想，未见从武器装备自身设计特点出发进行设计思想研究。

[①] 邵伟、王童、谢松林等：《冷兵器演变影响下中国古代军队军事体育发展探析》，《南京体育学院学报》2011第2期，第156-158页。

[②] 王教健：《中国古代冷兵器的文化意蕴》，《当代体育科技》2012年第8期，第80-81页。

[③] 王立：《明清大刀叙事与文化对抗》，《贵州社会科学》2013年第2期，第50-54页。

[④] 汪翔、杨家余、陈力等：《论中国冷兵器时代战斗力生成模式及其转变》，《内蒙古民族大学学报》2013年第2期，第33-36页。

（六）全面反思

传统器物研究中，武器装备设计思想研究有待深入和拓展：1.夯实基础，从形制、纹饰、工艺为切入点，深化武器装备设计思想受地域文化影响、受生产力发展影响、受文化因素影响等方面研究。2.研究对象选定得深化具化，从武器装备的使用对象与场景为出发点，涵盖攻击兵器、防御和辅助装备。3.加深研究，加强从社会学、哲学、人因工程学等角度对冷兵器设计思想的研究，加强对比交叉研究。

四、研究目的与意义

（一）研究的学术价值

1.探索传统设计文脉

中国具有悠久的兵器设计制造历史，冷兵器兼具实际功用和文化符号的双重属性。其形制、结构、材料、工艺、装饰等，是中国古代科学技术的重要载体，同时还承载着深厚的文化内涵，对清代冷兵器设计的研究，是现代设计理论研究者探索古代设计文脉的重要部分。

设计是一种针对目标问题的求解活动。人类的生存发展，伴随着一系列设计问题的解决。清代冷兵器设计和现代武器装备设计，除了技术更迭和语境的变迁之外，所面临的设计问题并没有本质区别，都是威慑、攻击与防御的问题。除此之外，清代冷兵器作为承载传统人文因素的载体，具有强烈的区域文化特征，通过对其研究，可以为现代武器装备设计的本土化发展提供新的发展契机。所以，研究清代冷兵器设计活动，对于现代武器装备设计有重要的借鉴价值和现实意义。

2.领悟中国传统文化的人文精神

历史上，设计的本质来源于人类生产过程中制造改进器物的过程。设计行为的主体是人类思想的体现，设计思想最终决定设计产物的结果。所有在设计过程中人主观产生的思考，都属于设计思想研究的领域。清代冷兵器设计，除了受到当时制造工艺水平的影响，同时也是清代社会思潮、伦理哲学等人文背景因素的体现。清代冷兵器设计思想研究，不仅要从冷兵器设计制作工艺、器形、纹饰等物理方面开展研究，同时还要从文化因素对武器装备设计的影响进行归纳总结。清代冷兵器作为清代"武"文化、"战"文化的载体，通过对其设计思想的研究和分析，可以领悟中国传统文化的"武""战"精神，剖析人与物的内在联系。

3. 梳理造物设计理论的独特思想

中华民族五千年的器物文化积淀，留下了丰厚的设计遗产，是构建适合中国特色设计理论体系的重要资源。在中国民族艺术设计和中国传统造物设计思想研究中，中国传统武器装备艺术设计的系统研究作为重要的一环，却是处于缺失状态。从清代冷兵器角度去研究造物设计思想，并不单单只是因为鲜有学者从此角度出发进行研究；研究的目的，也不是用清代冷兵器设计去套用和印证现在的造物设计思想理论，而是因为武器装备不同于家具、器皿、服饰等普通的生活用品或宗教礼法用品。其涉及战争、暴力、杀戮等特殊场合和文化背景，有其不同于其他造物设计理论的独特思想。

兵器的发展水平，往往是一个时代最新科技水平、设计工艺、文化思潮的反映，也反映着战争发展变化的趋势。在漫长的冷兵器时代，由于频繁的战事需要，一个政权，往往将当时最为先进的制造技术、最能代表该时代的审美趣味，运用到兵器的设计与制造中。无论哪个时代的冷兵器设计，都能完整体现出外观与结构、制造和工艺、操作与交互、性能与威力等四个对立统一的设计属性。中国古代冷兵器的发展可分为石兵器、青铜兵器、铁兵器及古代火器四个历史阶段。从历史发展划分，前三个阶段归于冷兵器阶段，而后直至西方火器进入中国之前，一直处于冷兵器与热兵器共用阶段。清代冷兵器设计处于西方火器传入中国之前，既是中国古代冷兵器设计的尾声，也是冷兵器设计的巅峰。

4. 构建武器装备设计思想理论体系

20 世纪初期，西方现代设计理论和方法引入中国。不可否认，西方现代设计实践和理论方法，为中国传统艺术设计注入了新鲜血液，促进了中国现代设计艺术的诞生，刺激了中国设计艺术的产业化发展。但是，国外的设计实践和理论方法，虽然初步地将中国艺术设计上升到理论层面，但绝对不能从根本上解决中国特殊语境下的设计艺术所面临的困境，尤其是现今这个充满差异性需求的社会。全球经济一体化、技术趋同化，造成全球产品的差异性越来越小，各个地区正在竭尽全力突出其产品的本土特色，打造自身独有的产品风格，树立文化自信。

国外的设计实践和理论方法，对于国外的设计研究、设计实践、设计教育等也许会比较适用，但对中国这个有着五千年厚重文化底蕴的文明古国则未必完全适用。中国当代设计，仍然没有形成自身的特质和属于自己并与我们伟大文化传统、悠久历史相适应的精神取向，表现在对西方设计的盲从[①]，从而导致中国当代设计身份和话语权的双失落。对于武器装备的器形纹饰设计，虽然从杀伤和防御的角度并非根源，但也是整体设计中不可或缺的一部分。成功的武器装备设计，在具有优秀的杀伤防御性能同时，其外观设计也能带给使用者和杀伤对象不同的心理冲击。因此，对武器装备的设计美学，需要更客观地看待、更深入地挖掘。应该运用技术美学理论，寻找技术美学与武器装备美学之间的潜在联系，建立一个符合审美规律的武器装备美学体系。

因此，冷兵器的造物美学与现代武器的外观设计，具备很强的内在关联性。现代武器在实用的基础上，审美同样是不可忽略的软实力，也应该具有丰富的美学价值。长期以来，受国情、军情影响，我军武器装备研制，存在着重视性能参数、忽视外观设计的现象，与外军同类武器装备相比，差距较为明显。新时期武器装备的建设和发展，要求我们必须重视外观设计的作用意义，更新理念、正视不足、加大投入，在践行强军目标、推进武器装备现代化中，塑造具有中国特色、符合人民军队形象、满足国家战略需求的、新一代武器装备外观设计风格，更好地展示国家军事实力，为完成党和人民赋予的新时代使命任务提供有力支撑。

从古至今，在社会发展的长河中，军事与战争在一个国家和民族的发展中扮演着非常重要的角色，一个国家的没落与崛起，都伴随着军事活动的发生。在我国，从历史上出现过的精美冷兵器，到现代实战应用的高精尖武器装备，都是广大人民智慧的体现。

关于中国造物设计思想研究，从研究对象的分类来说，中国传统建筑设计、中国传统服饰设计、中国传统生活用品设计、中国传统交通工具设计、中国传统艺术品设计等多领域，都有相应的深入研究。但对于中国传统武器装备造物设计思想却没有系统的研究。关于中国传统武器装备设计的研究，以时间为轴纵向分析，从原始武器装备到冷兵器再到热兵器的艺术设计研究，各个朝代均有一定量的研究，但均为点状研究。

站在现代设计的角度，在对兵器设计研发的过程进行分析后，不难发现，兵器作为军事斗争中具有杀伤力的作战器械装置，是典型的工程技术设计产品，是一种力求实现功能的设计产物，特别是要满足其军用性能的要求。本书将从武器装备设计的性能和造型两个角度出发展开研究。

---

① 李砚祖:《设计的智慧——中国古代设计思想史论纲》,《南京艺术学院学报（美术与设计版）》2008 年第 7 期。

（二）清代冷兵器思想研究的应用价值

1. 现代冷兵器设计的参考价值

对清代冷兵器的功能、性能与应用进行系统研究，可为我国现代冷兵器开发提供新思路。虽然现代军事装备的开发利用更多地集中于热武器、核武器，但士兵随身的冷兵器一直是军队必不可少的装备，如现代军事特殊训练过程中的战术刀、军用弓弩，近身肉搏战中刺刀、战斧等。现代士兵在执行渗透任务时，往往会要进行无声作战，这个时候，弓弩的作用就十分明显。现代冷兵器开发从其本身的外观结构、材质工艺、操作交互与性能威力作出系列革新，如战斧由钢制并将原本斧的实体块状减去，使其减轻重量，却增大了威力；现代弓弩由复合材料制成，并配合现代倍镜使用，不仅更加轻便，同时大幅增加精准射击的概率。

在我国古代冷兵器发展史中，不论是深入延续并开发旧律的更多可能性，还是彻底地改革创新，抑或是融入全新的社会文化与造物思想，皆是去其糟粕、取其精华的演变过程。这些演变，可以为中国现代冷兵器的设计、创新，提供新思路与历史经验。

2. 军事设计人才培养的价值

总结古代冷兵器的设计思想与方法并应用于教学，可以提高我国军事装备设计的教学质量与人才培养质量。中国古代冷兵器具有适应战争而生的造物特殊属性，在系统性与针对性方面，可以体现中国传统造物思想与设计方法。将历经上千年打磨的成熟设计思想与方法，应用于设计专业教学中，能帮助新时代设计专业学生开拓新视野、梳理新思路。同时，培养武器装备设计专业人才、建设一支水平高、造诣深的教学队伍，是提升我国现代武器装备设计水平的关键所在。系统研究我国古代冷兵器设计史，有助于提升我国军事装备教学质量与人才培养质量。本书希望通过研究过程中的新思路与新方法，为相关设计教学提供理论参考。

3. 文化遗产保护与创新价值

对中国古代冷兵器设计美学思想进行挖掘，为中国古代美学的地方文创设计，提供理论依据与实践参照。现代地方文创产品，作为地方特色文化元素的体现，始终坚持继承、发展的原则。实现产品种类的实用性及产品外观的观赏性，需要对地方特色文化美学价值的不断研究。古代冷兵器作为中国传统造物中的重要对象之一，其美学思想及价值需要在现代语境下重新塑造，与古代冷兵器文化相关的地方文创设计，同样离不开对其设计美学价值的深入挖掘。在悠长的古代冷兵器设计历史中，不乏家喻户晓的地方名器，譬如：剑有浙江龙泉宝剑、湖北荆州出土的越王勾践剑，斧有少林宣花斧、山东东平程咬金三板斧，匕首有陕西咸阳荆轲刺秦王之徐夫人匕首、出自浙江欧冶子之手的龙鳞匕等，其中浙江欧冶子更是多数著名冷兵器的设计者、制造者。古代冷兵器的设计历程有着独特的文化内涵，体现着冷兵器不一样的美，使得它们有不同于一般器物的美学价值，可为地方文创设计带来全新的思路。本研究将为与冷兵器相关的地方文创开发，提供理论依据与实践参照。

4. 文化产业商业价值

对古代冷兵器操作与战争形式的研究，可重构古代冷兵器的使用功能规范，为开发现代商业价值提供依据。21世纪，中国传统文化的独特魅力得到了世界各地年轻人的青睐，但我们在文化遗产的发扬、维护的过程中还需还原历史真实情景。中国古代冷兵器作为中国传统文化中不可或缺的一部分，在与文化遗产相关、具备商业价值的不同产品开发中，同样也需追求完美演绎。譬如现代电影《花木兰》中，电影画面出现的大量冷兵器，各种兵器被士兵活灵活现地操作；《荆轲刺秦王》中出现的一把匕首，是整个电影画面的焦点，观众会对该兵器留下深刻的印象。又譬如国产冷兵器游戏《战意》《全面战争：三国》中兵器的种类与使用方式等，展示给观众画面的每一处细节，都真实可信，称得上既专业又优秀的商业作品。现代影视、游戏为代表的商业价值开发，涉及了大量冷兵器文化内容，这些内容的准确度同样需要重视。

5. 中华民族文化自信培养价值

当前，文化已经成为民族凝聚力和创造力发展的重要动力，成为军事竞争乃至综合国力竞争的重要因素。对古代武器装备设计思想进行研究，深入挖掘冷兵器设计美学，能为现代武器涂装、外观设计、造型与材料等提供可能的借鉴，为整体兵器演化发展时序提供必要的延续环节。

习近平总书记在十九大报告中指出，要坚持走中国特色强军之路，全面推进国防和军队现代化，并做出了建设世界一流军队的"三步走"战略部署。武器装备作为国防和军队现代化的重要组成，正在以时不我待的紧迫感加速赶超世界一流。在此时代背景下，更应将武器装备外观设计置于更重要的地位，更新理念、加大投入，力争使我军武器装备的外观焕然一新，更好地展示人民军队威武之师的形象，扬我国威军威，提振民心士气。

因此，我们首先要抓紧研究制定具备中国特色的武器装备外观设计标准。只有确定了标准，技术攻关才有方向目标，设计制造才能有章可循。其次，要与国家军事战略相适应。积极防御战略思想是我党军事战略思想的基本点，一直以来，我们坚持不搞侵略扩张、不称霸、不争霸，赢得了相对和平稳定的国际环境，赢得了国家发展的重要战略机遇期。武器装备作为国家力量的直观展示，在整体外观风格上也应体现"积极防御"的思想，服从、服务于国家战略。再次，要注重吸收国外先进经验。世界各军事强国在武器装备外观设计方面，都已经形成了鲜明的风格特色。我们要在博采众长、兼收并蓄的基础上，体现中华文化特色，增强民族自豪感。最后，要抓紧培养专业化人才，建设一支水平高、造诣深的专业队伍，是提升我军武器装备外观设计水平的关键所在。武器装备外观设计人才培训周期长、难度大，要构建适应专业特点的培训体系，设立武器装备外观设计学科门类，集合相关专业院校的力量，提高培训的质量和效益；依托军民融合的模式，还要注重实践的积累，因为武器装备外观设计是一门实践性很强的专业，只有在实践中接受检验、不断总结，才能得到各方面水平的提高，见图1.2。

五、概念界定

（一）设计思想

美国管理学家和社会科学家赫伯特·西蒙（Herbert A. Simon, 1916—2001）在其名著《人为事物科学（The Sciences of the Artificial）》中认为："人为事物"的概念可以从四个方面界定：人为事物由人工综合而成（虽然并不总是，或通常不是周密计划的产物）；人为事物可以模拟自然事物的某些表象，却在某一方面或许多方面，缺乏后者的真实性；人为事物可以用其功能、目的和适应性三个方面来表征；对人为事物，特别是在设计它们的过程中，通常既用描述性的方式，也用规定性的方式讨论[①]。人为事物构成要素有三个：人工物材料、人工物能量和人工物信息。人工物材料是指承载和发挥人工物功能的物质，它可能是自然物，也可能是人造物。随着人类社会的进步与科学技术的发展，人工物所需的材料逐渐脱离自然属性。人工物能量越来越脱离自然发生的能量。而人工物信息逐步从自然模仿信息向经验积累和供需关系转化。人工物按照不同标准有多种分类，大致归纳为以下几种：具体人工

---

①［美］西蒙：《关于人为事物的科学》，杨砾译，北京：解放军出版社，1988年。

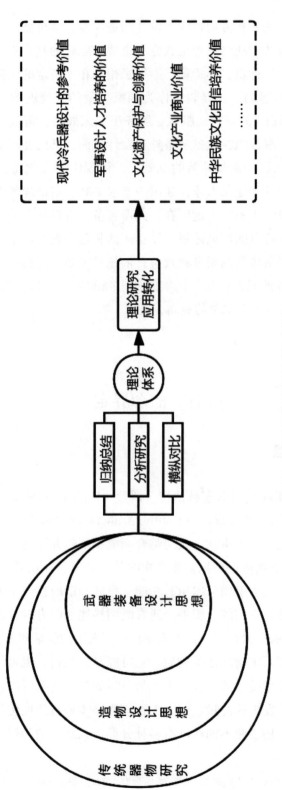

图 1.2　传统武器装备设计思想研究意义

物和抽象人工物；人文人工物与技术人工物；有生命人工物与无生命人工物[1]。

中国古代没有设计一词，而是将设计过程称为"造物"，将设计产物称为"器"。《考工记》中称造物设计为"百工之事"。从中国传统文化上顾名思义，"造物"就是制造物品，会不会制造和使用工具，是人和动物的根本区别。中国自石器时代以来，就从来没有停止过造物活动。而造物活动的本质，是为了辅助人类自身的生存和繁衍。人的生活环境就是由人工物和自然物共同构成的。人类最初的造物活动，是收集改造和组合自然物品，随着需求的增长和生产水平的发展，为了满足更高级的造物需求，应对不同使用场景，开始出现了设计。帽服发明是为了保暖；器皿的产生是为了果腹；舟车出现是为了远行；武器装备产生是为了杀戮。人类产生了所需之后，就会主观自发地设计和制造。与此同时，人具有很高的社会性，随着造物活动不断发展和积累，"审美"应运而生。

造物活动所产生和传达出来的审美思想，是人类长期社会生活的积淀。所以，任何时代的造物设计思想，都是一定社会生产发展的产物，无论其表现形式如何不同，造物思想必然受到特定的时代人文背景、政治经济等客观因素的影响和制约。中国古代设计思想主要包含两个层面的内容：一个层面，从造物活动本身来讲，作为有意识的主观人为活动，在数千年的造物历史中，进行着不断的挑选、改进和评价，造物活动也形成了日趋完善的工艺流程和制造规范。这些形态模式、规范和原理，具有普遍的适用意义；另一个层面，古代造物作为人类活动的一部分，承载了政治经济、社会形态、文化观念和哲学思想以及器物的观念价值、形式意味、设计法则等器物的文化思维折射，也是古代器物设计思想的重要组成部分。研究古代器物设计思想必须采用"道器并举"的双重途径。

远程冷兵器作为具有人造属性的物理对象，其物理属性在制造过程中，通过杀伤功能、力学结构、材料工艺、装饰纹样等体现，也就是"器"；而作为具有意向功能的人造物，其功能意向在使用场景下，又是尚武意识、审美意味、设计原则、皇权观念等思想的载体，也就是"道"。"器"和"道"通过设计过程进行相互影响和转化，见图1.3。

---

[1] P Kores A Meijers. The Dual Nature of Technical Artifacts-presentation of a new research programme. Journal of the Society for Philosophy and Technology, 2002(20): 35-46.

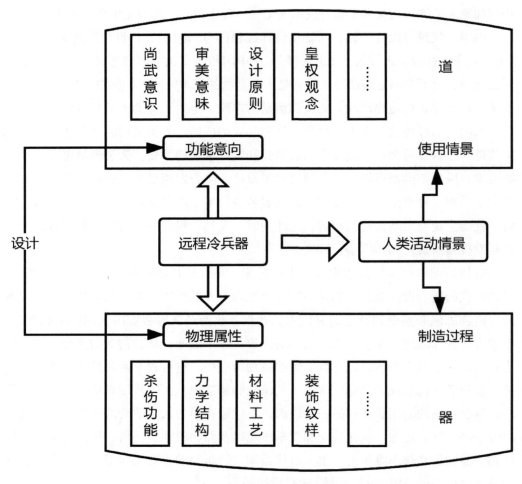

图 1.3　远程冷兵器人造物属性逻辑

（二）清代远程冷兵器

　　本课题的研究范围，是对中国清代远程冷兵器的设计进行研究。对于清代的历史断代，我国史学界一般将 1636 年汉、满、蒙古三族共呈劝进表、皇太极称帝改国号为"清"，到 1912 年 2 月 12 日北洋大臣袁世凯诱使清帝溥仪逊位、颁布清帝退位诏书为止，这一阶段定为中国清代。本课题虽主要针对清代，但武器装备设计思想是诸多因素共同影响的结果，具有开放性和连续性。设计史上也经常把明清合并进行研究，同时，自 1616 年，建州女真首领努尔哈赤建立后金起，就开始有涉及本书研究对象的武器装备设计与使用。所以，本书的部分研究对象也将追溯至明末。

　　清代以满族作为统治族群和八旗军队中的主要组成部分。在统治过程中，满人完成了由"夷"到"夏"的身份转变，同时，以"华夷一家"为核心实现了文化和领土意义上的"中华化"。中国在近代西方"民族国家"理念冲击下不但未被肢解，反而引发出"中华民族"的一体性回应等事实。[①] 本书研究对象所涉及的清代远程冷兵器，是融合与延续了中国满、蒙、汉、藏等多民族上千年武备设计思想，同时也包括部分外来武备设计思想的结合的结果，而非单一的满族远程武器装备。

武器装备可分为武器和装备两个部分。武器即直接用于杀伤有生力量和破坏军事设施的器械与装置，装备则是武器的辅助装置。按使用场景分为作战远程武器装备、狩猎远程武器装备、礼器远程武器装备、习武及武举远程武器装备四类。每一类又按冷火兵器划分为弓、弩、箭、枪、炮和其他装备，如图1.4。本书远程冷兵器概念涉及的研究对象，主要为清代的弓、弩、箭以及相应的辅助装备，如马具、盔甲、扳指等。

虽然本书题目为"清代武器装备"，但并不是一部中国清代武器装备设计史或概论，而是从思想和文化角度入手，通过对清代远程冷兵器设计中"战争文化—尚武心理—习武行为—武器本身"等多层次进行分析，试图找寻设计背后的文化内涵和中国武器装备原创设计观念及内在思想。

六、研究思路与研究方法

（一）研究思路

本课题的研究内容主要是清代武器装备设计思想。通过二重证据法、系统分析法、比较研究法、文化人类学研究法等研究方法，对清代武器装备和其相应的中国武器装备造物设计思想进行具体研究。从现实意义、使用方式、作战方式、实用兵器、礼器兵器上，将清代武器装备具体分类。

早期的传统物质文化研究，主要分布在博物学、考古学、文献学、美术学和历史学等方面，将其作为"证史"之范例和审美的对象，研究的重点以物之源流的考证和物的造型、装饰之特征为主。20世纪80年代之后，人们开始从文化人类学、民俗学和科学史以及材料学、工艺学、技术学、工程学、心理学、环境学、生态学等角度，对传统物质文化进行研究，并将着眼点放在了物之本体及其制作技艺和人

---

① 韩东育：《清朝对"非汉世界"的"大中华"表达》，《中国边疆史地研究》2014年第4期。

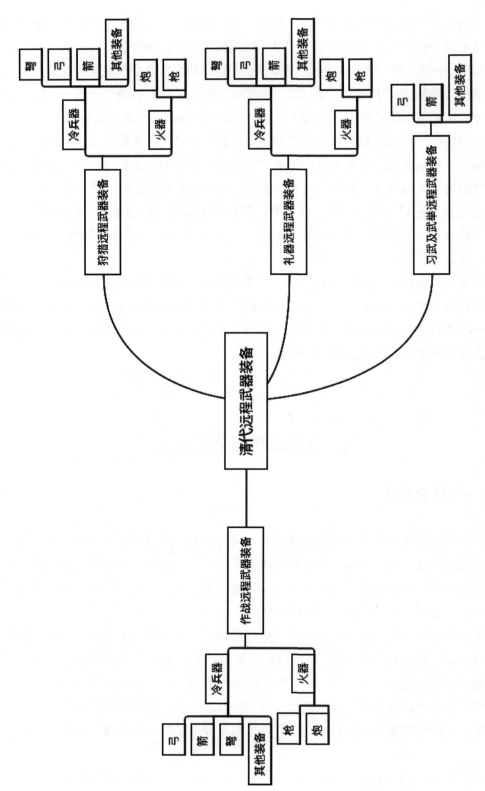

图 1.4　清代远程冷兵器分类

与物、物与物以及物对人的作用的关系上。这些关系主要体现在人们对自然物的物理认识和对自然物的处理手段上，体现在物品与物品的相互组合关系的制度上，体现在人与物品、物品与物品的相互关系的尺度上，体现在不同方式的创造理念和不同层次的消费观念的关系上。尽管这样的关系是错综复杂的，但却是历史的、传统的、文化的。本书重点从设计形制意味与设计认知、中国传统思想观念、中国传统美学、中国传统哲学角度，对清代武器装备造物设计思想特征进行总结和归纳，意在通过对清代武器装备造物设计思想的研究，构筑中国武器装备设计思想理论体系，并对现代中国本土特色武器装备设计思想进行探析阐释与应用指导。

研究内容主要分四大部分，分别是：中国古代武器装备设计体系的形成及发展轨迹；清代武器装备设计特征与相关影响因素的内在逻辑关系；清代武备造物设计谱系及典型案例；清代武备造物设计思想的产生、发展、变革与传播，以及中国传统武器装备造物设计思想特征及对后世的影响。

（二）研究方法

1. 实物考证与文献研究相结合

王国维二重证据法中的二重证据，分别是文献记载和历史遗存实物。传统器物的设计与制作已然成为历史，现代研究与几千年前的事物产生联系的途径主要有两条：一是考古发掘出武器装备的实物遗存，对发掘出的武器装备实物进行研究，并总结出其中所包含的设计思想。该方法称为"实物考证研究法"。二是通过古代遗留下来的古籍文献进行研究，以求从中离析和诠释出古代造物设计思想，可将其称为"文献研究法"。二重证据法就是两重证据互相印证。本书所运用到的二重证据，是指故宫博物院所藏的清代远程冷兵器文物遗存，以及清宫造办处等远程冷兵器设计制造部门所留存的文字记录。同时，除"纸上之材料"和"地下之材料"之外，还结合了"人物之材料"，也就是曾为清宫造办弓箭的聚元号弓箭制作技艺非遗传承人杨福喜等人的口述与演示。

2. 文化人类学研究方法

文化人类学，就是从物质生产、社会结构、人群组织、风俗习惯、宗教信仰等各个方面，研究整个人类文化的起源、成长、变迁和进化的过程，并且比较各国家、各民族、各部落、各地区、各社团文化的相同点和相异点，借以发现文化的普遍性以及个别的文化模式，从而总结出社会发展的一般规律和特殊规律。

传统社会群体行为、价值观念、宗教信仰、风俗习惯、生活方式等，都会对人类的造物活动产生影响，从文化人类学的角度解读传统器物艺术，不是停留在器物表层元素（纹饰、器形等）的解读和描述，而是深入到艺术品产生所依持的文化根基、背景、语境之中，用最执着的信念去探究器物作品背后的文化运作规律，追问其深层的文化渊源。换言之，依据文化人类学的视角，器物艺术研究不仅要注重传统文化本作品的解读，更要到器物设计行为产生场景中去观察，对其文化背景下产生的设计原因进行探究。通过传统器物研究可以窥探人类的文化环境，器物在某种程度上成了人类文化的表观符号。反之，中国传统武器装备设计蕴含了社会文化、人文思想、生活方式，范围涉及物质文化、制度文化和精神文化领域。因此，研究思路上不能只聚焦在武器装备本身，而是从其使用、设计制造所处的人类活动情境等方面，探讨文化对于设计的影响，也就是从文化人类学的角度去调查收集文献资料，并加以解构、重构与整合，据此达到预想的研究目的。本书将从清代社会群体行为、价值观念、宗教信仰、风俗习惯、生活方式、战争形式等方面，对清代远程冷兵器设计思想进行研究。

3. 系统与系统分析研究方法

所谓"系统"，是指由若干要素以一定结构形式连接构成的、具有某种功能的有机整体。系统的定义中，包括系统、要素、结构、功能四个概念，表明了要素与要素、要素与系统、系统与环境三方面的关系。其中，结构是指系统内部各要素之间的组合关系和连接关系；功能则是系统与外部环境之间的相互作用而表现出来的规定性。结构是功能的基础；功能是结构的外化，是结构系统与外部环境之间进行的质量、能量和信息的交换。系统的功能是由系统的结构决定的，结构不同，功能也自然不同；系统的功能同时受外部环境的制约。以现代系统论为代表的科学研究成果，使人们认识到事物是一个多层次、多时空的网络交叉结构，它促使人们的研究方法和思维方式产生了根本性的变革。系统论认为一件产品、机器和一座建筑都是一个系统。研究传统武器装备必须采用系统的思想和方法，绝不能割裂地、仅仅限于对其本身进行研究，而要从产生和发展的自然地理、技术基础、人文思想背景入手，研究武器装备产生和发展的宏观语境、演化逻辑。

4. 设计比较研究方法

设计比较方法中的比较对象之间应当存在内部的关联或对立性。用来比较的各方，在种类范畴上应当相同，在物质属性上存在关联性。比较过程中采取统一的评测标准，并赋予相同的背景条件。比较过程一般从纵向、横向多个方面进行。在本书中，横向上将清代远程冷兵器设计与同时期其他武器装备设计进行对比分析异同，纵向上将清代远程冷兵器设计与其他时期远程冷兵器设计进行比较，发掘其迭代演进规律。

（三）本书涉及资料

1. 兵器实物

本书涉及的兵器实物资料，主要来源于国内外博物馆、艺术馆馆藏实物，墓葬出土实物，以及传世冷兵器实物等。国内博物馆主要包括故宫博物院、首都博物馆、中国国家博物馆、南京博物院、上海博物馆、中国人民革命军事博物馆、湖北省博物馆、河北省博物馆、西安秦始皇兵马俑博物馆、安阳殷墟博物馆等国家级、省级和地方博物馆；国外博物馆主要包括国外入藏中国古代冷兵器的博物馆、艺术馆或陈列馆。

2. 古代文献资料

本书涉及的古代文献资料，主要来源于丰富的经、史、子、集等，特别是正史、杂史、起居注、杂传、地理、农书、兵书等，如：北宋曾公亮《武经总要》、战国孙膑《孙膑兵法》、明茅元仪《武备志》、明戚继光《练兵实纪》、明宋应星《天工开物》、明唐顺之《武编》、明毕懋康《军器图说》、明王鸣鹤《登坛必究》、明戚继光《纪效新书》、明赵士桢《神器谱》、清代《射的》、清宫《钦定皇朝礼器图式》等。以史为据，作为本书的研究理论基础。

七、研究框架

本书的研究思路，采用传统设计理论论文"引、破、立、论、例、合"的总体架构，见图1.5。

第一章"绪论"，简要介绍论文背景、目的意义、概念界定、研究方法等。

第二章"中国古代武备设计——'武'的造物之道"。该章内容是本书展开的基础，重点探讨远程冷兵器设计的"武"之人造物的概念辨析，以及武器装备设计的起源及发展脉络。最后探讨武器装备设计的规律，以及国内外学者对武器装备设计

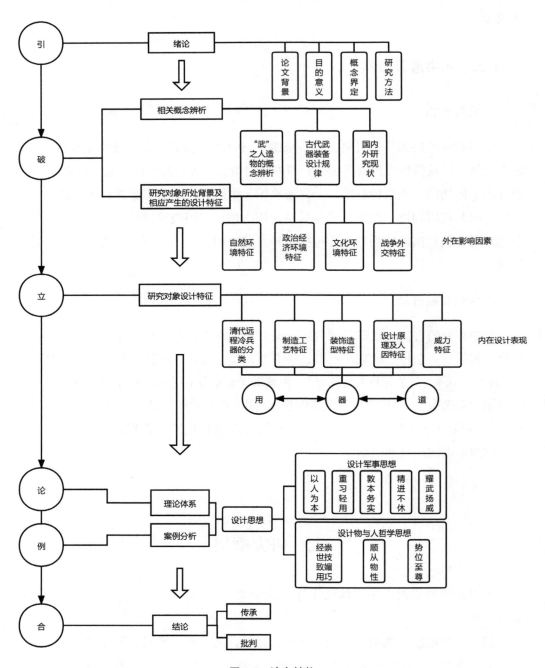

图 1.5　论文结构

思想研究的现状。

第三章"清代远程冷兵器设计的时代背景及特征"。本章从清代自然环境特征、政治环境特征、经济环境特征、文化环境特征和战争外交环境特征入手，着重介绍本书的研究对象"清代远程冷兵器设计"的时代背景和文化特征，为后文中清代远程冷兵器设计思想的探索提供必要的背景支撑。

第四章"清代远程冷兵器的设计特征"。本章重点对本书的研究对象"清代远程冷兵器"的分类、制造工艺特征、装饰造型特征、设计原理及人因特征、威力特征进行清晰的梳理。本章从物、人、设计三个角度，分析古代兵器设计的"器""用""道"的关系。

经过前几章的烘托以后，第五章与第六章结合远程冷兵器设计本身与清代的时代背景，从军事思想和物人关系的哲学思想两个方向入手，探索清代远程冷兵器设计的思想特征。

第五章"清代远程冷兵器设计军事思想"。本章结合清代远程冷兵器遗存、清宫记录以及历史史实进行研究，从清代远程冷兵器设计军事思想的自我保护思想、演习思想、求实思想、科学思想、个人主义思想角度入手，分析清代远程冷兵器设计中的"以人为本""重习轻用""敦本务实""精进不休""耀武扬威"五种军事思想。

第六章"清代远程冷兵器设计中物与人的哲学思想。本章结合清代远程冷兵器遗存、清宫记录以及当时哲学、美学环境进行研究，从清代远程冷兵器设计物与人哲学思想的价值观、自然认知取向、封建与皇权思想角度入手，分析清代远程冷兵器设计中的"经世致用"与"崇技媚巧""顺从物性""势位至尊"三种物与人哲学思想。

第七章"结论"部分，对本书作总结与概括，并引申出清代武器装备设计思想的古今传承与批判。

第二章
中国古代武备设计
——『武』的造物之道

一、"武"之造物概念辨析

（一）"武"与"兵器"概念辨析

武备就是武器及其附属装备的合称，武器一词出现较晚。"武"字最早由表示武器的"戈"和表示脚趾的"止"构成，本义为征伐示威，引申为勇敢、英勇，也就是古代一种关于战争的抽象概念，是军事、技击、强力之事的统称。

古称用于作战的工具为"兵"，《说文解字》中对"兵"的解释为："械也。从廾持斤，并力之貌。"兵就是军械。字形上为"廾、斤"。大篆的"兵"字为 ，会意像双手持斧，使劲的样子。段玉裁的《说文解字注》认为，"兵，械者，器之总名"。用于战斗的器物称之为"兵器"，而使用兵器的人称之为"兵士"，也就是后世所说的士兵。

所以从狭义上讲"兵器"单指用于战争的器械，广义上"兵器"指包括所有用于攻击和防御的器械。本书的研究内容不仅涉及作战用的兵器，同时包括狩猎、习武、武举、祭祀用的兵器及其附属装备。

（二）"武"的"事"与"物"

何为造物？现代设计观念在五四运动之后开始传入中国，而古代国人将设计称之为"造物"。人类的生存与发展来源于自然。自然产物与人造物共同构成了人类物质生活。人类通过自己的主观能动性将自然物改造成人工物的行为叫作造物，为满足特定目的而进行的造物过程就是设计。荷兰技术哲学家卡罗斯（PeterKroes，荷兰代尔夫特理工大学）将造物属性具体描述为物理结构（Physical Structure）、意向功能（Function）和人类活动情境（Context of Human Action），也就是设计产物本身的结构，设计的功能与目的性以及设计产物使用的场景。对于造物的研究，首先应当对造物行为产生的包括历史背景、自然环境、政治形势、文化氛围等人类活动情境进行剖析，得出特定时间特定地区造物产生的原因。进而从造物产物的"物理结构"和"意向功能"双重属性入手归纳其物理结构实现过程中所体现出来的设计方法、经验，总结其意向功能实现过程中所体现出来的设计思想观念。从"事理学"的角度阐释设计，强调人为事物中蕴含的人之设计思想和创造性理念，重点关注人为事物的事理结构，尝试从"事"出发研究与"事"相关的"物"[1]。

本论文从"事理学"的角度出发，对"武"之造物进行深入研究，不单纯从人造物属性出发对古代远程冷兵器的物理结构、意向功能和人类活动情境进行剖析。同时对武器装备的造物设计行为方式及思想进行解析，得出造物设计行为的现象背后的设计思维方式与设计思想本质。

"物""人""事""境"是一件人造物设计过程中的四个组成部分，也就是造物本身、使用者、用途和使用环境。"物"本身的出现，并不直接由"人"和"境"决定。任何人造物都是通过特定的方式从而解决特定的问题，最终完成特定的目标才被设计产生的。这些"方式""问题""目标"就是所谓"事"。判断和限定一件人造物的类别，最终取决于"事"。

在人类发展史上，武器装备的产生与发展皆因为战斗与防御目的需求。早在人类诞生伊始，狩猎活动就是最早的"武"之事。根据所发现的史前时期的人的遗物来判断，根据最早历史时期的人和现在最不开化的野蛮人的生活方式来判断，最古老的工具是些什么东西呢？是打猎的工具和捕鱼的工具，而前者同时又是武器[2]。随着中华文明的发展，各种形态的战争连绵不断。仅据《中国历代战争年表》不完全统计，有文字记载的战争，就有2000多起。无论是朝代的更迭、意识形态变更、民族发展，都离不开战争。而战争就是"武"最主要的"事"。

人类文明的进步与发展和"武"之"事"密不可分。不同群体之间的战争胜负直接决定了政权的所属；武器装备的技术需求直接导致了手工业和科学技术的发展；祭祀时等级划分严格的礼用武器是统治阶级展示秩序的工具；平民百姓日常的习武与狩猎更是与生活片刻无法分离。"武"之"事"绝不仅仅是单纯的战斗与防御，更多的是在战斗与防御过程中所内涵的礼仪思想、制度观念等文化内涵。"物"是"事"的体现与表达方式，剖开"事"去研究与分析"物"也就毫无意义。

所有人造物的设计与产生都是基于人类某种需求，远程冷兵器在设计产生之初，仅作为实现人类"武"这一"事"的目的产物。随着思想审美意识与哲学观念的发展，其设计目的呈现出对尚武、皇权、审美、哲学等"道"的承载；随着手工技艺与材料技术的发展，其设计目的又呈现出对射程、精度、杀伤性等"器"层面的追求（图 2.1）。

① Rosenman M A, Gero J S. Purpose and function in design:from the socio-cultural tothe techno-physical. Design Studies, 1998, 19:161-186.

② 恩格斯：《劳动在从猿到人转变过程中的作用》，《马克思恩格斯全集》第 20 卷，北京：人民出版社，1971 年，第 515 页。

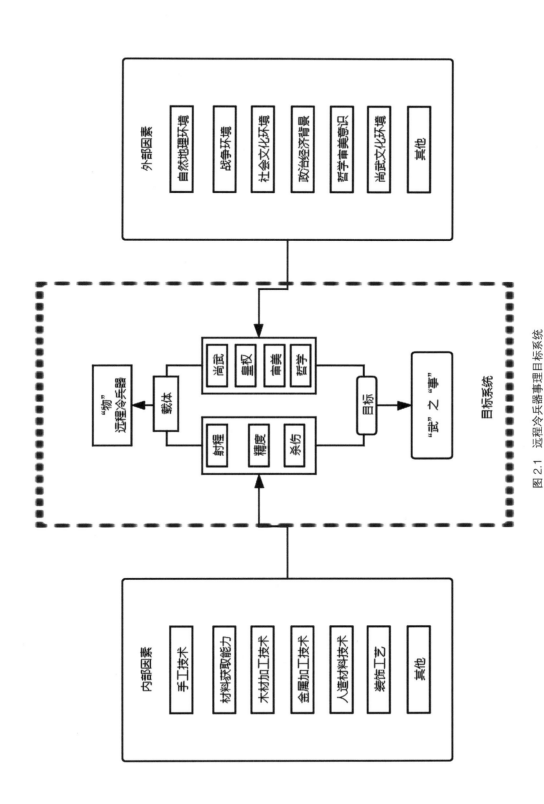

图 2.1　远程冷兵器事理目标系统

（三）武器装备设计的起源

兵器特指军事斗争中具有杀伤和破坏功能的各类器械装置。但从广义上来说，任何可造成伤害（包括心理伤害）的事物或工具，都可称为兵器。我们需要从历史发展的脉络来探析人类兵器最早的起源。

第一，动物的"兵器"是它们身体的组成部分，如尖齿、毒牙、利爪、锐角等。与人类不同，动物无法控制也无法预知使用"兵器"的具体时间，所以在自然选择的漫长进化中，许多动物都具备了独有的"兵器"，它们是身体的组成部分，可以随时供自己使用，被快速地调动来进行斗争。由此可知，将"兵器"从身体分离，也就是具有使用"工具"的意识，能够使用自身以外的"工具"作为武器装备，将是一次重大的突破。这还说明兵器在人类社会出现时是具有偶然性的，开始只是作为工具存在，在某种意外情况下被赋予了进攻和防护的功能，从那一刻起，这些工具就具备了兵器的性质。之后，人类才有意识地将某些工具专门用于进攻和防护，逐渐制造出真正意义上的兵器。

第二，人类开始制造兵器的目的都是为了狩猎，而不是战争或其他用途。而早期原始人类的兵器也确实使猿人们在狩猎时远离被其他动物攻击的恐惧。虽然绝大多数动物都有长在自己身上的"兵器"，黑猩猩也能借助石块、木棒等进行攻击，但最终兵器却仅仅在人类的进化过程中快速发展，这是与人类的直立行走密切相关的。直立行走导致人类的上肢和双手得到解放，从而能为武器提供多种使用方式，如抓、投掷和猛击。与此同时，人类大脑的发育水平越来越高，动手能力越来越强，制造工具的技术也越来越好，这都使得兵器的种类越来越丰富。如何制造出更省力高效，与人体配合程度更高的兵器，也促使着远古"设计师"们对兵器不断升级改造。除此之外，随着人类经济文化等各方面的发展，原始人类不同时期的兵器不断升级，而且每个时期的兵器又具有鲜明的时代特征。

二、中国古代冷兵器发展脉络

世界文明史历经了石器时代、青铜器时代与铁器时代三个时代的更替迭代。我国作为世界文明古国之一，经历了中华上下五千年的历史，其中古代兵器的发展也历经了多重变化。中国古代兵器的发展大致可分为两个时期，冷兵器时期与冷兵器、火器并用时期。冷兵器时期的兵器种类，根据制作材料的不同又可分为石木兵、青铜兵、刚铁兵三个阶段，其中石木兵器属于原始时期的兵器，其延续的时间最长，但我国冷兵器的鼎盛时期是出现在青铜兵器与钢铁兵器时代。先民凭借其智慧在漫长的历史中创造出了多种多样的兵器。冷兵器指的是不带有火药或其他燃烧爆炸物质的武器，如戈、矛、戟、剑、弓等。除了这些进攻性的武器外，还包含防护用具。简而言之，在火药发明之前，军队里使用的武器都可以称之为冷兵器。

在人类发展与演化脉络过程中，从石器武器到冷兵器，再到火武器，最后到核武器的过渡，都经历了无数的战争。武器以及战争是对人类矛盾的最大的极致的解决。战争的破坏是表面的，而战争对于人类文明的进步作用却是长期的。

（一）石木兵器时期

整个原始社会期间的武器都属于石木兵器，这个时期的武器与生产工具之间的界限并不明显。由于社会的发展，部落或氏族之间开始有矛盾产生，矛盾不断的激化就需要借助武力解决，一些用于日常生活的生产用具便开始被用来进行打斗，在这个过程中，兵器的萌芽开始逐渐出现。到了夏商周时期，阶级社会开始产生，人口开始增多，为了抢占土地以及财富资源，更加激烈的战争开始出现，原始社会中以生产为主要目的的工具已经无法满足战争的需求，人们开始设计制造更加专业的武器，除了进攻的格斗武器，防护卫体用的武器也应运而生。此时兵器已从生产用具中分离出来，正式进入了兵器的发展时期。

大约在六七千年以前，活动在黄河流域的一些氏族部落，开始进入新石器时代的中期，石斧、石刀、石锄、石锛、石镰、石镞、骨耜、穿孔斧和多孔石斧等工具，已被较多地制作和使用，越来越精制的石器为生产力的提高准备了必要条件。

随着人口繁衍，各个部落的生活领域便要得到扩展，当两个部落的领域扩展到相接时，自由扩展就成为不可能，于是，两部落之间稍有摩擦就会引发冲突乃至械斗，如：为了占有同一只猎物，为了控制水源的所有权，为了草地的占有权，等等。在武力冲突中，人们就会本能地拿起一些器械来增强冲突的能力，如石斧、石刀、石镰等劳动工具。在这里，石斧、石刀等就可算是最原始的石制兵器了，但它还只是一种合二为一的兵器，人们也就开始了对这种军事工具的思考，思考如何使用这些工具，如何使这些工具更有威力等。

独立形态的石质武器形成后，经历了漫长的演变过程，成为原始社会晚期和夏代军队使用的主要武器。即使到了商、周时期，石质武器仍然与青铜武器混杂使用。随着社会经济发展，专为战争使用的工具——兵器，在与劳动生产工具分离后，开始走上了专业化的道路。一些械斗工具如投石器（10万年前）、弓箭（3万年前）

等就从劳动工具中分离出来，成为专门的武器。它的属性也从生产工具和战斗武器的结合体，演变为在战争中直接用于杀伤敌人有生力量、破坏敌人作战设施及防护身体的兵器，更加突出了杀伤部位和构件，加强了毁灭与杀伤作用，以适应作战的特殊需要。

（二）青铜兵器时期

青铜兵器时期，大致相当于我们所说的夏、商、周及秦初。甘肃马家窑遗址出土一把5000年前青铜小刀，至少在5000年前先民就开始使用青铜兵器了。夏代是青铜兵器的萌芽时期，商代青铜器造型随社会的发展和变革逐渐发展为多种系列。青铜兵器的设计随着时代风尚和审美理想的变化而不断变革和增益，不断淘汰一些不适应新的时代需要的器物，突出了狞厉、恐怖、肃穆和威严等造型风格。西周的青铜器在设计造型上更加规范化，器形类型更加丰富多彩，众多的新器和传统的器物，大都呈大小系列组合，表现出一种秩序感，富于庄严的艺术效果。青铜冶炼技术的出现使我国古代冷兵器的发展迈出了重要的一步，兵器的制造进入了新的阶段，夏商周时期的战争形势多为车战，因此这个时期的兵器形制多为长柄和制作较为粗糙的弓箭。随后又进一步掌握了铜锡合炼的青铜冶炼技术，使中国的兵器发展进入了青铜时代，在商代晚期到西周早期这段时间内，青铜兵器的发展达到了顶峰时期。

（三）铁兵器时期

在公元前8世纪西周晚期，出现了人造铁器，但早期的冶铁技术尚不纯熟，制作出来的工具多为农用的生产工具。与青铜兵器一样，铁兵的普及也经历了一段较长的时间。到了春秋战国，铁器开始有所发展，在农业、手工业和兵器业中都有运用，古人云："兵者，国之大事者。"足以证明我国古代对于军事发展的重视。武器的制造决定着国力的兴衰。随着冶炼技术的不断提升，青铜兵器的地位与铁兵器的地位发生了转变，青铜兵器开始逐渐退出历史舞台，逐渐开始为铁兵替代。秦汉时期的钢铁冶炼与铸造技术提升迅猛，并且在唐代钢铁的制造得到了完善。加上军事作战能力的进步，我国的古代军队的整体实力发生了重大的变革。

基于河南三门峡市上村岭出土的一把玉柄铁剑，考古学家推测中国大约在西周晚期已经能制作出人造（人工）的铁器。春秋时代将铁器用于军事，已经有文献记载。到战国初，铁器已经广泛应用于农业、手工业和军事上。战国中期、后期各诸侯国都大量制造铁质兵器，铁质兵器成为当时军队的主要装备。

秦汉时期推广淬火技术、退火技术、铸铁脱碳技术；东汉至唐代末创造和发展了炒钢技术、百炼钢技术、灌钢技术；各种铁质兵器的构造在宋代相对定型，使得铁质兵器的制造与使用也越来越标准化。宋末至清末民初，铁质兵器制度稳步发展，乃至随着火器全面取代冷兵器，铁质兵器逐渐退步历史舞台。

（四）冷兵器与火兵器并用时代

宋代到晚清为冷兵器与火器并用的时代，宋代处于冷热兵器并用的时期，此时冷兵器的发展已经十分成熟，几乎达到顶峰。北宋武器一部分延续之前的形制，并且融合了一些少数民族地区的武器形制，类型繁杂。与前代相比，宋代时期的远射工具变化较大，性能与之前相较，取得了一些突破。防御兵器方面几乎还是沿用前代的兵器种类，没有重大的创新，只是在细节上做出了改变，如根据不同兵种的需求，衍生出了不同形制的盔甲。并且根据当时盔甲的重量，以及所需甲叶数量等各个方面制定了详细明确的量化标准，得益于北宋时期冶炼锻造技术发达，当时盔甲的材质性能较为优越。同时北宋冷兵器较以往也有一些创新与改造，出现了一些新兴的武器种类，但总体上还是基于原有的兵器发展而来。同一时期火药兵器也开始在战争中投入使用，但仍处于火兵器使用的初级阶段，并无太大的杀伤力，使用和范围与作用都非常有限。这样的情况决定了当时的军队还是以马军与步军为主体，步军占据绝对的主力位置，弓弩的使用占据领导地位，大规模的近身战是主要的作战方式。

火兵器的出现追溯其源头是古代火攻战术的发展，北宋初起创制的燃烧性火器，如火球和火药箭，以火药为燃烧材料，无须借助氧气，在密闭的器皿中即可燃烧。不同于古代火攻战术中需要附带引火之物的火攻器具。北宋初起帝王们非常重视火器的制造，从个体的手工业转变为大型的火药制作作坊，批量化的火药生产使火药兵器发展迅速。并且颁布奖励政策，推动火兵器的研究与制造。南宋时期出现了铁火炮和火枪，元代时期的火铳就是依照这两者的原理制成的。明代是兵器制造的大发展时期，明代统治者非常重视火器的生产与研制，创建了神机营，内卫京师，外备征战，是一支完全用火器装备的机动部队。除此之外，火器的种类与质量都有提升，其中管形火器发展迅速，从单管到多管，并且配备较为先进的枪炮瞄准装备和击发装置。管形火器的发展逐渐开始取代传统的抛石机和弓弩这类冷兵器，火兵器开始在军事装备中崭露头脚。火器时代开始后，冷兵器已不再作为主要的作战兵器，但仍旧不可或缺，即使在当今也仍有使用，例如短小锋利的匕首，是一件轻便的近距离搏斗武器。

三、中国古代兵器设计规律

（一）中国古代兵器设计的迭代规律

纵观中国科学技术发展变革的历史地理脉络，兵器往往是一个时代最新科技水平、设计工艺、文化思潮的反映，也反映着战争发展变化的规律。

1. 兵器材质的迭代

以技术迭代为线索，兵器的发展经历了石器时代、青铜时代和铁器时代三个阶段。随着技术继承与改进，人类充分利用不同材质设计制造石、骨、蚌、竹、木、皮革、青铜、钢铁等兵器；原始兵器以磨制的石兵器为代表，同时大量使用由木、骨乃至蚌、角等材料制造兵器。此时防护兵器则以藤、木、皮革为主。青铜冶炼技术的出现，使性能和可塑性更优的人造材质，逐步替代了天然材料。随后人类进入"铁器时代"，钢铁的冶炼工艺取得巨大进步，青铜武器逐渐被新锐的钢铁兵器排挤出战争时空，进攻性武器装备与防护装具均以钢铁为主，钢铁武器装备进入相对成熟阶段。

从最原始的石木兵器，到青铜兵器，再到铁兵器，体现人类对于兵器材料来源、杀伤威力、设计思想、制造工艺、使用维护等方面的不断迭代传承。先民会将上一个技术层面的兵器设计与制造技术，较为完整地继承到下一个技术层面的兵器设计与制造技术。人类就是在兵器设计不断的技术迭代发展中取得长足进步。

2. 原始劳动工具——兵器的演进

原始社会时期，人们学会了用石材加工制造的石质工具，设计就由此产生。设计其实就是人类对大自然的认识在实践的过程中改造自然界的产物。起初在原始社会的设计更多的是实用性，为了方便人类进行对自然的改造而产生。胡光华在《设计史》中说道："总的来说，这一时期石器工具的设计特点是出现设计类型的初步分化，材料设计由单一过渡到多样，形态设计由不规则趋向规则，具有明显的目的性与功能性相结合的特征。"[1]

在旧石器时代早期主要利用砍砸器、刮削器、尖状器，其中砍砸器是原始时代的"万能工具"，以鹅卵石边缘打出刃部组成。石器的使用大大促进了生产力的发展，从而带来人们生活生产方式的改变。新石器时代主要使用磨制石器，磨制

---

[1] 胡光华：《中国设计史》，北京：中国建筑工业出版社，2010年。

石器体现两个设计上的显著特征：第一，均为两种工具组合而成的复合工具，如石刀就是木柄和刀体的组合（如南临汝仰韶文化庙底沟类型彩陶缸所绘制鹳鱼石斧图）。第二，加工手段多样、技术高超。敲打磨制技术成熟以及钻孔技术的成熟，二者的结合运用使得原始人类在生产生活中对当时各种技术要素的使用得心应手。

人类最早使用带有锋利边缘的石器和木棒作为武器，二者结合成为原始时期最初的石矛和石斧原型。石矛和石斧主要对付凶禽猛兽，征服自然。人类最初使用的生产生活工具和武器并无明显区别。石头、木棍、石刀、石矛等兼具生产生活工具和武器双重功能。在原始社会的末期，因为私有财产出现与掠夺——护卫战争，人与人之间、人群与人群之间的斗争使得争斗的工具得以独立产生，形成独立发展、独立功用的武器。[1] 随着人类生产力提高，人与人之间、人与自然之间的矛盾加剧，武器逐渐从一般性生产生活工具中抽象脱离出来，专门发展，形成多种类型和样式的兵器家族。[2]

3. 实用兵器、礼制兵器的同步发展

实用兵器、非实用兵器（礼仪兵器）同时发展，在历史发展早期，一些实用兵器装备同时也是礼仪兵器，例如青铜斧钺、权杖等；随着历史时序发展，实用兵器与礼仪兵器的界限日渐清晰，越到历史后期，礼仪兵器的装饰性、威仪性越重要，礼仪兵器种类也越繁多。中国古代不同阶层的人（例如皇帝、将军、普通士兵等）使用的兵器都不一样，都与一定身份、层级、阶层、制度礼仪等相关。有的兵器本身就是礼仪器具，而非战斗兵器。兵器的战斗有效部分、装饰部分往往根据分类呈现极大的差别。实用兵器的战斗有效部分是主体，装饰部分缺失或很少；礼仪兵器则是以装饰部分为主体，战斗有效部分是次要的，甚至故意隐藏刀锋、刀刃等。

实用兵器中权杖、斧钺等往往为最高权力统治者所拥有，同时也是财富、权力的象征。随着生产力向前发展与社会阶层的分化，权杖、斧钺等实用功能逐渐降低，象征性符号功能逐渐上升。往往在祭祀亡灵、指挥战争或者作出重大决策时候，以权杖、斧钺等体现强大的"礼制"作用。

4. 冷兵器、火兵器的替代发展

依据主要兵器的质地和设计工艺特点，冷兵器迭代演变依次为石制兵器时期

---

① 王教健：《中国古代冷兵器的文化意蕴》，《当代体育科技》2012 年第 8 期，第 80—81 页。
② 刘梦藻：《中国古代冷兵器与武术器械》，《文史知识》1993 年第 8 期，第 62—65 页。

（或石木并用时期）、青铜兵器时期、钢铁兵器时期、冷火兵器并用时期。每一次单个兵器使用中误差、微小改进，人类强大的试错—改错能力，会在继承上一次的兵器设计制造技术基础上，做出一个微小的改变。若干个微小的技术改变，日积月累，量变发生质变，就会产生显著的技术迭代。人类从冷兵器向冷火并用时期兵器转变，乃至近乎完全使用火兵器，不仅仅是兵器类型在时间维度上的演进与技术迭代，更重要的是代表人类跨越生产力门槛向前的巨大技术进步。

冷兵器一般指不利用火药、炸药等热能打击系统、热动力机械系统和现代技术杀伤手段，在战斗中直接杀伤敌人，保护自己的武器装备。广义的冷兵器则指冷兵器时代所有的作战装备。出于战争的需要，人们手中的劳动工具越来越多地演变为兵器，促使兵器走出原始时期，与劳动工具分道扬镳。在进入阶级社会之后，战争具有了阶级斗争的性质。这些具有独特形制和专门作用的战斗器具才演变成真正意义上的兵器，它连同军队一并成为统治阶级的垄断工具。

宋代处于冷、热兵器并用的开始时期。热兵器虽然是刚刚出现，在技术上尚不算成熟，开始逐渐取代冷兵器。随着钢铁兵器在宋朝（宋辽金西夏时期）的衰落，那时候火药兵器已经开始出现在军事装备之中，大量用于实战。宋王朝在火药兵器的应用上居于世界领先地位，火药规模大、制造种类齐全、装备部队多。而此时冷兵器已发育成熟，到达其顶峰。因此冷兵器开始与火药兵器并用，互为补充，竞相发展。随着近代西方新科技革命（工业革命）的时代叠加，火药兵器成为热兵器的主要战斗力量，开始挤压传统冷兵器，冷兵器开始淡出历史舞台。

（二）中国古代兵器设计的对立演化规律

1. 中国古代兵器设计中攻、守的辩证结合

中国古代将进攻军事要塞和城池的作战称为"攻"，相应的防守作战称为"守"。中国古代"攻"的作战形式是围困和强攻。围困就是切断要塞城池的交通和补给。强攻的方法通常是先在城外堆砌用于观察城内的情况和掩护的土山，然后用攻城车等器械撞击城门。此外，还有大量的士兵借助云梯飞爪等工具像蚂蚁一样攀登城墙，古代的兵书中曾把这种攻城方法概括为：筑埋、攻门和蚁附。与此同时，古人还会采取放火烧城和挖地道的方法配合攻城。为了配合攻城守城的作战方式，抛石机应运而生，其利用杠杆原理，通过木质的结构装置将石头或者火药抛射出去，从而毁伤敌军相对较大范围或大规模的军事目标。

古代守城方法通常是在攻城者接近城墙时，借助城外各种障碍用弓矢和抛石器

等兵器攻击敌军，并以短兵格斗杀伤敌军攻城人员，投掷重物破坏其登城工具。宋辽时期有宽 7 寸、斧柄约 3 尺半的挫王斧，主要用来防守城门时攻击爬上城门的敌军。当时要塞城池城墙的四角通常有高于城墙的望楼用于观察敌情和攻击两面夹击的敌人，也就是早期的瞭望塔。城墙上也设置有可以用于掩护守军的胸墙和方便射箭的射孔，每隔一定距离，还外筑一个突出部，用以进行侧防和控制死角。

2. 中国古代兵器设计中的相克而生

中国古代兵器装备设计，往往体现对立思维，考虑两种兵器相克而生：1. 从兵器的使用方式上，设计产生了攻击兵器、防具、马具、车船、机械装置等，攻击兵器与防护兵器互相对立；2. 从兵器的作战方式上，设计产生了步兵兵器装备、骑兵兵器装备，两者长期对立；攻城兵器装备、护城兵器装备，两者长期对立。

中国古代兵器分为正规军队使用兵器、武林高手使用的兵器，武林高手使用的兵器往往与一般常规兵器有所区分和不同。按照兵器本身重量与杀伤力等中国古代武器设计考虑：重兵器与轻兵器。重兵器讲究威猛，重量，杀伤力强，让对手难以招架，个人使用个性强；轻兵器相对重量轻，讲究移动性、隐蔽性。按照兵器杀伤力与否、战斗力实用与否，中国古代兵器设计考虑实用武器、非实用兵器的对立演化。实用兵器讲究实战与杀伤力，非实用兵器讲究威慑性、礼仪性、非实战性等。

在思想方面，阴阳五行学说是古人观察自然时所生发和总结的朴素的关于世界的看法和规律。阴阳五行指导兵器与武术"刚柔并济、以柔克刚"，也深深影响了兵器的设计制作。长短（兵器）往往互补，攻守兼具。兵器体系中种类各异，可以用于满足各种武术需求。流传最广的十八般兵器也是"九长九短"之组合。一些兵器的产生本身就有专门的对抗用途。兵器相克，并非站在制高点进行绝对统治的地位，而是一种动态的循环，从而进行改良和进化。例如梢子棍（带连枷结构）对抗盾牌，汉之弓弩抵消匈奴之骑兵，北宋之床弩抵抗辽之骑兵，南宋扑刀抵抗金人之重甲骑兵，铁质盔甲抵抗弓箭、枪矛。这是先人从自然规律中所获得的真知，并由武术体现出来，化入武器设计实践之中。兵器的矛盾演变往往以材料为基础，取决于诸多内外因素。步、骑兵与战车交战时，手持锋利铁兵器的骑兵步卒与笨重的车兵作战，往往取得战争优势，战车往往甘拜下风。唐代骑兵多不穿铠甲，步兵则用铁铠甲防护，骑兵与步兵协助，对付草原民族的高头大马与百炼钢、冷锻铠甲，唐军取得胜算较多。蒙古西征的时候，蒙古骑兵则利用"透网剑"与蒙古弯刀，对抗西方的骑兵、步兵，刮起一股征服欧亚大陆草原的蒙古旋风。蒙古骑兵还与炮军（抛石机）

等结合，攻打金国、南宋等汉地城池，所向无敌。[①]

（三）中国兵器设计的象形文化规律

从中华兵器装备发展史来看，兵器雏形的灵感来源于自然。其中体现了华夏民族文化中非常重要的一点：对自然万物的敬畏重视。"人法自然"，我们可以感到先人对自然的一种关注。在武术兵器制作中，注重师法自然、运用自然法则的思想内核也深深植入了兵器设计文化之中。从实用性和艺术性上，古代兵器都体现出自然万物的影子。兵器设计在艺术性上描绘万物形态，表达或崇拜，或威慑，或彰显身份的情感。纹饰作为武术兵器艺术性的重要体现，多用于通过不同文化意象内涵的纹饰，表达制器人、持器人的个人感情需要。动物纹饰、植物纹饰乃至云纹水纹等日月星辰、风雨雷火相关的纹饰都是古人从天地中采撷万物形态，在兵器上描摹倾注感情之用。中国古代兵器装备设计造型重视自然模拟万物，详细规律解读如下：第一，从自然中汲取灵感创制兵器，单纯模拟动物的外形或特殊技能进行兵器设计与制作、纹饰装饰与美化，体现模拟仿生或象形性；第二，实用性上模拟动植物，效法生物特殊技能，从仿生来看，有叉形、钳形、爪形、镰形、掌形、甲壳形、刺猬形等。从兵器实物来看，很大一部分与野兽猛禽的仿生有关，如模仿尖牙的狼牙棒，模仿鹰爪的飞爪，模仿牛角的牛角叉，模仿龟壳的盾牌，模仿穿山甲的铠甲。对植物的仿生亦有很多，如柳叶刀、铁蒺藜、梅花钩、梅花针、草镰等；第三，中国古代兵器不单是对自然万物简单单纯的模仿化用，而是结合了人类对自然规律的认知与感受。观察自然，从中获得启示，继而利用自然资源，把握自然规律，创制出各类兵器来满足武术中各种需要。在兵器装备设计制造中有效利用自然的思想原则，融合自然与人为一体的精神气度，体现天人合一的文化内涵。

（四）中国古代兵器装备设计的战争主导规律

中国古代战争形式往往产生伏击、包围袭击、围点打援等具体战略战术。其为了适应不同的作战环境、应对不同作战对象一直在不断地发展、分化和融合。兵器的设计随着战争形式的变化同时也在不断发展，与此同时，兵器设计的进步也会间

---

① 郭可谦、[日]小沢康美、[日]佐藤建吉：《中国古代冷兵器矛和盾的演变》，《机械技术史（2）——第二届中日机械技术史国际学术会议论文集》，北京：机械工业出版社，2000年，第192-200页；曹荫之、姚卫薰：《中国古代冷兵器矛和盾的演变》，《机械技术史》2000年第S期，第177-185页。

接刺激作战方式的改变。依据作战方式，一切围绕战争胜利，往往在具体战事中使用不同的兵器或兵器组合，甚至上一次的失利战事会成为本次战事中兵器改进的重要原因。战争在相当程度中主导了兵器使用、设计、改进、管理等。

"战"在中国古代战争中专指野战。所谓野战就是两军对阵相互冲杀的作战形式。这种古老的作战形式，并没有明确的攻守之分，战术的关键主要是阵法的运用，步兵战、骑兵战、车战、水战都是在"战"这一战争形式下根据不同的战场环境应运而生的。

夏、商、周时期，"车战"一直是作战形式的主流，主要武器有车马、长柄的青铜兵器和远距离投射的弓箭；春秋时期，车战达到了高潮，相应的战车和车战时使用的长柄武器设计和生产达到了空前的规模。每架战车架两匹或四匹马，四匹马拉的车为一乘。战车每车载三名甲士，"兵车，则车左者执弓矢，御者居中，车右者执戟以卫"。这是说，为适应车战这一作战形式，兵器配备和设计上，战车左面的甲士持弓，主射；右方的甲士执戟等长武器，主击刺，并有为战车排除障碍之责；驾驭战车的甲士居中。除三名甲士随身佩带或手持的兵器外，战车上还放置若干其他格斗兵器，以长兵器为主。

春秋末期以及战国时期，随着金属冶炼技术的改进和弓箭射程的增大，尤其是远射弩的出现，目标高大的兵车受到的威胁与日俱增，加之战场范围从平原扩大到山地和江河湖沼地带，兵车战斗效能的发挥受到了极大的限制。人们使用战车达到获胜目的的难度越来越大，于是更加机动灵活的步战应运而生。甚至出现了"魏舒毁车以为行"，强制由车战转为了步兵战。战国后期，短兵器开始盛行，多以单手操作来进行刺杀和砍杀，近战杀伤力很强。

随着步兵战术的发展，车战逐渐退出历史舞台，一部分步兵也发展成了更加机动灵活的骑兵，形成了步兵骑兵混合作战的形式。骑兵作战形式的出现，使得用于战争的马具得以大幅发展，马鞍、马镫相继出现。同时为了应对骑兵的出现，弓、弩等主要用于克制骑兵的远射类武器普遍用于实战，且种类繁多，如夹弩、瘦弩、唐弩和大弩。

水战的出现主要是辅助陆地上的战斗，由于江河湖海面积广阔，且士兵在水上需借助船的辅助，攻击距离大大拉长，宋辽金元时期船尺寸可达 20～30 丈（60～90 米）。"飞虎战舰"是最具代表性的一种，这种船具有轻便快捷的特性，是常用车船型号。当时水军的装备战船还有海鳅，这种战船的形状设计灵感来自于海鱼。除了这两种，水军的战船还有双车、十棹、防沙平底等各类舰艇。南宋水军统制冯湛制造出了"湖船底、战船盖、海船头尾"的多桨船。

（五）中国古代兵器装备设计的文化融合规律

1. 游牧文化与农耕文化的融合

以中国兵器装备为核心，本土文化同外来文化的对抗可分解为两个方向：其一是北方，以大刀（农耕地区本土兵器代表之一），用来对抗北地蛮夷的弓箭（游牧地区本土兵器代表之一），农耕民族与游牧民族长期的军事对垒、文化融合中，也增加民族凝聚力与向心力，推动了历史车轮不断向前发展；其二是东南和南方，随着近现代中国社会发展时序与西方的落差，传统的汉民族用冷兵器抵御资本主义列强的外来火器，在冷火交锋中，冷兵器完全处于劣势，这也为战争成败与社会发展时序埋下了伏笔。

2. 东西方文化的融合

在 15 世纪大航海时代到来之前，中国是一个相对封闭、自我发展的文化体系，较少受到外来文化的冲击。随着宋元时代海上丝绸之路的兴盛与航海技术飞速发展，全球在 15 世纪日益形成一个一体化的海洋时代。此时中国，日益受到来自海洋的西方的文化、技术冲击。西方大踏步进入工业革命时代，中国却仍然沉浸在"天朝大国"的美梦中。中国古代兵器装备设计在此时受到西方工业革命、火器设计与制造的剧烈冲击。我们经历了抗拒、吸收、改进西方技术文化的艰难历程。在历史发展的后期，东西方文化的融合在兵器设计与制造上形成一个高潮。

四、武器装备设计思想国内外研究现状

对于传统造物设计思想和古代武器装备设计的研究，国内外均有一定量的成果。（图 2.2）

（一）传统造物设计思想研究

国内从事古代造物思想研究的学者大致来自工艺美术、设计艺术学、美学科技史

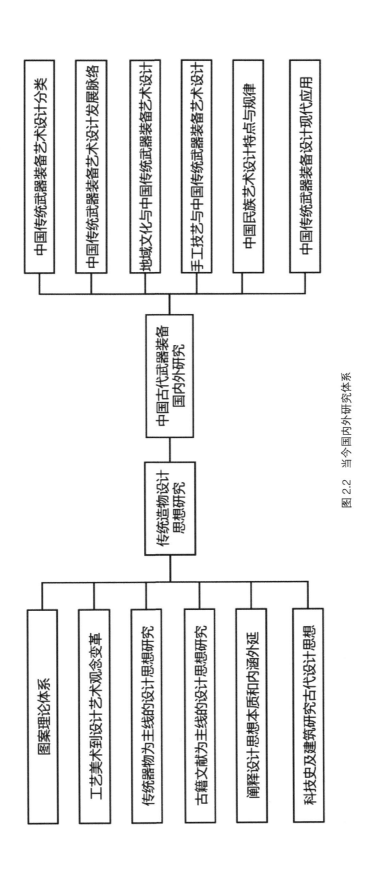

图 2.2 当今国内外研究体系

中国古代武器装备
国内外研究

- 中国传统武器装备艺术设计分类
- 中国传统武器装备艺术设计发展脉络
- 地域文化与中国传统武器装备艺术设计
- 手工技艺与中国传统武器装备艺术设计
- 中国民族艺术设计特点与规律
- 中国传统武器装备设计现代应用

传统造物设计
思想研究

- 图案理论体系
- 工艺美术到设计艺术观念变革
- 传统器物为主线的设计思想研究
- 古籍文献为主线的设计思想研究
- 阐释设计思想本质和内涵外延
- 科技史及建筑研究古代设计思想

三个领城，他们分别从各自的专业视角对古代器物设计思想的不同层面进行研究①。

20 世纪 20 至 40 年代，陈之佛、雷圭元、庞薰琹等从事工艺美术理论研究，确立了图案理论体系。20 世纪 50 年代至今，清华大学美术学院史论系和陶瓷系的王家树（《中国工艺美术史》《装饰艺术史话》）、田自秉（《中国工艺美术史》《工艺美术概论》）和东南大学艺术学院的张道一（《工艺美术论集》《造物的艺术论》）等从工艺美术角度探研传统器物艺术及其设计思想，他们着重对古代器物的材料、工艺、造型、装饰以及艺术风格进行研究。

20 世纪 80 年代起，我国开始了从工艺美术到设计艺术的观念变革，西方现代设计理论及方法大量引入，致使中国设计"从设计方法、作品风格到设计教育都在裂变之中"②。在吸收和借鉴国外现代设计理念和方法的同时，国内学者也逐渐开始尝试从现代设计艺术（工业设计）的视角对传统器物艺术和设计思想进行研究。

以传统器物对象为主线进行设计思想研究，该类研究多数选取某一特定领域或者特定时段的传统器物作为研究对象展开论述。清华大学柳冠中教授五位博士分别对"金、木、水、火、土"五行之"人为事物"进行研究，采用了"事理学"的理论框架和研究方法③。吴卫以传统升水器械——桔槔、辘轳、翻车、筒车、渴乌，为研究对象，选取明末作为研究时段，分别从文化思想层面、造物认识层面、设计技巧层面、技术美学层面总结了明末升水器械的设计思想。胡飞从"巧适事物"的角度探索了古代钟、钺、锁等"金"之"人为事物"的设计思维方式，并初步尝试将传统设计思维方式应用于现代设计中。高炳学对古代炊事和冶炼相关的"人为事物"进行研究，提取了"火"之"人为事物"设计思想，并阐述"谋事"与"造物"的关系。杨瑞对木设计文化进行研究，分析了木设计文化的宏观语境、象征意义和核心精神。李咏春对生土建筑进行研究，并将中国古代生土建筑和美索不达米亚生土建筑进行比对，探讨了设计的适应性问题。东南大学张道一教授的博士徐飚对先秦工艺造物进行研究，从"器""道"等层面总结先秦造物思想，遵循"贯通道器，关照本质"的思想原则④。徐飚还对战国专用灯具、东周随葬器、圆钱等典型器物的演进逻辑和设计思想进行研究⑤。朱广宇将中国古代陶瓷分为"实用陶瓷""陶瓷礼器"和

① 吴卫：《中国古代升水器械设计思想特征探析》，清华大学博士学位论文，2005 年，第 14-150 页。

② 诸葛铠：《裂变中的传承》，重庆：重庆大学出版社，2007 年。

③ 柳冠中、蒋红斌：《中国古代设计事理学系列研究（下）》，北京：高等教育出版社，2007 年。

④ 徐飚：《成器之道——先秦工艺造物思想研究》，南京：江苏美术出版社，2008 年，第 7-181 页。

⑤ 徐飚：《先秦器物设计初探》，《南京艺术学院学报》（美术及设计版）1999 年，第 65-68 页。

"丧葬陶瓷"，并逐类总结了陶瓷的造物艺术思想[1]。朱广宇还通过分析夏、商、周三代逐步发展完备的礼制思想，阐述了从青铜礼器到陶制礼器乃至陶瓷祭器的发展脉络[2]。南京艺术学院王琥教授的博士生程颖对中国传统权衡器具的设计特征及其设计文化价值进行了系统的研究[3]。江南大学张福昌教授及其研究生许衍军对传统造型进行研究，并提取中国传统设计元素，尝试在现代产品设计中进行应用[4]。

以器物对象为主线的设计思想研究偏重于对象本身的物理特性和文化属性，通过对器物产生和演进的自然、人文背景考察以及器物本身形制、结构、材料工艺、装饰等层面的剖析和探索，结合相关文献描述归纳器物设计制作及使用中所遵循的设计经验和思想。

以古籍文献为主线展开的器物设计思想研究，这方面的研究大多是选取某一本或者某一类书籍作为主要研究载体进行设计思想离析。清华大学李砚祖结合古籍文献提出了"工艺设计观"的六个方面[5]。他的《设计的智慧——中国古代设计思想史论纲》一文对中国古代设计思想史的发展进行了宏观描述，并阐述研究古代设计思想的意义。李砚祖又分别从《周易》《礼记》《庄子》等古文献的角度系统总结了古代的设计思想。杭间也结合古籍文献总结了工艺美学思想的六个特征，即重己役物、致用利人、审曲面势、各随其宜、巧法造化、技以载道和文质彬彬[6]。李立新博士初步归纳了孔子、墨子、老子、庄子、韩非子、管仲等诸子的设计思想[7]。苏州大学陈正俊博士分析了《尚书》中与艺术设计史论关系密切的材料，试图阐明《尚书》在艺术设计史论领域的地位和价值[8]。谭秀江结合诸子著作以及《淮南子》《礼记》《诗经》《论语》等古籍文献，对历史主题及其阐释体系进行回溯和研究，试图在设计的遗构陈迹和传统惯例之间，在设计思想史的转换与衔接及其关节选择方面，推测并检验

① 朱广宇:《论中国古代陶瓷所体现的造物艺术思想》，东南大学博士学位论文，2005 年，第 1-170 页。

② 朱广宇:《论中国古代礼器与祭器发展中艺术设计思想的转变》，《艺术百家》2006 年第 6 期，第 133-136 页。

③ 程颖:《权重衡平中国传统权衡器具设计研究》，南京艺术学院博士论文，2008 年，第 1-134 页。

④ 许衍军:《中国传统造型在家电设计中的应用研究》，江南大学硕士学位论文，2008 年，第 1-49 页。

⑤ 李砚祖:《工艺美术概论》，北京：中国轻工业出版社，2003 年，第 153-161 页。

⑥ 杭间:《中国工艺美学思想史》，太原：北岳文艺出版社，1994 年，第 14-17 页。

⑦ 李立新:《中国设计艺术史论》，天津：天津人民出版社，2007 年，第 1-232 页。

⑧ 陈正俊:《〈尚书〉艺术设计史论的价值分析》，《苏州大学学报（工科版）》2004 年第 3 期，第 6-7 页。

中国设计文化原型的衍义以及古典设计阐释体系的主要模式①。郭廉夫探讨了《淮南子》中对工艺规程的论述及其设计创新、尊重自然规律的设计思想②。梅映雪对《周易》的工艺文化人类学、工艺文化生态学、工艺文化符号学进行了研究③。肖屏等试图离析《考工记》中所蕴含的古代器物设计思想④。陈见东将《考工记》中的造物原则和设计思想与亚里士多德造物"四因说"进行比对研究，得出古希腊人的造物思维比较强调线形逻辑原则，而《考工记》则强调和谐原则的结论⑤。以古籍文献为主线的器物设计思想研究偏重文本的分析，重点通过古代哲学家、思想家的言论和文献记载离析造物设计经验和思想观念。

针对设计思想的本体研究，注重阐释设计思想的本质和内涵外延。苏州大学诸葛铠提出了设计思想的三种模式，即模仿型、继承型和反叛型，并进一步提出"设计思想是一种观念，也是设计师的世界观，是设计过程的出发点和指导思想"⑥。潘鲁生提出工艺造物的三个方面：工艺造物制品多与农耕业相关；对自然材料的巧妙利用，制作技术的灵活随机性与创造器物实用功能和审美功能密切结合；造物过程重经验、感性、规矩、范式，所以制品形态具有人情味和程式化的双重特性⑦。香港理工大学梁町教授对中国古代设计文化进行较为深入的研究，其研究从中国古代哲学思想入手挖掘传统设计理念，并将这些设计理念和西方设计理念进行比对研究⑧。从美学、古代哲学角度研究古代设计思想的有李泽厚（《华夏美学》）、武汉大学范明华及其研究生王彩虹（《"天人合一"与中国古典园林的审美追求》）、曹芸（《论中国古典园林艺术中的〈周易〉美学思想》）。张道一的博士生也略有涉及，如易存国（《乐神舞韵——华夏艺术美学精神研究》）等，这些研究主要从审美的角度研究古代造物的美学思想。

从科技史以及建筑设计角度研究古代设计思想的有刘仙洲（《中国机械工程发

造物武道：清代远程武器装备设计思想研究

---

① 谭秀江：《中国古代设计思想泛论》，《华南理工大学学报（社会科学版）》2000年第2期，第37-44页。

② 郭廉夫：《〈淮南子〉设计思想探议》，《装饰》2006年第11期，第96-97页。

③ 梅映雪：《〈周易〉中的工艺文化设计美学思想——论建立有民族优良"道器"文脉的"有机设计体系"》，《美术观察》2003年第6期，第76-78页。

④ 肖屏：《〈考工记〉设计思想探析》，《武汉科技学院学报》2005年第7期，第41-44页。

⑤ 陈见东：《亚里士多德"四因说"与〈考工记〉造物原则比较》，《装饰》2006年第12期，第98-99页。

⑥ 诸葛铠：《图案设计原理》，南京：江苏美术出版社，1998年，第259页。

⑦ 潘鲁生：《中国民间美术工艺学》，南京：江苏美术出版社，1992年，第49页。

⑧ 梁町：《"可持续设计"本土化的探讨及对中国工业设计教育的启示（演讲稿）》，2002年全国工业设计研讨会。

明史》）、刘克明（《中国古代机械设计思想与设计方法的研究》《中国古代机械设计中的创新意识》《中国古代机械设计思想的科学成就》《中国建筑图学的科学成就及其文化内涵》《中国古代有色铸造技术的设计思想和方法》）等，他们注重从技术的角度，对古代机械和建筑的技术原理、设计方法、设计思想进行科学求真研究。[①]

（二）中国古代武器装备国内外研究进展

中国古代武器装备国内外研究主要分为中国传统武器装备艺术设计的分类、中国传统武器装备艺术设计的发展脉络、地域文化与中国传统武器装备艺术设计、手工制造技艺与中国传统武器装备艺术设计、中国传统武器装备艺术设计的现代应用、中国民族艺术设计特点与规律几个方面。

1.中国传统武器装备艺术设计分类

我国考古学家杨泓教授的《中国古代兵器论丛》（1980）一书中详细论述了中国古代冷兵器、远射兵器（弓弩）、格斗兵器（剑、戟、刀）和防护装具（甲胄）的产生、发展以及最后衰亡的历史。[②]胡道静在《中国古代兵器》（1994）一书以单体冷兵器、城防体系、远射兵器等为对象，全面系统地阐述古代战争器械与装备的起源、发展、性能与作用、基本原理和使用方法等。[③]陆敬严、沈斌、虞红根等教授（2000）指出：中国的兵器的萌芽可追溯到原始社会，部落民族在争斗中所使用的械斗工具（石斧、石刀、棍棒、石矛等），不能完全称为兵器，但它们已经具有兵器雏形，是兵器前身。[④]周攀（2012）结合地层学出土兵器，按其商周青铜兵器功能、形态结构和使用方法可分为防护性兵器（甲、盾）和杀伤性兵器（又细分为弩、镞等远射兵器；矛、剑、钺、戈、戟等近搏兵器）[⑤]。刘良荣（2014）将早期出土的有孔锤斧分为"纵刃锤斧""横刃锤斧"两个大类，每个大类下可再依据具体兵器的

① 刘克明、杨叔子：《中国古代机械设计思想与设计方法的研究》，华中理工大学博士学位论文，2000年，第1—150页。
② 杨泓：《中国古代兵器论丛》，北京：文物出版社，1980年，第1—10页。
③ 胡道静：《中国古代兵器》，上海：同济出版社，1994年，第23页。
④ 陆敬严、沈斌、虞红根：《有关中国古代战争与兵器的几个问题》，《机械技术史》2000年第S期，第51—56页。
⑤ 周攀：《江淮地区出土的商周青铜兵器研究》，陕西师范大学考古学及博物馆学硕士学位论文，2012年，第14页。

形制不同进行详细形式划分。①《考工记》记载："车兵五兵为戈、殳、戟、夷矛、酋矛。"在湖北随县的曾侯乙墓出土的战国矛楚，柄长 7 米，折合成周尺，恰为后世武术界"丈八长矛"之标准②。朱旭方（2015）指出：1.戈是最具有中国古代民族特色的攻击格斗用勾啄兵器，字体演变体现了防御、防守等军事理念。2.戟是勾啄兵器与刺击兵器的结合体。3.钺由格斗兵器到威权象征兵器、刑具的转变。③池秋平（2014）分析了春秋时期的五种长兵器（矛、戈、戟、槊、铲）。④

冷兵器出现于人类社会发展的早期，由耕作、狩猎等劳动工具演变而成，随着战争及生产水平的发展，经历了由低级到高级、由单一到多样、由庞杂到统一的发展完善过程。按照人类发展进程，中国冷兵器基本可归结为石木兵器时代、铜兵器时代、铁兵器时代和冷兵器、火器并用时代。其中石木兵器时代延续的时间最长。冷兵器有以下几种常见分类方式：按时间划分可分为史前、商周、秦、汉、唐、宋、元、明、清；按种类划分可分为刀、弓弩、钩、拐、斧、叉、锤、棍、棒、剑、铜、鞭、镗、槊、挝、钺、铠甲、盾、枪、戟、戈、投石器、火器和暗器；按地域划分可分为东方、西方、南方、北方和少数民族地区冷兵器。

2. 中国传统武器装备艺术设计发展脉络

早在新石器晚期已有石戈、石钺等出现。刘文强（2012）认为彩绘石钺是一种钺体表面穿孔、两侧彩绘的史前遗物，其产生、发展、演变到消亡跨越漫长的文化历史进程。⑤安丽（2004）指出：以旧石器时代晚期的投掷抛击类狩猎工具为基础，到商周时代的石质棍棒头、青铜质棍棒头，逐渐发展成为蒙古族的独特狩猎工具布鲁。⑥王兆春（1987）指出我国的冷兵器起源于夏王朝。夏王朝开始创设专门的冷兵器的手工业制作部门，进行冷兵器的批量生产。⑦张杨力铮（2014）指出商代前期青铜兵器（钺、戈、矛、戟、刀和镞），商代后期兵器（钺、戈、矛、戟、大刀、

① 刘良荣：《中国北方地区出土有孔锤斧研究》，吉林大学考古学与博物馆学硕士论文，2014 年，第 5-12 页。

② 顾莉丹：《考工记》兵器疏证，复旦大学汉语言文字学专业博士论文，2011 年，第 5 页。

③ 朱旭方：《戈部字与中国古代冷兵器演变》，《广播电视大学学报》2015 第 2 期，第 75-79 页。

④ 池秋平：《论春秋时期的五种长兵器》，《兰台世界》2014 年第 18 期，第 141-142 页。

⑤ 刘文强：《中国史前彩绘石钺初步研究》，安徽大学考古学及博物馆学专业硕士学位论文，2012 年，第 2-10 页。

⑥ 安丽：《蒙古族的狩猎工具——布鲁及源流》，《内蒙古文物考古》2004 年第 2 期，第 68-72 页。

⑦ 王兆春：《冷兵器的起源、发展和使用》，《军事历史》1988 年第 5 期，第 56-57 页。

斧、刀和镞），西周早期的兵器组合模式较商代烦琐复杂。[1] 钱瑞（2015）分析了成周及其周边区域西周时期的戈（附键）、镞、矛、戟、剑、错甲、盾杨等兵器[2]。

施谢捷（2008）考证新出土的秦五十年诏书事戈是秦朝昭襄王三十三年（公元前274年）铸造。[3] 王慎行（1985）指出：战国时代至秦帝国时期，由中央与地方最高官吏监督，任用"工官之长"的工师（设计师），以刑徒和步卒作为廉价劳动力，制造兵器。这样形成的兵器三级监造制度是秦国保持军事优势并一统天下的重要因素。[4] 稍为有所不同的是，金铁木（2005）认为秦国的军工管理制度为四级层次[5]。兵器任何质量问题都可以通过印刻在武器上各级负责人的名字，终生追其责任。层层叠加的垂直管理制度与标准化大生产是秦国兵器优良的根本制度保证。

邵会秋、杨建华（2013）指出：在汉代以前西域、中国北方地区与欧亚草原地区之间以"金属之路"相联系；汉代凿通"丝绸之路"，后世加以巩固。有銎战斧就是这种古代欧亚洲大陆大规模的东西文化交流的产物[6]。于小秦、张志刚（2014）指出：在汉代竹简等文献中，兵器和守御器是不同的器械兵器类型，兵器、守御器、什器（生产用具或生活器物）等共同构成了汉代边塞的多样防御型武器系统[7]。张艳云（1995）指出唐代继承和发展了隋代的门戟制度，具体由卫尉寺武器署管理门戟[8]。

从宋代开始，中国进入冷兵器与火器并用时代。而且兵器在宋代有稳定而突出的发展，并且形成冷兵器时代基本定制。王兆春（2001a）指出农耕的赵宋政权，与北方的辽、金、西夏、蒙古（元）各个游牧政权并存，互相碰撞，战争频繁，复杂交错，进行了史无前例的民族间的军事科技文化大交流。以临安（今杭州）、汴梁（今开封）为中心，继承汉唐传统，形成了军事科技中心，例如指南针与火药被广泛应用于军事，创造与创新了诸多新型的兵器，开创了人类战争史的冷兵器与火器

① 张杨力铮：《从出土青铜兵器组合看商、西周时期军队配备与作战方式及其演进》，西北大学考古学及博物馆学专业硕士论文，2014年，第1-61页。

② 钱瑞：《成周及其周边区域西周时期兵器研究》，陕西师范大学考古学及博物馆学专业硕士学位论文，2015年，第1页。

③ 施谢捷：《秦兵器刻铭零释》，《安徽大学学报（哲学社会科学版）》2008年第4期，第8-13页。

④ 王慎行：《从兵器铭刻看战国时代秦之冶铸手工业》，《人文杂志》1985年第5期，第76-83页。

⑤ 金铁木：《秦军兵器制作之谜》，《军事历史》2005年第8期，第22页。

⑥ 邵会秋，杨建华著：《欧亚草原与中国新疆和北方地区的有銎战斧》，《考古》2013年第1期，第69-82+2页。

⑦ 于小秦、张志刚：《从汉简看汉代西北边塞戍卒兵器装备及管理》，《兰州教育学院学报》2014年第6期，第6-10页。

⑧ 张艳云：《唐代的戟门》，《文博》1995年第1期，第41-42页。

并存并融、交相辉映的新时代①。由于宋代实行强本弱枝、以文驭武的专制制度，主管官吏的渎职，加之军匠不足、物料缺乏等原因，致使宋代兵器生产虽数量可观，但质量方面也存在一定问题。周荣（2006）阐述北宋进攻性武器的进步明显，防御性的武器变化不大，仍然改革具体设计细节。产生了适应不同兵种的各种各样的恺甲形制，在盔甲的重量、需用甲叶数量等方面具有量化标准②。孙垂利（2007）认为宋代冷兵器在种类数量上已经基本完备齐全，后世的冷兵器多是在宋代冷兵器基本形制的基础上稍加改变。多样化的兵器种类分类明晰，分工合理，在实战中注重协调配合③。

王兆春（2001）分析指出，契丹人耶律阿保机在中国北方建立辽王朝之后，设立制造兵器的专门机构："北院"（辽人游牧民族）设立军器坊，制造了铁甲片、球形骨朵、铁矛、火毯、铁马镫等军器；"南院"（汉人农耕地区）设立将作监、少府监，职掌军器制造。④西夏人在全面学习及仿效汉族习俗，学习汉族的科技文化知识，编练军队，在当时的文思院下又设立了铁工院、工技院等军事手工业机构，集中工匠，制造军用武器和生产生活工具。在宁夏回族自治区的博物馆中，发掘出了一批西夏时期的鎏金甲片。拓万亮（2011）指出西夏以冷兵器为主，很少使用火器。与之同时代的宋朝广泛地使用火蒺藜等火器。他们创造并发展的夏国剑（夏人剑）、神臂弓、旋风炮枪、瘊子甲等具有鲜明的特色，在战场上发挥重要作用⑤。女真人在1115年建立金国之后，迁居汉族工匠到金上京会宁府（今黑龙江阿城南），专制军器。今天，考古部门在当时金代辖地发掘出大量的甲片、铁、铜等。刘丽萍（2011）以我国北方（东北）出土的金代文物为基础，解读金代历史，揭示金元文化⑥。刘景文、王秀兰（2004）指出：辽金王朝和民众不断向中原王朝和民众交流、学习，从而保证了强大的军事力量并统治中国北方数百年。金代兵器发展继承辽宋兵器的优秀成分（铁矛凿形刃向尖叶形状或柳叶形状两侧刃发展，极具杀伤力）、淘汰落后部分（如骨朵）⑦。

到了元代，对于兵器的管理制度也不断进步。胡小鹏、程利英（2004）指出军

① 王兆春：《宋代军事手工业（上）》，《国防科技工业》2001年第1期，第46-49页。

② 周荣：《北宋冷兵器述论》，西安：西北大学出版社，2006年，第56-57页。

③ 孙垂利：《宋朝兵器研究》，西南大学专门史硕士学位论文，2007年，第2-45页。

④ 王兆春：《宋事代军手工业（下）》，《国防科技工业》2001年第2期，第42-47页。

⑤ 拓万亮：《西夏特色兵器的研究》，西北师范大学民族传统体育学专业硕士论文，2011年，第1-36页。

⑥ 刘丽萍：《金代兵器浅谈》，《东北史地》2011年第5期，第37-39页。

⑦ 刘景文、王秀兰：《辽金兵器研究》，《北方文物》2004年第1期，第49-59页。

工（兵器）生产是元代官办手工产业的主要部门之一，官府局院部门及工匠在其中扮演重要角色[1]。中央武备寺所从属的军工局院、各地方设立杂造局部门，均因地制宜生产各类兵器与军事物资。各军户也承担一定的生产军需产品的义务责任，严禁民间私自打造兵器。刘丹婷（2015）认为元代蒙古马术和射箭达到高峰，建立专门的骑射军队。明清时期也相当重视骑射，呈现武术书籍、体育研究的第二高峰[2]。王兆春在《元代军事手工业》（2001年第3期、2001年第4期）一文中指出元代军事手工业发展分为两个阶段，具体的是：一是忽必烈为蒙古国汗位时期，军事手工业为起步和发展阶段；二是元世祖至元朝灭亡为军事手工业的鼎盛至衰亡时期。其中成吉思汗为蒙古大汉期间，蒙古弯刀和剑是其主要军事武器；忽必烈在位期间，由于海上作战的需求倍增，一系列海上武器在这个时期呈现出鼎盛发展阶段；在13世纪初到14世纪中叶，各种锐利冷兵器与金属枪炮火器随之出现[3]。元代武器的种类不如宋代那么多样繁多，但汲取了中方西方兵器之长，多有发明，质量上乘且多样实用，在当时世界上居于主导领先地位[4]。秦炜棋（2006）指出明代中后期，倭寇以其锋利倭刀和奇特之倭式刀术袭击中国东南沿海地区。壮族的狼兵避其锋芒，以盾牌和护甲保护士兵肉身，以标、弩击敌，最后克敌制胜[5]。徐新照（1999）从科学技术史的角度探讨了明代火器的历史和现实意义[6]。满洲八旗作为马背上的民族武装，十分重视射箭在军队中的应用。仪德刚（2004）分析整理了清代兵备中弓箭的种类、制作方法、弓箭管理制度等[7]。这种研究对现实文化遗产中保护或复原清代弓箭制作工艺有很大帮助。胡建中（1990）认为冷兵器是指不需要火药，用于斩、杀、刺的兵器，是在近战中杀人的进攻性武器。历代留下了大量的武器（有清代内务厅御用品、禁军官兵和仪仗队用品、战争中缴获敌人兵器、全国各地的贡品、世界各国家〔地区〕的赠送兵器），随着时间的推移，到了晚清积累相当的数量[8]。胡建中（2011）将清代皇家御制、御用品分类为御制弓箭、御制刀剑。其中弓分为三种等级：皇家牛角弓（胎干桑木）、王公大臣牛角弓（胎干桦木）、兵丁职官牛角弓（胎

① 胡小鹏、程利英：《元代的军器生产》，《西北师大学报（社会科学版）》2004年第2期，第45-49页。

② 刘丹婷：《元明清射箭文化研究》，苏州大学体育学专业硕士论文，2015年，第9-50页。

③ 王兆春：《元代军事手工业（上）》《国防科技工业》2001年第3期，第53-54页。

④ 王兆春：《元代军事手工业（下）》《国防科技工业》2001年第4期，第61-63页。

⑤ 秦炜棋：《明代壮族狼兵抗倭克敌兵器及应用研究》，《军事体育学报》2006年第3期，第68-71页。

⑥ 徐新照：《我国明代的火器文献及其科学成就》，《大自然探索》1999年第2期，第116-120页。

⑦ 仪德刚：《清代满族弓箭的制作及管理》，《广西民族学院学报》2004年第3期，第16-23页。

⑧ 胡建中：《清代兵器研究》，《故宫博物院院刊》1990年第1期，第17-27页。

干榆木）。不同等级的弓的制作材料、制造工艺、设计装饰等都不同[1]。御制刀剑主要指内务府造办处按照康熙皇帝、雍正皇帝、乾隆皇帝的审美标准和兴趣爱好，设计制作的上乘刀剑，属于个人定制、皇家御制性质[2]。哈恩忠（2013）指出清代内务府下辖的武备院，统一管理火器（火铳、火枪、火炮等）和冷兵器（甲胄、刀枪、马具、箭弩、旗纛等）两个大类。这两类兵器是研究清代军事政治、典章制度与文化心理等的重要实物见证[3]。

杨泓（1985）指出兵器多是从坚硬有锋刃的生产生活工具（尤其是狩猎工具）转化而来[4]。沈志刚（2009）指出中国古代的兵器发展主要分为冷兵器（石质、青铜、铁器兵器）、冷兵器与火器并用两个阶段。[5] 新石器时代中晚期是冷兵器的萌发阶段或原始阶段。青铜兵器经历了出现（早商）、发展（商代）、成熟（西周至春秋）以及衰落（战国）四个时期。钢铁兵器的发展也可划分为出现（战国到秦汉）、发展（三国西晋到南北朝）、成熟（隋唐）、衰落（北宋）四个时期[6]。王兆春（1987）阐述戚继光的御敌需要先利器，同时装备冷兵器与火器等军事思想[7]。晟永（1998）指出冷兵器是人类战争史上最早出现也是使用时间最长的武器类型，文化在古代战争与历史长河中发挥重要作用[8]。徐新照（2003）从中华传统文化角度论述了兵器的技艺致用型价值取向[9]。徐新照（2003）分析了古代兵器与传统文化之间的关系，论述了铸造兵器的技艺及致用型的价值取向[10]。肖冬松（2004）指出冷兵器军事变革的历史过程，文化心理在冷兵器发展历史变革中起到的重要作用[11]。汤惠生（2004）认为艺术最先始于人类早期石斧使用、标识等。只有结合人类发展和生存状况进行考古学分析，讨论石斧以及艺术的出现，才具有超越单一学科局限的意

---

[1] 胡建中：《清代皇家武备（二）》，《紫禁城》2011 年第 5 期，第 62-73 页。

[2] 胡建中：《清代皇家武备（之三）》，《紫禁城》2011 年第 7 期，第 38-49 页。

[3] 哈恩忠：《清代武备兵器研究》，北京：文物出版社，2013 年，第 62-73 页。

[4] 杨泓：《考古学与中国古代兵器史研究》，《文物》1985 年第 8 期，第 16-24 页。

[5] 沈志刚：《中国兵器的发展》，《明长陵营建 600 周年学术研讨会论文集》，2009 年。

[6] 赵娜：《茅元仪〈武备志〉研究》，华中师范大学历史文献学博士论文，2013 年，第 145-162 页。

[7] 王兆春：《从〈纪效新书〉与〈练兵实纪〉看戚继光对古代军事学的贡献》，《军事历史研究》1987 年第 3 期，第 188-198 页。

[8] 晟永：《冷兵器与中国传统文化》，《军事历史研究》1998 年第 4 期，第 111-113 页。

[9] 徐新照：《中国文化赋予兵器的意义》，《南京理工大学学报（社会科学版）》2003 年第 5 期，第 22-27 页。

[10] 徐新照：《文化价值观与古代兵器》，《自然辩证法通讯》2003 年第 2 期，第 16-22 页。

[11] 肖冬松：《试析文化在冷兵器军事变革中的作用及特点》，《军事历史研究》2004 年第 4 期，第 157-162 页。

义[①]。徐新照（2007）从文化史观角度深度探讨了中国古代兵器的创制特征，兵器技艺的创制、发展往往受到文化规范的限制，是一种文化选择与筛选过程[②]。邵伟（2007）指出兵器、军事和军事体育三者之间相互联系、相互影响、相互作用。[③] 汉字在我国由来已久，有深厚的文化积淀，程奕（2009）指出兵器是战争起源与发展阶段的重要标志，以汉字书写的中国古代兵器名称等记录着我国古代战争的演变轨迹[④]。邵伟、王童、谢松林等（2011）指出：伴随着冷兵器的不断演变与发展，中国古代军队的军事训练活动（军事体育）逐渐趋向训练内容系统化、士兵选材科学化、考核制度规范化[⑤]。王教健（2012）指出中国古代兵器的产生、发展、分类、政治意义解读都与中国的传统文化紧密相关[⑥]。王立（2013）指出明清大刀叙事在于借助大刀的传播效果与崇拜威慑力量，弘扬汉民族的自信与光荣[⑦]。汪翔、杨家余、陈力等（2013）指出中国冷兵器时代战斗力生成模式的转变经历了车战时代—骑兵时代、骑兵时代—火器时代两个转变阶段[⑧]。

可以看到，在冷兵器的发生、发展、成熟和衰落过程中，文化都起着不可磨灭的重要作用。

3. 地域文化与中国传统武器装备艺术设计

乌恩（1978）详细阐述了北方青铜短剑的类型、出现时期、文化渊源等[⑨]。杨泽蒙（2002）指出"鄂尔多斯青铜器"多为实用器械，可分为兵器和工具、装饰品、日用品及马具和战车用具四大类。鄂尔多斯兵器以虎、豹、狼、狐狸等动物纹装饰，极具特色[⑩]。杨少祥、郑政魁（1990）指出广东过去仅见出土过石琮、玉琮，发现玉

① 汤惠生：《旧石器时代石斧的认知考古学研究》，《东南文化》2004 年第 6 期，第 16-20 页。

② 徐新照：《中国兵器创制中的文化思想》，《国防科技》2007 年第 10 期，第 59-66 页。

③ 邵伟：《从中国冷兵器的演变看中国古代军事体育的发展》，广西师范大学体育人文社会学硕士论文，2007 年，第 32-41 页。

④ 程奕：《从汉字看古代兵器的演进》，《求实》2009 年第 S1 期，第 337 页。

⑤ 邵伟，王童，谢松林等：《冷兵器演变影响下中国古代军队军事体育发展探析》，《南京体育学院学报》2011 第 2 期，第 156-158 页。

⑥ 王教健：《中国古代冷兵器的文化意蕴》，《当代体育科技》2012 年第 8 期，第 80-81 页。

⑦ 王立：《明清大刀叙事与文化对抗》，《贵州社会科学》2013 年第 2 期，第 50-54 页。

⑧ 汪翔、杨家余、陈力等：《论中国冷兵器时代战斗力生成模式及其转变》，《内蒙古民族大学学报》2013 年第 2 期，第 33-36 页。

⑨ 乌恩：《关于我国北方的青铜短剑》，《考古》1978 年第 5 期，第 324-333 页。

⑩ 杨泽蒙：《国内展览：内蒙古鄂尔多斯博物馆举办鄂尔多斯青铜器展》，《中国考古学年鉴》，北京：文物出版社，2002 年，第 410 页。

琼和青铜兵器还是首次[①]。这些表面刻画兽面纹的玉琮，面部以广东新石器时代晚期流行的云雷纹构成，形象与广东封开县鹿尾村新石器时代墓葬出土的石琮[②]和江苏常州武进寺墩遗址出土的玉琮[③]都很相似，判别其年代应在新石器时代晚期。玉琮出土地点并无发现其他遗物，推断出玉琮、青铜兵器很有可能与北面、东面、南面的遗址有内在文化联系[④]。江苏省文物管理委员会（1966）根据江苏高淳出土器物中有铜矛与铜戈分析认为：铜矛造型艺术上具有周代兵器之特点，铜戈则具有春秋战国吴地铜戈造型的特点[⑤]。

王社江（2006）阐述：陕西省秦岭山地东部洛南盆地南洛河及其支流两侧阶地出土了119件旧石器时代的薄刃斧[⑥]。杨蕤（2008）对渭河流域的史前石斧进行了形制演变、器物用途和社会意义等考古类型学分析[⑦]。李聪（2016）分析了青铜时代中原地区最具有代表性器物之一的铜斧的艺术造型特征[⑧]。

王文君等（2013）对四川盐源地区出土的八件铜钺分别进行扫描电镜能谱分析仪和金相显微镜分析。结果表明：铜钺有锡青铜、红铜、铅锡青铜三种材质之差别，以锡青铜为主，有热锻和铸造两种制作方式。四川盐源地区的青铜文化与巴蜀文化及滇文化都有内在关联[⑨]。文国勋（2010）认为东南亚及中国南方古代越人曾普遍使用不对称的铜钺。云南出土的不对称铜钺尤其数量多、装饰精美[⑩]。

4. 手工制造技艺与中国传统武器装备艺术设计

中国古代冷兵器的设计体现着中国古代优良的手工制造技艺。自夏商开始的中国古代兵器制造文明与泰勒制的西方制造文明有着本质区别。在中国古代兵器制造

---

① 杨少祥，郑政魁：《广东海丰县发现玉琮和青铜兵器》，《考古》1990年第8期，第751-753页。

② 杨式挺：《封开县鹿尾村新石器时代墓葬》，中国考古学会主编：《中国考古学年鉴》，北京：文物出版社，1985年，第201页。

③ 汪遵国，李文明，钱锋：《1982年江苏常州武进寺墩遗址的发掘》，《考古》1984年第2期，第109-129页。

④ 刘丽君：《考古学家麦兆汉及其对粤东考古的贡献》，《汕头大学学报》1992第2期，第71-78页。

⑤ 江苏省文物管理委员会：《江苏高淳出土春秋铜兵器》，《考古》1966第2期，第63-65+4+62页。

⑥ 王社江：《洛南盆地的薄刃斧》，《人类学学报》2006年第4期，第332-342页。

⑦ 杨蕤：《渭河流域史前石斧的初步研究》，《华夏考古》2008年第3期，第93-100页。

⑧ 李聪：《中原墓葬出土商代及西周青铜斧的类型与分期》，《河南科技大学学报（社会科学版）》2016年第1期，第11-18页。

⑨ 王文君、李晓岑、覃椿筱、刘弘：《四川盐源地区出土青铜钺的科学分析》，《广西民族大学学报》2013第2期，第26-29页。

⑩ 文国勋：《云南古代的不对称形铜钺》，《四川文物》2010年第6期，第31-36页。

的基础上，没有发展为现代制造文明①。古代兵器的制造思想对现代工业制造思想也有着一定影响。魏双盈（2000）研究了中国古代兵器制造的模式特点以及组织管理方式。孙玲（2011）从制作材料、制作工艺、装饰艺术等方面描述东方（中国）与西方古代冷兵器制作的差异。东西方异源同时发展，都采用当时最先进的兵器技艺，杀伤力强，最大程度地满足战争需要②。手工时代的冷兵器就好比是当代的生化武器，对于捍卫领上完整甚至是向外扩张，都具有十分重要意义。

5. 中国传统武器装备艺术设计的现代应用

古代兵器在现代多个领域都有实际应用。吴超（2011）指出：中国武侠电影中往往以中国传统武术（武打动作）和古代冷兵器为依托，呈现侠义精神③。陈颖（2004）指出：中国古代战争小说对于兵器、武艺的描写与特定人物形象的塑造相关联，形成孙悟空的如意金箍棒、关羽的青龙偃月刀、张飞的丈八蛇矛、李逵的两柄板斧、鲁智深的水磨禅、武松的雪花镔铁等程式化艺术表现倾向，从而呈现出兵学文化的物化形态和某种审美仪式④。夏厦（2009）指出：好莱坞冷兵器战争片呈现宗教意识的故事内核以及价值判断，华语冷兵器战争片则根植于中国传统文化，形成本土的文化价值判断⑤。

6. 中国民族设计特点与规律

中国传统哲学中的学说派别可大体上分为儒家、墨家、法家、道家四派。但是，"汉武帝以后，墨学中绝；法家受到唾弃，成为隐文化；道家流传不绝；儒家占据了主导地位"⑥。"纵观中国文化史，儒道两家学说是中国古代哲学的核心部分，同时也是中国固有文化的主要思想基础"⑦。古代哲学家往往喜欢用艺术作比喻来说明他们的哲学思想，反过来，他们的哲学思想对后代艺术（包括设计艺术）的发展也产生了很大影响。正如当代学者宗白华先生所指出的："古代哲学家的思想，无论在表面上看来是多么虚幻（如庄子），但严格讲起来都是对当时现实社会，对当时的

① 魏双盈：《中国古代兵器制造中的现代制造思想》，《机械技术史》2000年第 S 期，第 85–91 页。
② 孙玲：《论手工时代中西方冷兵器的工艺差异》，《东方艺术》2011 年第 S1 期，第 50–51 页。
③ 吴超：《中国武侠电影冷兵器影像及其文化研究》，南京师范大学广播电视艺术学专业硕士学位论文，2011 年，第 69–74 页。
④ 陈颖：《兵学文化的物化形态和审美仪式》，《天津师范大学学报》2004 第 6 期，第 58–61 页。
⑤ 夏厦：《宗教意识的宣扬与传统文化的演绎》，《当代文坛》2009 年第 3 期，第 102–105 页。
⑥ 张岱年、程宜山：《中国文化论争》，北京：中国人民大学出版社，2006 年，第 173 页。
⑦ 张岱年、程宜山：《中国文化论争》，北京：中国人民大学出版社，2006 年，第 117 页。

实际的工艺品、美术品的批评。因此，脱离当时的工艺美术的实际材料，就很难透彻理解它们的真实思想"①。不难看出中国民族设计与中国传统哲学之间有着密切的关系。苗延荣（2013）认为：影响中国民族艺术设计的两个重要学说是"天人和一说"和"阴阳五行说"②。

① 宗白华：《美学漫话》，武汉：长江文艺出版社，2008 年，第 22 页。
② 苗延荣：《中国民族艺术设计概论》，北京：人民美术出版社，2013 年，第 1-12 页。

第三章
清代远程冷兵器设计的
时代背景及特征

清朝历时 268 年，是中国最后一个封建王朝。顺治元年（1644）入关后，面临着建立和巩固国家政权、稳定秩序、维护多民族国家统一的重大战略任务，内外局势比以往任何一个王朝都要复杂（图 3.1）。

一、清代自然环境

（一）自然环境对冷兵器设计的影响

对于中国古代兵器设计的研究，自然环境特征是绕不开的话题。我国地域宽广，衍生出的民族部落繁多，民族文化各不相同，不同地域人民生活习性不同，其使用的冷兵器的种类也多种多样。例如，青铜短剑是我国北方地区较为常见的古代冷兵器，其形制有明显的区别，分布区域非常广泛，延续的时间较长，属于不同的文化系统。

山西秦岭山地东部洛南盆地南洛河及其支流两侧曾出土旧石器时代的薄刃斧。渭河流域的史前石斧其形制的演变、器物用途和社会意义在考古学上都有相关研究分析。广东地区出土的玉琮表面多刻画兽面纹，以广东新石器时代晚期流行的云雷纹构成，判断其年代应在新石器时代晚期。

鄂尔多斯青铜器多为实用器械，可分为兵器和工具、装饰品、日用品以及马具和战车用具四大类，并且以虎、豹、狼、狐狸等动物纹装饰，极具特色。中原地区青铜时代中最具有代表性的器物之一为"铜斧"，其艺术造型独特，形制多样并且使用上有较为明显的地域差异。在江苏地区出土的铜矛在造型艺术上具有周代兵器的特点，同一地点出土的铜戈则具有春秋战国吴地铜戈的造型的特点。四川盐源地区出土的八件铜钺经过电镜能谱分析和金相显微镜分析表明制造铜钺的材质可分为三种，分别为锡青铜、红铜、铅锡青铜，并且还分为热锻和铸造两种制作方式，分析表明四川盐源地区的青铜文化与巴蜀文化以及滇文化都有内在的关联。从一些出土的文物中可以看出，我国南方古代越人曾普遍使用一种不对称的铜钺，这其中云南出土的不对称铜钺数量较多，且装饰精美。

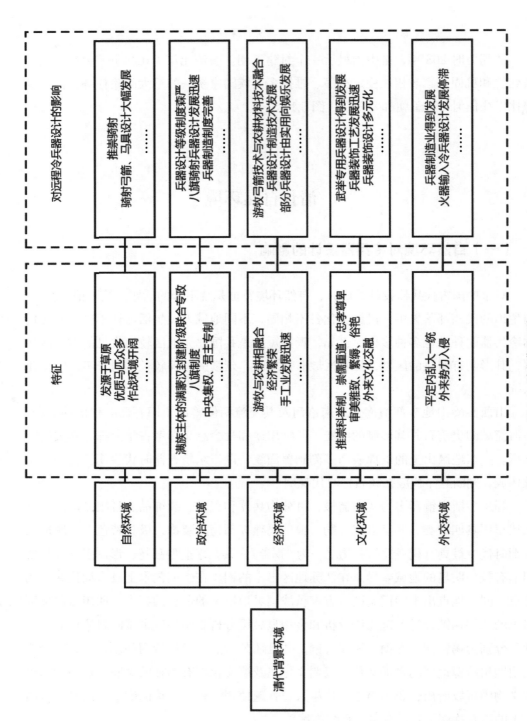

图 3.1　清代背景环境

（二）清代自然环境特征

满族发源于草原的游牧民族，草原地区的自然地理环境比平原地区更为严酷。因为地处内陆半干旱地区，土壤为疏松的沙层，加之全年降水量较少，且温差大，该地区只能满足旱生低温植物的生长要求。千百年来，这一地区的人民因自然地理环境的制约，不宜发展农耕生产，只能依靠游牧、狩猎等方式进行生产，繁衍生息。与此相对应的是，生活在草原地区的北方游牧民族生存条件比生存在平原地区的农业民族更为严酷，迫于自然环境的压力和异族的侵扰，北方游牧民族只能以频繁的迁徙和战斗来应对，以此来获得生存下去的机会。生存的压力迫使草原地区人民形成骁勇善战的精神与彪悍的性格特点，迁徙的生活则养成草原人民富于变化、勇于创新、善于传播的特质。

草原地区地势平坦开阔，加上"草"这种植物"野火烧不尽，春风吹又生"的强盛繁殖能力，所以以草为食物的马匹在草原上不断繁衍生息，草原上的畜牧业呈现出欣欣向荣之势。正如平原地区的农耕民族依恋土地一样，草原地区的游牧民族也离不开牲畜和草原。草原上的民族总是被称为"马背上的民族"，这些民族如女真、匈奴、鲜卑、突厥、蒙古诸族，都在草原上异军突起过，都在中国的历史上留下过浓墨重彩的一笔。纵观这些民族的发展史，不难发现他们强势登陆中原并称霸中原靠的就是强悍的骑兵。

著名军事家孙膑认为，与步兵相比，骑兵机动性与突击力强："用骑有十利：一曰迎敌始至；二曰乘敌虚背；三曰追散乱击；四曰迎敌击后，使敌奔走；五曰遮其粮食，绝其军道；六曰败其关津，发其桥梁；七曰掩其不备，卒击其未整旅；八曰攻其懈怠，出其不意；九曰烧其积聚，虚其市里；十曰掠其田野，系累其子弟。此十者，骑战利也。夫骑者，能离能合，能散能集；百里为期，千里而赴，出入无间，故名离合之兵也。"[①]

骑兵的出现使战争的节奏加快，增强了军队的机动性和战斗力，使战争从缓慢移动的列阵战争形式进入了另一个阶段。草原地区骑兵最基本也是最重要的兵器装备是战马和弓箭。辽阔的草培育了大量的战马，并且由于气候以及草原人民随季节迁徙的习俗，草原上的战马具有超强的忍耐力与良好的机动性，这是其他地区培育的战马无法企及的。而且草原地区战马众多，但人口较少，所以在战争中，每个骑兵所装备的战马不止一匹，大大增强了骑兵的战斗力，这一优势也是其他地区所不具有的。草原地区骑兵所配备的兵器往往是弓箭、长矛和环刀，尤其是弓箭，使草

---

① 杨玲：《〈孙膑兵法〉解读》，北京：军事科学出版社，2002年，第255页。

原地区骑兵独具优势。草原民族使用的是复合材料制成的反曲弓，这种弓箭在保持弓身短小的情况下增强了力量，非常适合在马背上使用，而且大大增强了射击的准确性、扩大了射击距离，拥有其他弓箭所不能比拟的优势。战马与弓箭都是草原地区人民从小便开始使用与练习的，并伴随着他们的一生，所以说草原骑兵对于自身武器装备掌握的熟练程度远远高于其他地区、民族，这便是骑兵在草原地区大力发展的原因。草原地区骑兵除了战马、弓箭，还有战术上的优势。草原骑兵在作战时，往往采用简洁单一的组织体制，这样便使得军队传达命令的准确性提高，速度也加快，使得军队的应变能力及机动性增强。同时草原骑兵战术灵活，他们采用三队轻骑兵和两队重骑兵组成基本战斗队形，避免短兵相接，充分发挥骑兵远程弓箭的威力，利用自身弓箭的优势击溃敌军，获得胜利。

二、清代政治经济环境特征

文化与政治、经济从来都是紧密相连的。政治、经济是文化产生的基础，文化又反作用于政治、经济。得益于中华大地得天独厚的自然地理环境，中华民族形成了以农耕经济为主体的经济地理环境，这一经济地理环境是中国武器装备文化产生的基础，同时它也贯穿于中国武器装备器设计发展的始终，对中国武器装备设计诸多特征的形成产生多方面的影响。在中国多样性的地理环境中，除了农耕经济形态外，还有着诸如北方游牧经济形态、南方游耕经济形态等不同的经济形态，这些不同的经济形态养育了不同的民族，更孕育了不同的武器装备装设计文化。只有不同的经济形态下的武器装备设计互相交流融合，才能构成完整的中国武器装备文化。以战争、迁徙、贸易、和亲、教化等手段为中介，不同经济形态下的武器装备设计相互激荡，中国武器装备文化也因此而生机勃勃、气象万千。清代源于游牧经济的满族，武器装备设计具有浓厚的游牧文化特征，入主中原后，又与农耕文化相互交融，形成了独特的武器装备设计文化。

（一）经济发展对冷兵器设计的影响

中国古代冷兵器的设计受政治、经济影响主要体现在手工制造技艺的发展上。自夏商开始的中国古代兵器制造文明与泰勒制的西方制造文明有着本质区别。在中国古代兵器制造的基础上，没有发展为现代制造文明。[1]古代兵器的制造思想对现代工业制造思想也有着一定影响。东西方异源同时发展，都采用当时最先进的兵器技艺，杀伤力强，最大程度地满足战争需要。[2]手工时代的冷兵器就好比是当代的生化武器，对于捍卫领土完整甚至是向外扩张，都具有十分重要意义。

　　手工制造技艺的发展对冷兵器设计的发展起着决定性的作用，石木兵器时代、青铜兵器时代、铁质兵器时代三个冷兵器变革时代都是在手工制造技艺发展的推动下产生的。原始社会的先民们将打击、截断、切割、雕琢、砥磨、钻孔等最新的制作技术、工艺置入石质兵器中，还将木头和石球两种材质的优点结合起来，取长补短，发明了可投掷的投石索、投石器等木石复合工具，可以发挥更大的作战效能；青铜时代的冷兵器制造往往依据"气序"规范、造物规范、考核规范等"百工"制度。如《考工记》可以体现冷兵器设计的造物规范、设计分工、材料和技术标准等，《周易》注重冷兵器设计的思想引导，强调了形而上的"道"与形而下的"术"两者的有效融合。此时，哲学思想与度数之学的科学方法互为补充、互为融合，形成青铜时代冷兵器设计的重要特点；秦汉时期冷兵器制造强调统一标准，兼容并蓄，"文""质"结合，体现天人合一。在中国第一个大一统的鼎盛时期，官私政策、标准化运动、赋税制度等都对冷兵器设计产生了重要影响；魏晋南北朝时期，战争频仍，社会大发展大融合。在这个时代，使用精巧的机械结构成为兵器设计的特点，产生了诸多里程碑式的兵器。例如，两汉时弩的使用比较普遍，汉代制弩技术已经达到了很高的水平，如增设刻度、改进弩型、改进三角棱形箭矢等。汉代末年，三国弩重点改进了连发、瞄准、轻便易携等特性，使之战斗力进一步增强。魏晋南北朝时期的另外一个典型"木牛流马"则叠加机械传动装置进行仿生设计，载重量大，灵活方便，成为军事后勤的重要保障；宋、辽、金、元时期，中国文化多元叠加，军事对峙，冷兵器设计走向成熟，也产生了具有标志性意义的兵器。蒙古军的武器装备较为完善，《黑鞑事略》载，有甲、弓、箭、环刀、长短枪、盾牌令旗炮等军事器械。元代蒙古军以骑兵为主，步兵为辅，骑兵、步兵射术皆精，均有弓箭，另有剑、镰刀、斧、锤等短兵器，少用长兵器。蒙古轻骑兵携带蒙古弯刀与弓箭，灵活机动，横扫欧亚，将冷兵器时代的战斗力发挥到极致。另外，抛石机是古代一种威力巨大的远射兵器，攻城与防守兼备。蒙哥汗率主力攻打巴蜀时候，南宋军队即在钓鱼城以火药抛石机有效对抗远道而来的蒙古军，甚至炮打蒙哥，使其落马中炮而亡。钓鱼城在军事战争史上被誉为"上帝折鞭之处"，改写东亚史与世界史。因为中

① 魏双盈：《中国古代兵器制造中的现代制造思想》，《机械技术史》2000年第S期，第85-91页。
② 孙玲：《论手工时代中西方冷兵器的工艺差异》，《东方艺术》2011年第S1期，第50-51页。

亚穆斯林工匠迁入东亚，回回工匠与汉族工匠制造了配重式抛石机（回回炮），在襄阳之战中蒙古军队以回回炮威震南宋守军；明清时期是东西方对峙、融合、多元混杂时期。明清辽东防线火器与冷兵器的对决，成为冷火兵器并用时期的经典战争案例。西方火枪在填充和点火方式方面较中国传统火铳有本质的进步，战斗力大大增强，火器快步向前发展，冷兵器逐渐衰落的趋势不可逆转。

中国古代匠人在文化融合中不断自我革新、砥砺奋进，不断提升冷兵器设计的水平。纵观历史的滚滚洪流，至少有以下几个时段值得重点关注：春秋战国时期中原人群与周边（东夷、西戎、南蛮、北狄），魏晋南北朝时期中原地带农耕民族与草原地带游牧民族，隋唐时期中原地带农耕民族与东北、西北与青藏高原少数民族的激烈碰撞，宋元时期本土陆上族群与海外族群的贸易文化交流，明清时期南方族群与北方族群的文化交流……伴随着中国文化自身固有的海纳百川的包容伟力，不断在族群融合和文化长河中，融进夷戎狄蛮人群、草原游牧渔猎人群、青藏高原人群，甚至海外人群的智慧力量，在交流融合、相互促进中，构建了光辉灿烂的中国古代冷兵器设计史。

（二）清代政治环境特征

清代是中国古代宗法君主制社会由巅峰开始走向衰落的阶段。一面是君主专制统治已渗透在经济基础到上层建筑的每一个环节和流程之内，一面是社会矛盾日趋激烈，封建统治危机四伏，迫使清廷加速极权以备困兽之斗；同时，由于清廷立于战争危机之中，开国几代君主均以强化专制统治为首务。随着鳌拜被诛、三藩平定、台湾回归的完成，清廷首次确立了对全国的有效统治，实现了极权一统的根基奠定。自此，清廷开始采取多种有力措施，使业已恢复的经济迅速发展，清初社会亦开始由乱而治。康熙一朝虽因立储之争引发过政治变乱，因国家统一之故，两度在西北和西藏兴兵，局部农民起义也偶有发生，但从全国范围整体来讲，仍可算是政通人和、百废俱兴，呈现出由安定走向繁荣的趋势。在这一背景下，清廷的统治也逐步走向专制集权。

从政治制度来看，清廷实行以满族贵族为主体的满蒙汉封建阶级联合专政，是专制主义中央集权制度的高度发展形态。这一政体尤其突出地表现在清廷的政权组织上。清廷政权组织沿袭明朝旧制，专制皇帝君临全国，主宰一切，皇帝的意志就是国家法律。清代中央机构均仿明制，但略加改订。内阁为全国行政总机关，设大学士，满汉各二人。新增的理藩院管理少数民族和某些对外事务等藩属政令，只任用满族和蒙族官吏。除内阁外，另设议政王大臣会议，由满族贵族组成，负责筹划军国大事，奏请皇帝裁决。清代中枢机关虽承明制，但与明代有所不同。官员虽由满汉分授，但实权掌握在满员手中；1729年雍正设"军机房"，1732年改为"军机处"，军机事务裁决出于皇帝一人，削弱了满族贵族势力、强化了皇权。可见，明清中央官制的主要区别即在：明代权力在内阁，清代内阁地位虽尊崇，但权力较小。

清代地方行政机构也沿袭明朝，大体分设省、府、县三级，并在省级官吏设置上除布政使、按察使外另设总督、巡抚。总督又名总制，明朝始设，在清代为地方最高级之长官，辖一省乃至二三省，位在巡抚之上，巡抚则总揽一省军政、民政，亦称抚台，以"巡行天下，抚军安民"而名。府设知府，统辖数县，承上启下。县设知县，为基层"亲民之官"，掌管全县政务、赋役、户籍、缉捕、诉讼、文教。少数民族地区，根据各地情况，设立不同的地方军政机构。

清代设立武备院，总管内务府，与上驷院和奉宸苑同列的直属"内三院"之一，它是为皇家管理武备服务的专门御用机构。清代武备院堂主要官员职掌事宜如下：兼管事务大臣即卿员职掌武备修造器械，并所属六品以下官员铨选及挑补匠役等事。郎中专司一应题奏事件，核销钱粮，总理四库事务。员外郎分掌四库收发等事。主事专司收发一应文移咨覆案件，并协同郎中办理题奏核销钱粮等事。委署主事协理奏销行来一切档案事务。堂掌稿领班笔帖式专司承办折奏、文稿、销算等事。堂笔帖式、效力笔帖式、库守专司缮写本折文移、销算四库的月册、值宿、收发、移文等各项事宜。总之为管理四库，收发修造各种器物；随侍皇帝出入并预备伞盖、兵仗等物；供用阅兵盔甲、阅射布靶、进呈皇帝弓箭等；负责收存备操、抖晾陈设盔甲；更换、安挂、修理各种器械；铺设宫廷设褥、寺庙念经、筵宴毡片；管理本院官员奖惩、俸饷事宜等。

武备院设置甲库、毡库、北鞍库、南鞍库四库，又各分内、外库，凡成造弓、箭、鲍头等项需用物料，该司弓、司矢等详细估计呈报毡库，该库查核咨行各该处领用。所用鱼鳔、牛筋、弓面、弓弰、水牛角、汉弓等项移咨领取；水牛角移咨户部领取；颜料、丝线、象牙、红铜绕子、细布挖单等项移咨广储司领取；各项木植匣子爆竹、炭斤泥弹等项移咨营造司领取；鹿筋、弓垫、弓靶、桦皮、椿皮、桃皮、锉草、鹿角根、箭翎、箭杆、枢梨木等项向毡库领取；黄白鹿皮、象皮、牛皮、黑股皮等项向南鞍库领用；牛尾本处买办应用；箭铁向甲库领用。

乾隆朝时，弓作除负责为皇帝呈做御用弓外，还呈做阿哥弓和官用弓。皇帝的御用弓称之为"上用弓"。乾隆二十六年（1761）酌定上用弓每年成造三张备用，"俱着画金色桃皮"，由行阿尔台军站管理马、驼、牛、羊群总管处采伐送交应用。"嗣后遇有需用野羊角之处，俱改用水牛角，如库存不敷，照例行文户部领用"，凡造的上用弓、阿哥弓、官用弓1力至18力以及成造弩弓等，都具体地规定了所使用材料的数量。根据清代弓箭之制，弓胎使用榆木镶楛木或取南方削巨竹为之，其面敷以牛角，背加以筋胶，外饰桦皮或以桃皮，再加之䴔木桑木，弹嘴用牛羊角，鹿角为方以垫弦。弓弦有缠弦和皮弦之分。所谓"弓力强弱，视胎面厚薄、筋胶之轻重为断。一力至三力用筋八两胶五两，四力至六力用筋十四两胶七两，七力至九力用筋十八两胶九两，十力至十二力用筋一斤十两胶，十三力至十五力用筋二斤胶十二两，十六力至十八力用筋二斤六两胶十四两"。据记载，康熙帝"自幼强健，筋力颇佳，能挽十五力弓，发十三握箭，用兵临戎之事皆所优为"。另外，乾隆朝时箭作还遵旨呈造梅针箭十万支，可见弓、箭各做呈造规模经营之大。

从专政统治来看，清廷在军事组织上强化八旗制度、在司法体制上完善大清律例、在政治统治上打压派系党争势力，最终实现了稳固统治秩序、强化皇权专制的目的。在军事制度上，清军推行的是八旗制度。在此框架下，清代军队以八旗为主体，辅以绿营、勇营。八旗兵分为禁旅和驻防两类，禁旅八旗驻扎在北京，保卫皇室、拱卫京畿，驻防八旗则分驻各地。遇有战事，从禁旅和驻防兵种调遣出征。八旗兵额共计22万人。清初八旗战斗力很强，待遇亦较优厚，但后来渐染城市习气，不习武事，逐渐丧失了战斗力。清军入关，招降了大批明军，以绿旗为标帜，以营为建制单位，称为绿营。绿营分驻各地，有马兵、战兵、守兵、水师等区别，共60余万人，设提督、总兵、副将、参将、游击、都司、守备等武职。提督全称为提督军务总兵官，负责统辖一省陆路或水路官兵；其制始于明，初非固定职官，万历始成专设之官；清因袭之，于各省地方额设提督19人，官秩为从一品，统率所属绿营官兵，是一省绿营最高级军官；清中叶以后，又有汉族地主自募自练的团练乡勇，称为勇营，有事招募，无事裁撤，不同于八旗、绿营常备之兵。依托八旗、绿营和勇营三大主要军事力量，清廷外攻内压，建立了强大的中央集权，形成了大一统的整体格局。

在司法制度上，清廷法律既结合满族在关外时期的习俗、制度，也大量沿用了明律。顺治初年，清廷已制定了大清律，康、雍、乾三朝不断修订增删，乾隆初年公布《大清律例》，涵括律文436条，附例1409条。它和传统的封建法典一样，保护统治阶级的利益，按照人们的不同身份等级，用不同的审判手续和量刑标准，包括"叛逆"在内的"十恶"被视为最严重的罪行，对地主阶级的经济利益和封建家族的权力，作了明文保障。律例鲜明地体现了封建统治的本质，其中还有许多民族压迫和歧视的条文。依托这一逐步完善的大清律例，清廷有效地保障了统治阶层利益，确保了中央集权的权威和大一统格局的总体稳定。在政治统治上，清廷上层的争斗从未间断。清军入关前后，清帝与八旗旗主的矛盾异常尖锐，旗主们的权力虽随着皇权加强而日渐削弱，但上层斗争并未停息，党争不断。可以说，上层政治屡起风波，政局变幻诡谲，但因专制皇权却很坚固，清帝尚能驾驭局势、驱遣左右，故统治秩序尚为稳定，并未伤及清廷中央集权、君主专制和清代大一统的总体格局。

清代是一个冷兵器走向没落、火器发展盛行的时代。关隘和城镇在管状枪械面前失去了有效的防御。清政府转而利用关隘控制人口流动，增加政府税收，在一定程度上发挥了社会经济作用。自清朝建立以来，在内部，清朝统治者策划和制定了相应的对策，采取了一系列措施，以应对各种分裂势力和反清势力，避免威胁清朝统治，保持社会稳定。在制止分裂，完成国家统一的过程中，统治集团及时总结经验教训，不断调整战略决策，处理国家安全重大战略问题。总的来说，它取得了成功，有些起到了非常重要的作用。

（三）清代社会结构特征

清代前期近二百年的社会组织级层、人民生活方式、生产生活工具、文化形成素养等方面几乎一仍数千年之旧，并未有较大的变化，但其统治阶级属性、经济重心转移、民俗士习好向、学术政治影响等诸方面则均自成规模、衍为风气。整体来看，清代社会的格局分由清室贵胄、士大夫、城乡士绅、黎民百姓四大部分组成。

清室贵胄当数名副其实的清代统治阶级。在清初，清室皇帝贵胄演化为"君阀"和"旗阀"。清太祖努尔哈赤初定的八旗旗主共议国政的封建制度，至清太宗皇太极已转变为君主制，君王成为唯一的累世的"君阀"。旗主各臣所属却犹有定规、一仍其旧，加之国是由议政大臣裁决，于是诸王皆通兵略、植党羽，结纳士大夫以邀声誉，属下为官者亦必勒令报效，于是诸王旗主们便日益形成一种"旗阀"，以致于时时威胁到"君阀"的权威。在此背景之下，雍正为巩固君权、竭力诛戮、严加裁抑，一是不许于帝王之外复以旗主为主，旗主所属下人觐见必须由清廷允许；二是改固山额真之名为固山谙班，使旗主由一旗之"主"降格为管事；三是加重都统职权，直属清廷，总摄旗内行政；四是限制诸王旗主权限，除享有包衣及奉饷外，一切不能过问，并禁止与朝士交结、向外官需索，甚至禁止上三旗与下五旗及各旗属人私相往来。当此严苛律令之下，旗人宗室一面衣帛食粟、养尊处优，一面隔绝气类、学行能力日渐乏力，全部颓然式微。而帝王一人则专擅权柄、极人主之尊，达到专制政体的巅峰。

清廷为适应中国社会的环境，维持科举的制度，以科举取士笼络了大批文人士大夫，既成功地控制了汉人的情感，又不动声色地将满人融化进去。中国古代文人士大夫的崛起，可溯源至隋唐开创的科举取士与文章选士制度①。此后，科举取士的方式使得天下有志上进的读书人有了一条政治出路，可以"学而优则仕"，可以"经世致用"，不以文章为点缀之品，而以"文章华国"为致仕的敲门砖；"宰相必用读书人"和"万般皆下品，唯有读书高"成为传统的思想观念，读书做官俨然形成千年一贯的风习。科举取士于清廷而言，是"天下英才，入吾彀中"，帝王可高枕无忧；于文人而言，则是"窗下十年，熬得人上"，士子亦得美好归宿。

清室贵胄、权奸朝贵、士大夫官僚以及富绅大贾们的生活豪奢自不待言。身为清廷宗室的旗人和半数汉军，尽管由于政治上的特殊地位，在日用给养方面受到清廷优渥，但常因养尊处优、妄事奢靡而穷困日盛。作为社会组成最基本构件的人，则是百姓。清代百姓的生活状况，因东南富庶、西北贫瘠，而在总体上呈现出较为明显的南北差异。但若从占人口的绝对数量大多数的普通民众的生活来看，则普遍都是因异族统治的私心与官吏贪黩的风习，而逼得清代百姓只能靠天吃饭、穷苦不堪。有田的地主自然好些。但即便是以笔耕舌耨为生的读书人，一旦无法通过科举出仕，便只能做个穷教书匠，一年也仅得十余两束脩，生活窘迫不堪。而占到九成的小自耕农、佃户、长短工的年收入则与教师相去无几，甚至更糟。工匠以手艺、劳力糊口，日入不过几分银；商肆伙计日入亦只合几分。可以说，占清代大多数的士农工商四类人的年人均不过二十两银。更为清苦贫瘠的地方，人们更是过着水深火热的非人生活。

如此社会结构下，清代科举之风盛行，也促进了武举的盛行，平民百姓希望通过武举的方式改变自己的命运，无形之中促进了清代尚武民风的发展和武器装备设计的进步。

（四）农耕自然经济体制下的中国兵器文化

以农耕自然经济体制为主体的中国古代社会经济体制对中国社会的诸多方面都产生了重大的影响。受农耕经济的影响，在这一体制下的中国兵器文化形成了爱好和平、右文兴化、援弱睦邻、注重守御的特点，同时不同经济形态的交融也促进了不同兵器形态的交融。

中华大地拥有发展农业所需的优越的地形、气候、人口等条件，自然而然地孕育了中华民族以农耕经济为主体的自然经济体制。在中华大地上，农耕经济的发展具有极其悠久的历史与相当广阔的区域。从新石器时代直到今天，从黄河流域发展

① 陈寅恪：《唐代政治史述论稿》，北京：生活·读书·新知三联书店，1954 年。

到长江流域，中国农耕经济始终稳定发展未曾中断，并不断地发挥着巨大的潜力，为中国兵器文化的发展提供了坚实的后盾。中华文明没有被其他文明征服的危险，自然也不会进行跨国远征。中国古代战争的形式至多是为争夺王权的国土内部的战争，而国土内王朝更迭的战争又总是遵循着"合久必分，分久必合"的规律，最终都毫无意外地指向"大一统"。这是中国战争的总体形式，久而久之，便使得中华民族形成一种集体性格，也就是满足于固守脚下热土而不尚远行的农耕生态。农耕经济的生产方式是建立在土地这个基础之上的，以农民为主体的广大人民在土地上过着"一分耕耘，一分收获"的生活，土地是他们的主要财产，他们最朴实的愿望便是固守在土地上，起居有定，耕作有时。这种对于土地的深深眷恋之情，使农耕人民形成了"安土重迁"的传统，如果没有发生极端严重的饥荒和战乱等突发状况，他们一般是不愿意离开故土的。农耕民族向往和平、反对战争，因为他们不愿意看到因为战争的发生而导致家园被毁、流离失所。战国时期，商鞅便提出了"以农为本，以工商为末"的重农抑商的政策，他的这一主张得到之后历任统治者的赞同，在后代不断被继承与重复，形成了中国人世代重视土地、崇尚农业的观念。重视土地的观念在国家的政策倡导下，上升为重视国土的观念，国土的完整、国家的统一历来被国人看作国家的最高利益，反对分割土地、保卫国家的统一成为世代中国人为之奋斗的目标。此外，受农耕经济和中国传统文化的影响，古人崇拜自然天地，重视自然天地的和谐，特别崇尚人与自然的和谐，主张天人合一。农耕民族重农、求和谐的心理促进了中国兵器文化朝着爱好和平的道路前进。中国自秦代起，历代都建立起了统一的集权制国家，强大统一的集权制国家能够有效地阻挡外敌，保证农民进行安全的生产生活。因为集权国家赖以生存的生产资料都有赖于人民的生产，为保证政权获得生产资料，国家必须保证民众安居乐业。有了统治阶层的鼓励与支持，全社会上下形成了爱好和平、右文兴化的中国兵器文化特征。

中国兵器文化具有攻守兼备、寓攻于守的特点。在历代的《兵志》中，有很多关于防守的记载，例如宫卫、宿卫、守卫、卫营等。在《明史·兵志三》中专门有边防、海防、江防的记载，在《清史稿》中则更为详细，《志一百七·兵三》为防军、陆军，《志一百十二·兵八》为边防，《志一百十三·兵九》为海防。在历代《兵志》中都有一定的篇幅来讲如何守卫与防御，可见中国兵器文化是十分注重守御的。中国历代都十分重视都城和边境要冲的修建和防卫。《周礼·夏官》中有"掌固""司险""掌疆"等官职的记载。"掌固"的职责主要是掌管修筑城郭、沟池、篱落等阻固，分派士、庶子和役徒守卫，并在城门设置兵甲等防守器械，以示威武。

（五）中原农耕兵器文化与北方游牧兵器文化的交融

　　清代的王夫之曾概括"中国"与"夷狄"即中原农耕民族与北方游牧民族的文化特征说："中国"是有城郭可守，墟市可利，田土可耕，赋税可纳，婚姻仕进可荣的地区；"夷狄"则"逐水草、习射猎、忘君臣、略昏宦、驰突无恒"①。从这段话足以看出中原农耕文化与北方游牧文化的巨大不同之处。这些特点同样适用于中原农耕民族与北方游牧民族的兵器文化。雄踞中原的农耕民族，无论是在人口数量，还是社会生产力方面，都比游牧民族发达，农耕文化所产生的高度的物质文明对游牧民族有着极强的吸引力。每当北方草枯水乏之际，饥饿迫使北方游牧民族开始觊觎中原民族的粮食，于是游牧人竞相南下劫掠，骚扰中原人民。在冷兵器时代，由硬弓长矛装备起来的骁勇骑士是最有战斗力的武装部队，而严酷的气候，流动畜牧、四海为家的生活方式，使"骑马民族"自幼成长为善战的骑士，他们来若飓风，去如闪电，很快便将中原边界地区洗劫一空，给中原人民造成很大的困扰。而一旦产生了具有号召力的领袖，便可以把这种短暂的劫掠发展成为大规模的征服战争，成为令中原人战栗的武装力量。13 世纪蒙古人建立的元朝和 17 世纪满洲人建立的清朝，便是游牧民族征服中原、人主中原的最好例子。为了抵御游牧人的侵扰，中原人也在做各种努力。他们引进游牧人的战马，并训练发展自己的骑兵，来抵御游牧人的侵袭；或退守农耕区边界线，守卫人民和粮食的安全；或做出反击，远征漠北，给游牧民族一个教训。但游牧人的骚扰始终不停息，中原人不堪其扰，为绝后患，便想出建立一道防线的方法来阻挠游牧人进攻的步伐，并试图将农耕区域防护起来。于是中原农耕人在 2000 多年的时间里，历尽艰辛，耗费了大量的人力、物力、财力，终于大致沿着北方与中原的分界线修建起了一道屏障——万里长城，这个人类文明史上的奇迹，也成为双方交战史的一个另类见证。农耕民族与游牧民族这些政治的、经济的、文化的冲突，往往演化成军事上的冲突，以一种形式上的对抗促进着深刻的文化交融。双方不断交战、互相征服的过程，为兵器提供了实践的场所与机会，为兵器的实战性提供了经验的积累，促进中国兵器朝着实用性的道路发展。

　　民族间的战争同时也促进了民族兵器文化的融合，在某种意义上，农耕民族与游牧民族的冲突促成了中国兵器的某些关键性演进。中原农耕兵器文化与北方游牧兵器文化的交融是双向的，既有农耕武器装备设计的"胡化"，也包含游牧武器装备设计的"汉化"：一方面，对于中原农耕民族而言，在与北方游牧民族的交往中，学到了他们高超的骑射技术，大大提高了农耕民族的骑射水平，同时更学到了游牧民

---

① 王夫之：《读通鉴论》卷二十八，《船山全书》，长沙：岳麓书社，2011 年，第 1095-1096 页。

族富于变化、勇于创新、善于传播、粗犷强劲的游牧文化，为中原兵器文化注入一剂骁勇粗犷的强壮剂。另一方面，对于北方游牧民族而言，他们也学到了中原先进的兵器制作工艺，以中原先进的兵器装备骑兵，大大提高了游牧民族的军队实力。同时，中原先进的军队管理制度、兵役制度促使北方游牧民族的社会形态发生历史性的飞跃。马克思曾这样说过："野蛮的征服者总是被他们所征服的民族的较高的文明所征服，这是一条永恒的历史规律。"[①] 这句话在中国兵器文化的演进中得到了印证。在北方各民族长期的冲突与交融中，鲜卑、匈奴、羯、氐等诸多少数民族先后在历史的长河中消失得无影无踪，而中原的农耕民族却有着强大的生命力。北方游牧民族虽屡屡在战争中打败中原农耕民族，甚至多次入主中原、建立政权，但是最终却臣服于中原民族的武器装备文化文化。中原民族强势的兵器文化的形成得益于农耕经济强大的包容性，这种包容性使得中原农耕武器装备设计能够兼收并蓄，吸收其他各少数民族优秀的武器装备设计。

三、清代文化环境特征

（一）清代民族文化特征

清朝统治者为满族，从历史上看，满族并不能算是一个新的民族共同体，从先秦到大明，历史上对满族先人有所记载，先秦时的肃慎，汉、三国时期的挹娄，南北朝时期的勿吉，宋辽金元时期的女真，这些都是满族的先人，满族与其先人女真同为渔猎民族，满族的文化更是与其一脉相承，同样，作为少数民族传统文化代表的射箭，受到满族人们的普遍重视，满族在入关前，曾兴办过学校，在八旗中选拔教师教习学生，但由于连年频繁的战事，使学校教育形同虚设，再加上满族又多重武轻文，把弯弓骑射视为第一要务，在这样的文化背景下进一步扩大了满族家庭教育的重要性，以及骑射技能在家庭教育中的重要地位。

满族家庭中十分重视孩子的身体素质，由于生产生活的特殊性，骑射与满族子孙的生存密切相关，所以在满族传统家庭文化中，无论是宫廷，还是民间，都带有浓厚的射箭民俗色彩，满族家庭十分重视子孙后代的尚武精神。孩子从出生到长大

---

① 马克思：《不列颠在印度统治的未来结果》，《马克思恩格斯选集》，北京：人民出版社，1973年，第70页。

成人，受到长时间的熏陶，在家庭生活中耳濡目染，骑射文化伴随他们的一生，融入他们的思想和品性里。满族家庭的传统育儿习俗中骑射思想伴随始终，满族女性产下男童后，要在房门的左侧悬挂一副经过特殊设计的装饰性弓箭，弓体由杏树枝制成，用红色丝线做弦，约三四寸长，在弓的中间装饰一根羽毛代表箭矢。以此希望小孩长大后成为一个精于骑射的巴图鲁[①]。等孩子满月后，把小弓箭拴到"福神"的子孙绳上，这是满族家祭的重要内容。满族的女孩子同样要骑马射箭，在女孩子生下时，要在其胳膊肘、膝盖、脚脖子三处，系上四五寸宽的布带，来保证孩子长大后，在拉弓射箭时保持胳膊平直，在骑马时腿能够端正，这些都是要由家庭中的成员来完成，意在教育孩子生存技能，传承民俗传统文化。满族人民在森林中狩猎时，男女皆要骑马射猎，孩子也要随行出猎，在儿童年幼无法参与狩猎时，人们会把孩子放到悠车里，并捆绑起来，再连同悠车挂在两树之间吊起来，一是担心儿童掉出遭受野兽攻击，二是为了满族儿童从小胳膊腿就能伸直，长大后有利于骑马射箭，这之后便逐渐形成了睡悠车狩猎的育儿方式。产生"马背上的民族政权"似乎也并不诧异。家族中的教育以传统的方式进行，青少年要跟随父亲学习骑射，并实行家庭教育为主，社会教育为辅，以教授孩子适应社会生存，培养其坚强、勇敢的意志。满族作为生活在一个白山黑水间的森林民族，其家庭民俗文化无疑被打上了深深的射猎烙印，也正是这种家族间射猎文化的传承，在思想上和行为上，为之后清代满族家庭射箭教育奠定基础。

此外，满族入主中原后的文化，一方面受汉文化的影响，同时又带有本民族自身文化特色，他们对家族中的成员提倡忠孝教育，并将其融合到射箭等武事教育中。满族对"孝"和对皇帝的"忠"有其独特的理解，与汉族"忠孝难两全"的文化稍显不同。清代满族的"忠"融合对长辈和皇帝的情感，典型的代表在八旗中采用爵位世袭制，祖辈的战功之后由子辈来继承，所以如果子孙怠惰，则是对父辈的大不敬，可谓"不孝"，这也就是为子孙的"孝顺"增加了一项新的内容，不能丢掉父辈的世职，父辈有贡献，子孙继承之，并青出于蓝，发扬光大，这不仅能够带来家族的荣耀，也是尽忠皇帝的最好方法，也就是说，如果父亲战功赫赫，勇猛无敌，则他的子孙也应该效仿他一样，成为一个能征善战、骑射一流的人才，这种家族的风气促使家族内部重视对子孙的教育，正是在这种文化氛围中，八旗家族对子孙骑射技能十分重视，已不仅仅是一项单纯的技能，而是代表整个家族声望，上升到家族和国家的层面，而具有了"伦理道德"的浓厚意味。所以在《清史稿》中能发现很多父辈善射，其子亦善射的例子，比如，清朝从太祖努尔哈赤起，太宗皇太极到顺

① 赵志忠：《满族文化概论》，北京：中央民族大学出版社，2008 年，第 233 页。

治帝、康熙帝、乾隆帝，其子孙均善射，并以骑射教育国家。又如，"顾八代，字文起，伊尔根觉罗氏，满洲镶黄旗人。父顾纳禅，事太宗，从伐明，次大同，攻小石城，先登，赐号'巴图鲁'"。"顾八代，其次子也。任侠重义，好读书，善射"[①]。其父拥有巴图鲁的称号，即是能骑善射，勇猛的象征，其次子顾八代亦善骑射，可谓是对家族习射的传承代表。总之清代皇帝十分重视满族子弟的骑射，为了培养更多的武才，强调骑射尚武精神，为满族八旗宗室子弟开办学校，聘请善射者教习，这种面向满族宗室子弟内部的骑射教习，可以说是满族家族射箭教育传承的一种形式，既提倡民族尚武精神，对塑造满族子弟品行有重要作用，也充分体现了清代统治者对本民族家法的继承和传播。

清代针对不同的民族均有相应的管理方法，康、雍、乾时期统一天山南北，加强了对西北地区、西藏和西南其他地区的控制。清廷为分化蒙古族，强化对其上层贵族的控制，在西北地区力推盟旗制度。盟旗制度之"旗"是军事、行政合一的单位，由清中央在旗内王公中任命可世袭的旗长。盟旗制度之"盟"则是"旗"的会盟组织。盟旗制度严令蒙古族人民不得越旗游牧、耕种、往来、婚嫁，严禁蒙汉人民间的接触。清廷还设置驻藏大臣，三度对藏用兵，颁行《西藏善后章程》和《钦定西藏章程》，实施金瓶掣签制等，强化对西藏的管辖。驻藏大臣的设立，是清廷治藏的创举，对加强祖国统一、巩固边防、促进民族团结起到了积极的历史作用。清廷于雍正年间在滇黔桂川湘鄂等省大规模推行"改土归流"之策，以强化对西南地区少数民族的控制。所谓"改土归流"，即指废除土司制，分别设置府厅州县，委派非世袭的流官任职，推行流官制，实行与内地各省相同的政权管理体制的政策。为解决元代始设的土司制度之积弊，明清两代统治者大多主张实行改土归流之策，即在条件成熟的地方，取消土司世袭制度，设立府厅州县，派遣有一定任期的流官进行管理。改土归流废除了土司制度，减少了叛乱因素，加强了中央政府对边疆的统治，有利于少数民族地区社会经济的发展，对中国多民族国家的统一和经济文化的发展有着积极意义。

边疆地区在中央政府管辖下得到较长时间的安定，经济迅速发展，各族人民生活有所改善。清廷对边疆少数民族的基本政策是"修其教，不易其俗，齐其政，不易其宜"，即保持各民族风俗习惯、生活方式、宗教信仰，因族而异、因地制宜、强化统治和管理。清廷在政治、军事、司法、内政、民族、边防乃至边疆治理等诸方面的中央集权与君主极权统治，最终形成了中国古代史上大一统的局面。

（二）清代思想文化特征

清代文化与审美意识的发展受到诸多因素的影响，清廷的文化政策和清代思想流变是至关重要的方面。政治与文化历来都是结伴而行的。作为维护统治阶级根本利益的手段，一定时期的文化政策总是那一时期的统治者思想的集中反映。就中国古代社会而言，它在很大程度上是作为封建帝王治国思想的直观反映。政治专制往往也伴随着文化专制。作为上层建筑的统治阶级文化思想以多种形式渗透社会生活的每个角落，发挥着主导作用。

清廷在文化政策上基本沿袭明代旧制，仍在政权建立伊始就不断加强文化专制，自康熙朝以后，更为变本加厉，力图将全国的思想文化强行纳入程朱理学的轨道之内，同时极力打击各种异端学说。康熙初叶，南明残余扫荡殆尽、清廷统治趋于稳固，圣祖亲政以后，经济逐渐恢复、文化相应加强，迄至三藩平定、台湾回归，清廷更于文化政策上屡加调整、强化专制，使得清初一度活跃的文化思潮受到沉重打压，丧失健康发展机会，从而有力地维护了政权的高度专制。与统一的专制帝国晚期相适应的清代文化，最显著的特征就是，清廷将远比先秦、汉、唐更富于思辨色彩的新儒学——宋明理学，作为其统治思想。理学虽派系繁多、主张各异，但均从孔孟出发，将君主专制与伦理道德归为宇宙本原，试图论证君主政体的合法性、永恒性、权威性，因此受到清廷青睐，并被定为思想文化的正统。在此前提下，清廷仍承明制、尊朱学、崇正统、黜异端。清廷文化政策，突出表现在民族高压政策的确定、崇儒重道基本国策的实施、由尊孔到尊朱的转向三个方面。

其一是民族高压政策的确定。作为上层建筑的文化政策，一面必然要受到所形成的经济基础的制约，从而打上鲜明的时代印记，一面必然无不受到统治者的根本利益所左右，成为维护其统治的重要手段。满洲贵族所建立的清王朝，虽然形式上是"满汉一体"的政权体制，但是以满洲贵族为核心才是这政权的实质所在。这一实质决定了满洲贵族对广袤国土上的众多汉民族和其他少数民族的强权统治。反映在文化政策上，便是民族高压政策的施行。堪称中国文化思想史上血腥的一页，而其根源亦皆在于此。严酷的文化专制，禁锢思想，摧残人才，成为清代思想学术发展的严重阻碍。

其二是"崇儒重道"基本国策的实施。中国古代社会历来重视文教，世代相沿，宋明以来，从孔孟之道到周、程、张、朱的道统，崇儒重道已成为封建帝国的基本书化国策。清承此制，"崇儒重道"也成为顺治和康熙时期制定的基本书化国策。

其三是由尊孔到尊朱的转向。尊孔，是历代崇儒的标志。康熙儒学观的基本内容涵括主要三个方面，一是视理学为伦理道德；二是将理学融于儒经之学；三是尊朱学为官方哲学。三者构成了康熙儒学观的基本内容。

总之,清廷严酷的文化专制政策是君主专制制度的衍生物,这些政策造成清代学术空气的死板和守旧,大量士人思想受到禁锢而陷于僵化呆滞状态、毫无生气和创造力,正如龚自珍所言之"避席畏闻文字狱,著书都为稻粱谋"[①]。这一政策实施的直接后果,便是乾嘉学派的产生、发展与兴盛。某种意义上讲,近代中国在世界范围内的落伍,清廷文化专制政策之害难辞其咎。

后期曾国藩、张之洞等人提出"以夷制夷""中体西用"等学说,主张吸收外来文化来适用中国,引入了西方的技术和思想,促进了冷兵器时代的结束和火器时代的到来。

(三)清代审美意识特征

从古至今,在社会发展的长河中,军事与战争在一个国家和民族的发展中扮演着非常重要的角色,我国古代一个朝代没落以及另一个朝代的崛起都伴随着军事活动的发生。从博物馆中陈列的古代冷兵器,到现代战场上的高新武器装备,无不蕴含着人们智慧的结晶。我们不一定认为只有绘画、雕塑等艺术作品才是具有美感的,战争中使用的兵器(尤其是冷兵器)也具有其丰富的美学价值。

兵器作为军事斗争中具有杀伤力的作战器械装置,是典型的工程技术设计产品,是一种力求实现功能的设计产物,特别是要满足其军用性能的要求。对于兵器的外观造型设计来说,虽然不作为兵器设计中的决定因素,但是它也是整体设计中不可忽略的一部分。一个设计合格的兵器,不但具有良好的应用性能,同时它的造型能带给观者一种享受,也是具有美感的。不是陈列在博物馆中的艺术作品才具有美的性质,在战场上以刀剑火炮的阳刚之美为代表的兵器也具有其独特的美感。因此,兵器的独特的美学特点需要更客观地看待以及更深入地挖掘,运用技术美学原理理论,寻找技术美学与兵器美学之间的潜在联系,建立一个符合审美规律的兵器美学体系。

对于兵器来说,作为军事斗争中具有杀伤力的作战器械装置,是典型的工程技术产品,是人类高度理性思维的人造产物,是技术与艺术相结合的产物,同样是以有用性为前提的"美",是以作战功能为最终目的的"美"。兵器设计中蕴含的设计美与手工生产的"工艺美"或是绘画中展现的"美术美"不同,这种艺术创造带有很强的个人感性色彩,多存在于艺术造型或是艺术创造领域,而兵器是以作战实用性为前提的设计产品。

兵器作为典型的设计产品，同样也具有设计美的特征。对于兵器来说，其主要的使用目的是在战场上发挥军事作用，战胜敌方，依照这个目的有效地发挥着它的作战功能、武器功能。兵器的功能作为内在的目的与活动，通过相应外形形态表现出来，从而兵器的内容与它外在的造型形象相互交融统一，就构成了兵器的设计美。

在兵器设计中，以其在战场上的作战性能为研究的基础性能，在满足其作战性能的同时，外观造型设计也作为设计中很重要的一部分。在对兵器设计研发的过程进行分析后，将兵器设计分为性能设计和造型设计两大部分，性能设计包括材料性能、结构性能、防护性能以及系统性能。造型设计可以分为结构特征设计以及外观造型设计。研究主要对于性能设计中的材料与工艺，功能与结构以及外观造设计中的比例与造型、均衡与稳定、涂装与色彩，以及环境与和谐等部分。

考证清代文学艺术和文物遗存可知，清代审美意识自觉臻于高峰，既传承了传统意象理论的主要成就，又孕育了古典审美向度的近代转型，形成了以雍容典雅之美为核心，复古性、多样性、保守性和断裂性等交相融合的时代特征，是清代审美意识的核心载体与重要媒介。清代是古典审美意识发展的总结性时代，也是古典审美意识发生突变的时代。一方面，清兵入关、定鼎中原之后，满族统治者在政治、文化和思想等方面承续了明代，使清代审美意识在某种程度上保持了继续发展的势头；另一方面，清人统治的建立以及其后推行的保守政策，又使晚明时期在审美领域所产生的一些新质被斩断，并重新回归到此前的范围之内，小说诗文、戏曲戏剧、书画艺术、园林建筑、工艺器物、日常生活等文艺和文化领域，无不体现出复古倾向，逐渐向雅致、繁缛、俗艳和精细的方向发展，在复古中走向了新阶段，并与时人的日常生活相与为一。值得注意的是，在这种历史背景之下，器物的审美形式出现了由皇家宫廷向民间世俗、由典雅向世俗的转向。这些特点与思想领域中的新发展是相互呼应的。此外，在满人入关之前，他们对汉族文明已高度认同，渐有汉化趋势，汉民族的审美意识也逐渐渗透到满族人的日常生活之中；成为中国新一代的统治者之后，满汉等民族之间的审美意识的交流和融合进入新阶段，这使清代审美意识进入多样发展的阶段。1840 年鸦片战争之后，随着国门被打开，古典审美意识也随之发生了剧变，清代审美意识的发展由此进入一个新的历史阶段，并开启了古典审美意识进入近代阶段的大门。与晚明时期审美意识领域出现的新动向相比，清代美术遗存审美意识的多样性变化相对缺乏内部力量的支持，客观历史环境等外部力量在其发展过程中的作用较大，因而也就使审美意识在外部因素的刺激下发生某种程度的突变乃至变异，这一点至今仍在产生着影响。

四、清代战争外交环境

（一）古代战略战术对冷兵器设计的影响

兵器的本质功能是作战时使用的工具，所以古代作战形式与策略对传统兵器设计有着直接影响。一方面，作战方式在不同历史时期的演变直接对兵器设计的发展起着决定性作用，另一方面，兵器设计的变革也间接改变了战争中的作战方式。

在兵器产生之初，作战方式仅为原始的械斗，所以原始冷兵器均为自然产生的石木或狩猎工具、农具等生产工具。原始武器有矛、镖枪、钉头锤、孔石锤、石斧、石锛、钺、刀、棍棒、戈、匕首等多种。矛的雏形来源于削尖的竹木棒，它能够拉大狩猎者与猎物之间的距离，在捕猎时对捕猎者起到一定的保护，而镖枪就是用于投掷的矛；钉头锤、有孔石锤、石斧、石锛、钺是从砍砸器发展而来的，砍砸器装上手柄就是石斧，石斧是人类最初发明的简单器具，利用力学的尖劈原理，可以用小力发大力；刀、匕首作为可以砍切的生产工具，自古就被作为兵器使用，戈也由镰刀演化而来。

古代战争中军队在临战前要根据作战任务、兵力、战场的地理情况，预先筹划排兵布阵，根据战争中的情况改变调整作战布阵。如诸葛亮的"八阵图"就是以步兵、弩兵、车兵、骑兵组合成的方阵，形成"大阵包小阵，大营包小营"的结构。每个阵中步兵与弩兵交错配置，阵的外围放置拒马、鹿角等障碍物，用车作为步兵、弩兵的掩蔽物，充分体现出步、弩、骑、车协同作战的原则。针对在崎岖的山岭作战、山区运输军粮的需要设计出了适宜在丘陵以及路况崎岖的地区使用的木牛流马。木牛指的是小型独轮车，流马是稍大一些的需要两人协同推动的独轮车。木牛流马用途多样，在行军时转载兵器，战斗中构筑野战工事，宿营时还可作为营垒部件。

古代兵书《司马法》中提出兵器的配置最好为"长短相杂为用"。使用阵法战略时，布阵要疏散以便于使用武器，同时也要密集，以便战斗，而兵器则要多样配合使用。明确指出"兵不杂则不利。长兵以卫，短兵以守，太长则难犯，太短则不及"。强调长短兵器配合，才能充分发挥各兵器的威力。中国古代兵家认识到"兵不杂则不利"的道理，注重根据实际应用扩充兵器的形制。各种长短兵器、抛射武器、防护兵器应运而生。

纵观我国古代兵器的发展，可以发现受到儒家"去战""非战"的思想影响，人们对兵器的更新与发展并不是十分重视，重道轻器的思想贯穿古代军事发展的进程。直至明代，严峻的战争形势使人们不得不对兵器进行大的革新与研制，尤其是体验到火兵器在战场上的巨大威力，一些军事家开始注重兵器的重要性，着重对大兵器的研制，扭转了冷兵器长时间以来的领导地位。

根据历史记载，夏代是我国历史上的第一个朝代，中国由此开始进入了奴隶制社会，大约在公元前 21 世纪至公元前 16 世纪，国家、军队已经开始形成。纵观中国的古代战场，车战、步战、骑战、水战，形态各异。在我国古代的军事典籍中，一般将作战形式概括为战、攻、守三种。

"战"在中国古代战争中专指野战。所谓野战就是两军对阵相互冲杀的作战形式。这种古老的作战形式，并没有明确的攻守之分，战术关键主要是阵法的运用，步兵战、骑兵战、车战、水战都是在"战"这一战争形式下根据不同的战场环境而应运而生的。

夏、商、周时期，"车战"一直是作战形式的主流，春秋时期，车战达到了高潮，相应的战车和车战时使用的长柄兵器设计和生产达到了空前的规模。每架战车架两匹或四匹马，四匹马拉的车为一乘。战车每车载 3 名甲士，"兵车，则车左者执弓矢，御者居中，车右者执戟以卫"。这是说，战车左面的甲士持弓，主射；右方的甲士执戟等长兵器，主击刺，并有为战车排除障碍之责；驾驭战车的甲士居中。除 3 名甲士随身佩带或手持的兵器外，战车上还放置若干其他格斗兵器，以长兵器为主。

春秋末期以及战国时期，随着金属冶炼技术的改进和弓箭射程的增大，尤其是远射弩的出现，目标高大的兵车受到的威胁与日俱增，加之战场范围从平原扩大到山地和江河湖沼地带，兵车战斗效能的发挥受到了极大的限制。人们使用战车达到战争目的的难度越来越大，于是更加机动灵活的步战应运而生。甚至出现了"魏舒毁车以为行"，强制由车战转为了步兵战。战国后期，短兵器开始盛行，多以单手操作来进行刺杀和砍杀，近战杀伤力很强。

随着步兵战术的发展，车战逐渐退出历史舞台，一部分步兵也发展成了更加机动灵活的骑兵。形成了步兵骑兵混合作战的形式。骑兵的作战形式出现，使得用于战争的马具大幅发展，马鞍、马镫相继出现。同时为了应对骑兵的出现，弓、弩等主要用于克制骑兵的远射类兵器普遍用于实战，且种类繁多，如夹弩、瘦弩、唐弩和大弩。

水战的出现主要是辅助陆地上的战斗，由于江河湖海面积广阔，且士兵在水上需借助船的辅助，攻击距离大大拉长，宋辽金元时期船尺寸可达 20~30 丈（60~90 米）。"飞虎战舰"是最具代表性的一种，这种船具有轻便快捷的特性，是常用车船型号。当时水军的装备战船还有海鳅，这种战船的形状设计灵感来自于海鱼。除了这两种，水军的战船还有双车、十棹、防沙平底等各类舰艇。南宋水军统制冯湛制造出了"湖船底、战船盖、海船头尾"的多桨船。

中国古代将进攻军事要塞和城池的作战称之为"攻",相应的防守作战称之为"守"。中国古代"攻"的作战形式是围困和强攻。围困就是切断要塞城池的交通和补给。强攻的方法通常是先在城外堆砌用于观察城内的情况和掩护的土山,然后用攻城车等器械撞击城门。此外,还有大量的士兵借助云梯、飞爪等工具像蚂蚁一样攀登城墙,古代的兵书中曾把这种攻城方法概括为:筑埋、攻门和蚁附。与此同时,古人还会采取放火烧城和挖地道的方法配合攻城。为了配合攻城守城的作战方式,抛石机应运而生。抛石机是古代一类颇具威力的远射兵器,可用于攻城,也可用于对外防守。其利用杠杆原理,通过木质的结构装置将石头或者火药抛射出去,从而毁伤敌军相对较大范围或大规模的军事目标。我国史料记载显示,抛石机最早出现于我国三国时期。抛石机常常与另外一种攻城器械撞车共同使用,形成互相配合的攻城战术——由抛石机抛出大量石弹为携带撞车的军队提供火力掩护,减少人员伤亡,再由抵近城下的军队利用撞车打开敌军城门,继而迅速攻入城内。该战术大大提高了攻城效率,降低了己方兵力损失,在我国古代战争史中占有重要地位。

古代守城方法通常是在攻城者接近城墙时,借助城外各种障碍用弓矢和抛石器等兵器攻击对方,并以短兵格斗杀伤对方攻城人员,投掷重物破坏其登城工具。宋辽时期有宽7寸、斧柄约3尺半的挫王斧,主要是用来防守城门时攻击爬上城门的敌军。当时要塞城池城墙的四角通常有高于城墙的望楼用于观察敌情和攻击两面夹击的敌人,也就是早期的瞭望塔。城墙上也设置有可以用于掩护守军的胸墙和方便射箭的射孔,每隔一定距离还外筑一个凸出部,用以进行侧防和控制死角。

中国古代战争形式除了主要作战方式"战""攻""守"之外,还产生了伏击、包围袭击等具体战略战术。其为了适应不同的作战环境、应对不同作战对象一直在不断地发展、分化和融合。兵器的设计随着战争形式的变化也同时在不断发展,与此同时,兵器设计的进步也会间接刺激作战方式的改变。

(二)清代战争外交环境特征

清代正处于欧洲国家火器的快速发展并逐渐取代冷兵器的时期。但是清代统治者并不重视火器的发展,导致我国兵器的研制发展趋于停滞和衰落。这也是中华民族遭受欺辱百余年灾难的重要原因之一。

在漫长的中国古代史上,明清更迭堪称历史前进中的又一个大事件。严格来讲,它不是一个突发于某一时间节点的孤立事件,而是一个长达百年的历史过程:在16世纪末,女真族从一个氏族部落逐步征服了附近的部落,侵蚀了明朝,占领了辽东,明清易代中，尽管真正令明朝覆灭的是农民起义，但胜利果实却被拥兵西进的清代攫夺了。明代积弱待毙之际，建州女真悄然崛起；努尔哈赤兴兵东北，雄踞辽沈，虎视关内；皇太极继后，频频挥师叩关，出没鲁晋冀，乃至京畿一带；顺治元年清军入关，清廷以满汉地主阶级利益代言人自居，一面颁发圈地令，以确保满洲贵族合法占据大量土地，欲使"满汉分居，各理疆界"[①]；一面在不损圈地前提下，明令保护汉族地主阶级利益，在全国形成满汉地主阶级狼狈为奸、联合镇压南北农民起义的局面。然而这种合作显然是以汉族地主阶级无条件服从满洲贵族的清廷统治为前提的，加之清廷嗣后又明令推行剃发等民族高压政策，不仅打破了满汉地主阶级的短暂联盟，而且激化了民族矛盾，清廷历十余年角逐，至康熙三年方才镇压了此起彼伏的抗清斗争；康熙亲政前后，朝内鳌拜专权乱政，台湾郑氏不奉正朔，西北王公抗衡清廷，西南三藩尾大不掉，一面是清廷强化集权统治之迫切需求，一面是军阀割据称雄欲望之急剧膨胀，力量消长演成长达十余年的鳌拜之患、三藩之乱、统一之战；直至1683年才彻底完成杀鳌拜、平三藩、收台湾，基本结束了百年动乱。这些都构成了清廷极权一统与清代社会格局的基础。从17世纪末到18世纪中叶，这是清代社会经济逐步复苏和繁荣的时期。这一时期，军事工业一度发展起来。收复平定边疆的少数民族，这一时期最为繁荣。18世纪中叶以后，清代统治阶级走上了腐朽衰落，政治腐败和军事武器下滑。曾经一度发达的军事工业也因停滞而下降。到了19世纪中叶，清代生产自己的武器，质量非常糟糕，无法使用。除此之外，受工业革命的影响，西方火器也正在大量开始输入我国。

在外部，从18世纪中叶到19世纪末，正是欧洲资本主义兴起的时期，英国发起的工业革命，机械工业逐渐取代了手工业。在此基础上，欧洲国家改进了火器的制造，并且突飞猛进地发展。在此期间，清政府社会生产力仍然处于封建手工业的状态。这是其落后的主要原因。其次清代统治者实际上压迫国家政策，思想保守，不仅没有前进，甚至没有保持明代的成就。清代统治者不仅严禁民间私造，而且制造和使用枪支时对汉族军队的武器实行严格限制。所有省份都是绿营兵，只能使用旧的和劣等的。略微精细的武器掌握在八旗手中。西方社会资本主义兴起，西方列强开始加速东部殖民扩张，清代在边防和海防方面面临严峻挑战。如何防范和抵制外来侵略，特别是西方列强的侵略，成为国家安全战略的一个新的重要组成部分。在这方面，清代统治者从维护国家安全和政治稳定的思想基础出发，制定了相应的对策和方法，以更好地维护国家主权和领土完整。一直到晚清，在国家安全战略的制定和实施中，坚持"中学西用"，学习西方，改变现状是主要特征。但并没有从根

---

① 《清世祖实录》卷十二"顺治元年十二月丁丑"条，北京：中华书局，2008年。

本上触及根深蒂固的制度问题，而这种变化总是处于被动反应，刺激和有效的过程中，缺乏积极主动变革的精神，始终没有战略。总体高度提出了一个指导变革的总体计划，从而严重制约了改革的进展和深度。

清代的冷兵器基本上延续明代。虽然外表稍有改动，但它是大同小异，并没有新的创作。清代《会典》将兵器分为10类。除了火器、指挥和攻城器械外，冷兵器还包括六种类型的甲胄、弓矢、刀斧、矛戟椎锤、蒙盾等。清代初期，八旗兵善于骑射，弓箭是他们的主要武器。在中叶之后，火器的发展，弓箭兵逐渐被取代了。加上八旗兵已经腐败堕落，强弓已经拉不开了。到了19世纪中叶，弓箭被彻底废除了。在太平天国战争期间，湘淮军已经没有弓箭的装备。清代的格斗兵器以长枪为主。八旗和绿营均有长枪兵的编制，绿营里还保留长柄刀、镗、叉等杂式长兵器，但它们是次要武器。在对太平天国的战争中，湘军仍以枪矛作为近战的武器，1860年以后，清军逐次改装带有刺刀的步骑枪，冷兵器的枪矛遂被淘汰。格斗兵器中的短柄兵器主要是刀。官兵均带佩刀。其他杂式短兵器如铜、鞭、棒、斧等，只是某些军营所特别装备的，都属于辅助兵器，是近战比较灵便的兵器，近代步枪出现后，还长期保留在军队中。直到民国时期，一些部队配备了大刀。甲有铁甲和棉甲，盾牌有木牌、挨牌、藤牌等，并设有藤牌营。清中叶以后，随着火器的使用，木藤质的盾牌和棉制的盔甲无法承受枪支和碎片的穿透，自然被消除。总之清朝的武器装备继承与发展了中国的传统武器制造技术，并具有强烈的时代特征，体现出清朝军事技术的成就与武器发展水平。清政府的武器装备和保障措施经历了从落后到快速发展，从停滞到被动衰退的转变过程。清代的统治者自诩"以武功开国，弧矢之利精强无敌"。清朝统治阶级在夺取政权、一统天下的战争中，主要使用冷兵器刀矛弓矢武装起来的铁骑部队。因此，在开国之初，就奉行冷兵器为主的军事策略。雍正皇帝甚至说过："满州夙重骑射，不可专习鸟枪而废弓矢。"然而，在枪支逐渐取代冷兵器的巨大转折点的过程中，由于社会生产的落后和清代统治者的保守，清军的武器装备，特别是枪械的发展始终非常缓慢。这一过程最终导致了清代的被动和挨打。

第四章
清代远程冷兵器的
设计特征

一、清代武器装备分类

清代武器装备的制作工艺可谓精湛至极，以弓、箭、长枪、大叉、大刀、短剑、藤牌、甲胄等兵器最为显著。此时期的冷兵器可划分为格斗类冷兵器和远程冷兵器。

（一）格斗类冷兵器

格斗类兵器，是指在近身战斗时用以直接杀伤敌人的各种手持兵器，是冷兵器的主体兵器。《武备志》中提及在宋代军队中通用的八种军刀（手刀、掉刀、屈刀、偃月刀、戟刀、眉尖刀、凤嘴刀、笔刀），到明清仅剩下四种军刀（长刀、短刀，钩镰刀、偃月刀）。

按作战的使用来看，可分为长兵器和短兵器。长兵器攻击范围更远，适合长距离作战，可先发制人。短兵器主要用于近身搏斗。清时期的长兵器主要分刀、枪等类。短兵器主要分为刀、剑、钩、戟、铜、鞭、斧、锤等类。长刀一般双手握持，短刀一般单手握持。长兵器与短兵器一般搭配使用，因时制宜。

1. 长兵器

刀是一种主要用来劈砍的单面利刃兵器，主要由刀身和刀柄组成。清代刀的种类很多，如挑刀、片刀、偃月刀、武科刀、割刀等。清代称长刃刀为大刀，又叫短柄长刃为长刀。清代大刀有许多种，最普及通用的是带有波浪形刀片的长柄大刀，铁刀非常重，它的重量通常超过三四十斤。它是大力士兵使用的刀，或各地武生练习武科的工具。这种刀刃的形状类似于弯曲的长叶，并且其刃背具有凸起三峰，如波浪起伏，刃通过铁管手柄连接，管柄和刃用雕刻的铁作为杆状连接，手柄长度适当，这样才能挥舞如此沉重的刃。

清代的普通步枪与明代步枪相似，略有变化，形态略有不同，如镞形枪、笔形枪、矛形枪、钩形枪，形制稍有改动，但改动并不大。在晚清时期，长枪趋于简单。虽然它不统一，但它是一种偏重的兵器，类似于扁镞形刃，圆底筒外加多数铜箍之枪头。（图 4.1）

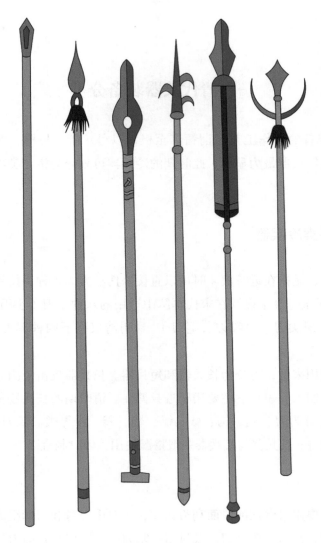

图 4.1　清代时期枪

2. 短兵器

　　在清代，短兵器中有改革。在这一时期，短兵器有自产者和贡品。武器制作比较复杂，比宋明时期更精美。刀和剑是战争中最重要的和最必要的武器装备。清代有很多种短柄刀（图 4.2）。根据它们的形状可以分为三种类型：剑形、佩刀形、大刀形。剑形刀被称为颏刀。是八旗前锋营特别装备的，形状像一把短剑，刃长 8 寸，手柄长 3 到 4 寸。佩刀是清军官兵的佩刀，刃长 2.2 尺，宽 1.3 寸，长 4.2 尺。它的形状类似于明代的长刀形状。它与戚继光的佩刀基本相同，这种类型的刀，还有因装于不同专业部队而名称有所不同的云梯刀、窝刀、滚被双刀、剈刀等，刃与柄的

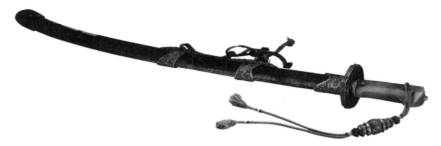

图 4.2　清代刀（选自《清宫武备图典》47 页）

长短虽略有不同，形制基本相似。普通士兵使用的格斗用刀，为大刀形，有朴刀、宽刃翻刀等。除了各种短剑之外，清代还使用了几种短兵器，如钩、戟、剑、斧、鞭、锤等。清代士兵所用单锋短钩，略如剑长，其刃向背曲转作圆弯形，柄形略如剑柄形，护手特小，此种钩具有勾兵、割兵、砍兵等作用。

（二）远程冷兵器

清代远程冷兵器按种类划分有弓箭、弓弩、暗器和骑射盔甲。

1. 弓箭

古人称通过释放箭矢使及远的武器为弓。弓箭在武器中称为长器，剑矛为短器。茅元仪[①]曰："今之艺实可习者，长器凡二等，曰弓、曰弩。"箭字，古代最早是前进的意思；矢字是能指向迅急的意思；齐人称箭为镞，即是族，意思是被其射中能族灭；箭末称之为括，括即是会，指与弦相会的部分。古时练习射箭的箭靶称之为布侯，侯即是暗指诸侯，射侯起于尧舜时期；射字的用意，最早见于战国文字，其本义为抽丝，又可引申为寻求、分析等义；搬指，戴于右手大指以勾弦，以象牙为之，取其坚固顺滑的特点。大夫用骨，士用棘。

《尔雅·释器》篇中有记载："金镞翦羽谓之镞，骨镞不翦谓之志。"，镞就是鈚箭。志就是骲箭。释名释兵篇记载："镝，敌也，可以御敌也。干，言挺干也。羽，如鸟有羽而能飞，矢须羽而能前也。鞬，建也，弓矢并建立其中也。"

清代的弓箭不如唐宋时期，也逊色于明代。它的弓可分为两种类型：武术练习和军事用途。武术弓比较重，力气大的人可以拉开数十斤，甚至一百斤的弓，来进行相应的考试。军事用弓是注重射击，不计算力量，但目标是要准确的。现存有清

---

① 茅元仪（1594—1640），字止生，号石民。自幼喜读兵农之道，成年熟悉用兵方略。

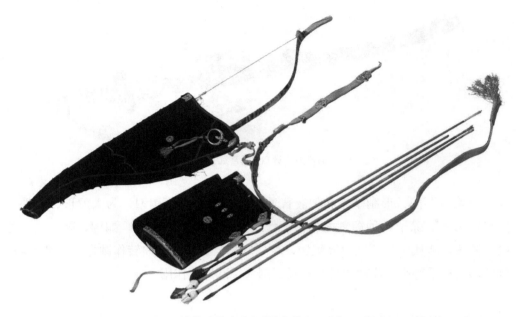

图 4.3　清代弓箭（选自《清宫武备图典》4 页）

帝武库中御用大弓及各种羽箭多具，其铁镞形式互异，弓具大约五尺五寸长，曲度各有不同，弓的两个角的形状也不同，其总名称均为桦皮弓。（图 4.3）

清宫中恭贮有清皇太极、顺治、康熙、雍正、乾隆、咸丰、光绪等皇帝所使用的御用白桦皮弓、黑桦皮弓、绿花面桦皮弓、通花面桦皮弓、定把花面桦皮弓、葡萄花面弓、金桃皮弓、牛角桃皮弓、牛角花桦皮弓、牛角万福锦桦皮弓、牛角描金花弓、吉庆锦弓、黑角桦皮弓、漆面万年青竹弓、寿字桦皮弓、万福桦皮弓等；清箭种类繁多，形制各异，有清帝御用箭、礼仪用箭、军事用箭、行围狩猎用箭等。其各种规格箭有：大礼箭、大礼随侍批箭、镀金大礼批箭、吉礼随侍鈚箭、大阅哨箭、遵化长批箭、齐梅针箭、大礼鈚头箭、鈚头箭、行围批箭、成批箭、雕翎批箭、回子批箭、白档索伦长批箭、月牙批箭、六孔批箭、齐批箭、镂花批箭、矛形批箭、官兵箭、四棱铁镞箭、行围哨箭、镀金大哨箭、大荷包哨箭、圆哨箭、方鈚哨箭、榛子哨批箭、鸭嘴箭、鸭嘴哨箭、射鹿箭、随侍兔叉箭、骨镞兔叉箭、射虎鈚头箭、射鹄髓箭、五齿鱼叉箭、三齿鱼叉箭、梅花箭、快箭、月牙箭、墩子箭、弩弓箭、青鹤翎箭、拧翎箭、鸾翎箭等；櫜鞬，又称撒袋，为清代盛装弓箭的器物，即櫜装箭，鞬装弓。清宫中恭贮有清康熙、乾隆帝等御用的各式各样的制作精良的櫜鞬。清宫珍藏的櫜鞬有：御用大阅櫜鞬、嵌红宝石绿毡櫜鞬、嵌蓝宝石金银丝缎櫜鞬、青布黑皮櫜鞬、黑皮嵌倭铜櫜鞬、红皮画珐琅铜钉櫜鞬、金银丝花缎嵌玻璃櫜鞬、绿呢嵌铜八宝櫜鞬、黄皮嵌玻璃紫鞬、织锦嵌红宝石櫜鞬、黑皮嵌玉櫜鞬、黑绒嵌珊瑚珠小鬟鞭、银丝花缎嵌蓝宝石鬟鞭等。

2. 弓弩

弩的形制主要由弩机、弩臂、弩弓三部分组成，臂长多在50厘米到80厘米。明代使用的弩主要有神臂弓、蹶张弩、腰开弩、窝弩、双飞弩等，是按拉弦的方式、使用用途而命名的。在清代，由于满族人是游牧民族，所以最喜欢用弩。直至清末，习弩风未衰，北京等地直到民国尚多有制弩专家及售弩专门店，但均系弋射小弩、手执身带器等。常见有臂有机的弋射弩，其制有二：一为发弹用之弩，俗名弩弓；二为连续发十弹或十矢之弩，俗名弹弩或连珠弩。弩弓用一弓形曲体木为臂，臂上置弓与机，其前端再置粗铁丝制长方形架，架上横系一线，线上系一小珠，架俗名星架，珠名准星。（图4.4）

清宫旧藏一弩，弩床（已残）木质，手柄处缠麻髹漆，挂弦处安装铁转轮，前后饰骨固定，扳机铁质。前端铁质凹槽，系皮绳两根，以为架弓之用。

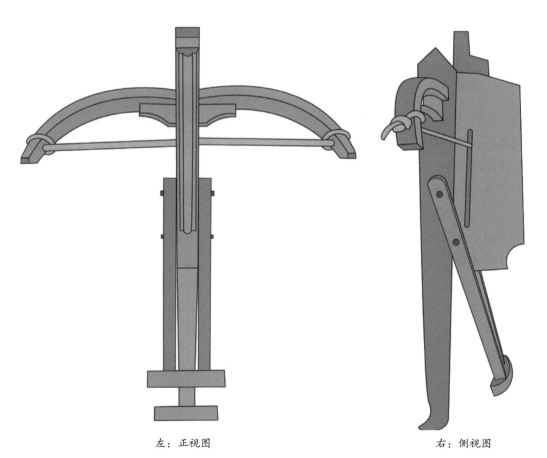

左：正视图　　　　　　　　　　　　　右：侧视图

图4.4　清代弹弩

3. 暗器

清代暗器，可以分为手掷、索系、机射、药喷四种。

手动投掷者以手握器用力向目标抛掷的兵器称为手掷暗器。人力量有强弱之分，暗器也有大小，所以投掷的范围，距离有远有近，大多数都不如弓弩的射程远。此武器，南北各不同，武术家可以用其来保护自己。清军所用手掷暗器，有标枪、金钱镖、脱手镖、掷箭、飞叉、飞铙、飞刺、飞剑、飞刀、飞蝗石、鹅卵石、铁橄榄、如意珠、乾坤圈等类。

索系暗器，绳索系住兵器一端，手握绳索另一端，并且用力抛出以伤害敌人。索系暗器可以收回，重新敲击，连续不断，在作战时可以持续使用，这也是此兵器的优势。但是，索系暗器的长度有限制，不如其他兵器射程远。索系暗器有绳镖、流星锤、狼牙锤、龙须钩、软鞭、锦套索、飞爪、铁莲花等类。

机射暗器，赖机栝或弹性力以发射暗器，致远杀敌，有单筒袖箭、梅花袖箭、弹弓、弩箭、花装弩、踏弩、雷公钻、铁鸳鸯、袖炮等类。

药喷暗器，贮各种药物，用时借药力将毒品或利器喷射而出以伤害敌人，药喷暗器有喷筒、鸟嘴铳等类。

4. 骑射盔甲

在冷兵器时代，甲胄发展的总体趋势是稳定的。中国历史上，古代甲胄在隋唐时期已达到较高水平，其后在结构形式上基本保持稳定。火药的发明，火器的出现及其在战争中的应用，使世界战争史逐步由冷兵器时代向火器时代过渡，这导致了古代甲胄的衰落。中国约在唐代晚期发明了火药，宋代的战争中已经应用了初级火器，但在宋元时期，早期火器的使用和威力都还有限，其对甲胄发展的影响尚不明显。到了明清时期，火器在战争中有了较大发展，传统的铁甲难以抵御火器，越来越显得累赘，使用渐少，绵甲代之而起。

清代主要使用盾牌和卫体甲胄之类的防护兵器。甲胄也称为"介胄"，是古代皇帝所穿的盔甲和头盔。作为一种战斗和仪式装具，它不仅可以保护身体，减少伤亡，还可以鼓舞士气和斗志，彰显出威严和尊贵。因此各代王朝统治者对此非常重视，清代也不例外，特别是在入关后，直到鸦片战争以前，清政府都非常重视甲胄的制作和式样。

清代的防御武器，与前几代不同，情形特别，可分为上半部分和下半部分。清代上半年时期，从顺治元年到乾隆六十年（1644—1795），共计152年。在此期间，西方国家侵略部队还没有到来，内部士兵，仍然是刀刃和弓箭，火器没有用多少，

图 4.5　清代防御武器（选自《清宫武备图典》75、76、77页）

将帅军官甚至是骑兵士兵们，仍然用盔铠来保护自身（图4.5）。盔胄由实心皮革制成，外侧有铜质珐琅，下侧有宽铜边缘，钵有一个大铜顶，钵与缘边之间安铜星数颗，因此皮革质露出来较少。盔下装有一个红绒衬绵护颈，绒上满饰小铜星及玳瑁或明蛤片，以御兵器。头盔上饰有铜片，它们都被雕刻成龙、凤凰等纹饰。长袍与头盔制作材料类似。长袍之外系一丝质绣花短袍，长仅及膝，是骑士所用。袍面装饰半圆体凸形小铜星，排列有序，肩上加置铜条；长袍里面为甲藤，以多数长方大块明蛤片或玳瑁片制成，满护胸背，连以荆条片，衬于袍内。

清代下半时期，从嘉庆元年到宣统三年（1796—1911），是清代衰败的时期。在此期间，清军卫体武器业已被废除，只有在每年秋季阅兵时，头盔被抬起，以供民众观览，兼示清室武官尚有盔铠而已。清宫中藏有皇帝御用盔甲：清太祖努尔哈赤、太宗皇太极、顺治、康熙、雍正、乾隆、咸丰等，清代八旗盔甲：正黄旗、镶黄旗、正白旗、镶白旗、正红旗、镶红旗、正蓝旗、镶蓝旗等，均由清代杭州织造局制作。

（三）按使用者身份划分冷兵器种类

1. 御制、御用品

清内务府造办处遵照皇帝旨意制造的御制品或御用品，是有清一代兵器中最重要的组成部分，大到青铜火炮，小到铁质箭镞，无一不是佳作，无一不是精品。这里面也可以分成两个部分：一部分是历朝皇帝在军事战阵和阅兵仪式、行围狩猎中亲自使用过的兵刃、甲胄、鞍鞯诸物，彰显其卓著武功；另一部分则纯粹是典制、礼仪、宗教的陈设之物，反映时代的风尚、习俗和皇帝个人的志向爱好以及治国、治家理念。如盛装在专用箱匣内带有天、地、人编号的刀剑，供奉在紫禁城梵宗楼佛殿内的乾隆御用兵器等。这类武器基本从未用过，甚至连存贮位置都从没变过。御制、御用品是清代兵器精华所在，有专门的机构负责管理和维护，并精心配置黄纸签、鹿皮签、木牌或象牙牌，墨书或铭刻涂金满、蒙、汉、藏、回等多民族文字，注明某某皇帝御用，成为法物、圣品，以供后世"恒敬仰"。

2. 禁军官兵、仪仗队用品

皇家卫队——护军营、前锋营、骁骑营、虎枪营等官兵，平时操兵警卫，遇皇帝出巡、省方，则扈卫左右。护军营是紫禁城内的主要防护和守卫部队。咸丰十一年（1861）成立的神机，也于禁城内"协同巡缉"。另外，禁城内各门多设有"栅栏""堆拨"（类似哨所或哨位）及"班房"，其兵刃由司钥章京和值班章京统一管理，各堆拨栅栏值班护军分管，按期更换，若有锈蚀、损坏，随时移交武备院缮治。清代仪仗用品因使用者身份地位的不同、使用场所不同，规格亦各不相同。皇帝的仪仗叫"卤簿"，又分大驾卤簿、法驾卤簿、銮驾卤簿、骑驾卤簿等。皇后、皇太后、太皇太后的叫"仪驾"，皇贵妃的叫"仪仗"，妃、嫔的叫"彩仗"，固伦公主、和硕公主的叫"舆卫"。这些仪仗中都有兵器，引仗、御仗、吾仗、立瓜、卧瓜、星、钺等是由古代兵器发展演变而来，全部为木质髹漆贴金饰，位列仪仗队伍的前面，完全是一种摆设，无任何实际意义。仪仗中的殳、戟、豹尾枪、弓矢、仪刀等为铁质兵器，扈卫在主人前后，虽然也不在清军武器装备序列，但遇到紧急情况也能搏击格杀、抵挡一阵。仪仗兵器随同其他各种旗帜、幡幢、伞扇等仪仗用品一起都由大内专门机构——銮仪卫（溥仪时避"仪"之讳，改为銮舆卫）统一保管，用时给发。

3. 宗室封爵兵器

清代定制，宗室爵位分为亲王、世子（亲王嫡子）、郡王、长子（郡王嫡子）、贝勒、贝子、镇国公、辅国公、镇国将军、辅国将军、奉国将军、奉恩将军等，宗室王公应配盔甲、腰刀和撒袋（櫜鞬），基本上人手一副，而弓箭数额的等级明显拉开，弓多则七张，少则两张。世爵及文武百官，甲胄、撒袋、腰刀都是一副，弓两张，箭数视其品秩大小而等差对待，以 50 支为限递减。

4. 八旗、各省官兵兵器

八旗，分驻防和京师两大部分，内又有满洲、蒙古、汉军之别。其常备盔甲、腰刀与武职差不多，所不同的也是箭支。每个人所拥有兵器的数量同顶戴、补服和俸银、禄米一样，标识着地位、爵位和官位的大小高低。这就是所谓"制度有定式，给发有定数"。

（四）按来源划分冷兵器种类

满族善骑射、惯征战，早在清太祖努尔哈赤时期，兵器生产就已颇具规模，并初步形成了自己的造兵制度。皇太极时开始发展火器，设立专门机构，研制火炮。历经顺、康、雍、乾四朝，逐步建立起一套较完整、较独特的兵工生产体系，按生产方式大致分为官造（官给、官银制备、在官器械）、自造（自制）、饷造三大部分，同时清宫武备来源还包括战争缴获武备、进贡献礼武备、政府购置武备和土尔扈特部进献武备。

1. 官造武备

清沿明制，造兵机构分中央和地方两级。康熙时，中央造兵机构进一步规范化、系统化，主要有养心殿造办处和武备院，所制造兵器称"御制"和"院制"；工部所造兵器称"部制"；八旗铁匠局所制之兵称"局制"。地方上由各省督抚按不同需要，报请兵部定式、工部核销，待御准后，或命官监造，或由兵部委官就地设厂制造。

（1）养心殿造办处

养心殿，康熙年间曾经作为宫中造办处的作坊，专门制作宫廷御用物品，名为"养心殿造办处"。康熙四十七年（1708），所有作坊和匠役全部迁出，养心殿失去了生产和制造的使用功能。自雍正帝始，养心殿成为历代皇帝寝宫和理政之所。而造办处虽易地，却不更名，始终冠以"养心殿"，充分突出它的重要地位和绝对权威。造办处的主要任务是"成造内廷交办什件"。武器方面如弓矢、刀剑、甲胄、鸟枪等，其中大部分为皇家使用，但对全国战阵之兵亦起标样、指导和推动作用。唯独火炮这一重型武器是为全国而生产，炮厂设在景山，以其威力强大、性能良好、工艺精湛而著称于世。造好的火炮随时调往各地以应战争之需，届时造办处还要酌派人员，携带测量、水平等仪器和优秀炮手及钦天监官员前往审核。事后有些炮位经御准，可以留存本地加强防务，而有些炮位则要如数完好地运回京师，归造办处收储。乾隆、嘉庆年间对全国驻防八旗子母炮进行过两次大规模更换，均由造办处负责，可见养心殿造办处的重要地位及生产能力。

（2）武备院

武备院，初名鞍楼，顺治时一度改为兵仗局，不久更名武备院。其下设鞍、甲库、毡库，直属工匠近二千人。其中北鞍库专门制造御用物，南鞍库专门制造八旗官用物，甲库掌造甲胄与刀枪，毡库掌造弓和箭。武备院除生产制造外，主要任务是"掌备器械以供御，官用皆给焉"。首先是为皇帝服务，从卤簿仪仗的陈设兵器、众侍卫及虎枪营兵器，到紫禁城各门卫之兵器、坐更值房和随扈兵器以及圆明园陈兵仗，均由武备院管理，随各处来文咨取给发。其次是为文武官员、八旗和各营武服务，官兵军器如有残缺，或不堪使用，需修理更换时，移咨该院如式制造、发还。八旗左右两翼及小九处驻防兵丁所用鸟枪俱由武备院发放，禁军健锐营护军一次领取鸟枪达一千多杆。

（3）工部造

清初定制，八旗甲兵需用甲胄、军器俱由兵部规定式样、尺寸，移文转行工部造给。其他如鸟枪和火炮用的火绳、火药，京师八旗、巡捕营等及近邻京城之旗营，均给予"部制"；各省旗营、绿营兵器由该处总督、巡抚按兵部额数具题，行文工部核准后成造。

虞衡清吏司，顺治元年设，清代较为重要的造兵机构。虞是山泽，衡是度量衡，自周历汉、魏，均设此职和衙门，明改虞衡司，清沿用其名，但实质内容已发生根本变化，掌管制造、收发各种兵器，核销各地军费、军需和工价银。

军需局，工部为修造八旗官兵应用盔甲、撒袋、腰刀及一切军械而别设立。乾隆二十三年（1758），军需局裁汰。

管理火药局，中央总领火药机构。满汉管理大臣均头品大员，其中一人由皇帝选派，掌理制造、储存和发放火药事宜。制造火药的来料、配方、工序、用具、数量、品种等等，全部载入国家典章，不许有丝毫敷衍或差错。北京各旗营以及拱卫京城附近的各要塞关口驻防旗营应用火药，都由管理火药局负责供给。

濯灵厂，顺治初年设置，当时中国最大的火药制造工厂，年产量约在50万斤以上，占清入关之初全国年总产量的一半多。除火药以外，濯灵厂还制造枪炮所用的铅子，数量也很大。此厂光绪时裁撤，只作存储废炮之地。

管理八旗左右翼铁匠局，负责制造火炮、鸟枪、腰刀等物。铁匠特选八旗中不善骑射，不懂满语、蒙语之年轻力强壮者充任，命令他们永远在这个岗位上工作学习，上级不得派遣别项差役。雍正时，鉴于劣者、惰者居多，特安排每局派员到武备院培训，两年更换一次。外出和留局匠役，负责官员要随时检验，岁终八旗督统将会同武备院官综合查考，分别奖惩。除上述所及，清代还有几处造兵与贮兵厂家，如八旗炮厂、洪威厂、荡氛厂、火药厂、盔甲厂等。

2. 自造武备

清入主中原以后，仍保留着"自备"这种造兵形式。自备的范围主要是京师八旗、驻防八旗（汉军仍官给）和蒙古札萨克。驻防八旗，尤以东三省为最，东三省中又以盛京和吉林为甚。自备兵器所费金额由国家给发，工料银两确定下来之后，由所在旗营官员持文书册表，送工部核准。工部再拟文移送有关衙门，支出银两交给各旗，官兵领取后，到军需局或武备院等造兵之地自行备制。持自备兵器的将士，如遇有升官或调往别处的情况，官员兵器听其自便，兵丁军器一律留下，然后由所在旗营头目，查验好坏、利钝程度，酌情定价，转给新补兵士使用，最后在重新补士兵应该领取的钱粮中，陆续扣还给主人。

3. 饷造武备

饷造，即指自备兵器内有年久损坏，或者到了更换之期，本人没有力量修制，甘愿从自己的俸饷银内以分期付款的办法，由官办制造给予，所用工价银两，官员于俸银内分 4 个季度扣除，兵士于钱粮内分 12 个月扣减。所有这些均编入俸饷册簿，由户部坐扣。

4. 战争缴获武备

清前期，统治者发动了一系列平息国内叛乱的统一战争和数次对外军事行动，均取得了"辉煌胜利"。国内战争，主要是对准噶尔、大小金川、新疆回部以及台湾等；对外战争，主要是对沙俄、缅甸、安南（今越南）和廓尔喀部落（今尼泊尔）等。乾隆皇帝对战利品给予了妥善保留，其题记、图说、诗词等在紫禁城许多器物上屡屡可见。

5. 进贡献礼武备

清代有所谓端阳贡、万寿贡和年贡的三大例贡制度。满汉王公、文武大臣和地方官员以及西藏、青海、蒙古、新疆等少数民族上层，为显示忠心和讨好皇帝，搞出许多名目翻新的"贡"，像千秋贡（专为皇后生日进贡）、花贡、茶贡、荔枝贡、灯贡、鸟兽贡等等。因地域的不同和季节的变化，以升迁谢恩、进京问安等理由，官员可随时随地进贡。在林林总总的贡品中，有不少先进、精良且带有浓厚地方特色的武备兵刃。

另外还有"聘礼"，大凡公主下嫁，成婚日，额驸要按规定进献一定数量的兵器，皇帝根据喜好程度决定取舍多少。

大清国接受进贡的国家，在当时大致可分为两类：一类是"与国"，即与大清交聘往来的国家，一般指欧洲诸国，如鄂罗斯（或称俄罗斯、罗刹）、英咭唎（英国）、咈兰西（法国）、意达利亚（意大利）、贺兰（荷兰），以及欧洲的一些小邦国，如傅而都嘉利亚、昂里哑国等。一类是"藩属国"，如朝鲜、安南（越南）、南掌（老挝）、缅甸、苏禄（菲律宾苏禄群岛）、暹罗（泰国）、琉球（日本琉球群岛）、廓尔喀（尼泊尔）等。这些藩属国的国王受清政府敕封和保护，向清政府称臣纳贡，贡期根据亲疏远近各有不同。而大清政府往往不以为然，乾隆皇帝针对荷兰使节进献的火枪，以极其轻蔑的口气说："不过外国敬意，不必收留。"

土尔扈特部为厄鲁特蒙古四部（和硕特、准噶尔、杜尔伯特、土尔扈特）之一，初以伊犁为会宗地。乾隆三十六年（1771），土尔扈特20万部众在其杰出首领渥巴锡的率领下，冲破重重阻挠，付出了13万人众和几百万牲畜的重大牺牲，终于摆脱了沙俄的控制，万里回归阔别多年的祖国。同年六月，渥巴锡率策伯克多尔济、舍楞及子色拉扣肯等大小首领从伊犁赶到承德入觐乾隆，其礼品主要是兵器。

乾隆帝对渥巴锡等进献的兵器相当重视，命令内务府造办处重新加以修理、擦拭，有缺少零件的，加以粘补配齐。两个月后，乾隆帝阅看、审查，并下旨必须"往好里收什"。但是土尔扈特部陆续进献的兵器，目前确凿无疑能对上号的为数不多。史料记载，现藏渥巴锡腰刀是其祖父阿玉奇在哈萨克西北的洪豁尔铸造的（图4.6）。洪豁尔曾以"产精铁"著称，制造的刀矛等冷兵器多精良锋利。阿玉奇对这把腰刀极为珍视，曾令"子孙世守"。渥巴锡"违背"祖训，将它送给了乾隆皇帝，其意义非同小可，亦深刻表明土部从此归顺、依附中央，是中华民族神圣不可分割的

图4.6　铁柄皮鞘番属刀

一部分。后来土部民族与满、蒙、回、汉等各族人民一道，为开发、建设和保卫祖国西北边疆做出了卓越贡献。

6.政府购置武备

中央政府通过各渠道（清中期以前主要是通过粤海关）向一些国家购置的兵刃，大都是一些新颖、奇特、先进的武器，有的还被改造使之成为自己的东西。康熙二十四年（1685），清政府开海禁，行贸易，设立粤海关。乾隆二十二年（1757）敕令：除广州外，其他口岸一律关闭。直到1840年，近百年间，广州是中国唯一的对外通商口岸，享有专营对外贸易之特权。正因如此，粤海关显得相当重要。许多中央大员和地方最高长官都垂涎粤海关监督一职，因为他可以比别人更易买到洋货、好货，更易博得皇帝喜欢，较之其官吏更容易晋升。

清晚期兴起洋务运动，从国外大批购买新式枪炮。当时文献记载，火炮有德国的"克鹿卜"和美国的"格林"连珠炮。步枪有英国的"亨利马梯呢""士乃得"，俄国的"俾尔打呶"，美国的"林明登"，德国的"毛瑟"。

（五）按使用场景划分远程冷兵器

中国远程冷兵器总体上分为蓄发装置、箭矢弹药和辅助装备三个部分。有多种不同的分类方法。按照蓄发装置是否为待发结构设计可分为弓和弩；按照使用场景可分为实战远程冷兵器、军事训练及狩猎远程冷兵器、武举及尚武习俗远程冷兵器、大阅吉礼远程冷兵器。本部分重点按照使用场景进行分类研究，中间穿插阐述设计结构和发力原理（图4.7）。

1.实战远程冷兵器

擅长骑射的清太祖努尔哈赤被后世称为"马上皇帝"。他曾多次下旨要求改善弓箭设计："尔等之弓折身立之不好，弓梢长且硬，差矣。弓软而长射之，则身不劳也。人之体，皆相同，疲惫之时，不可以此弓射之"[①]，"如今之少年，射箭皆用硬弓，其变化甚大。古之弓小，无如此者。弓大而硬，身力不足，瞄而不即刻放之，则不能命中。若弓小而软，身力有余之，则可且瞄且射也"[②]。建议在弓箭设计中考

---

① 中国第一历史档案馆、中国社会科学院历史研究所译注：《满文老档》，北京：中华书局，1990年，第552页。

② 中国第一历史档案馆、中国社会科学院历史研究所译注：《满文老档》，北京：中华书局，1990年，第624页。

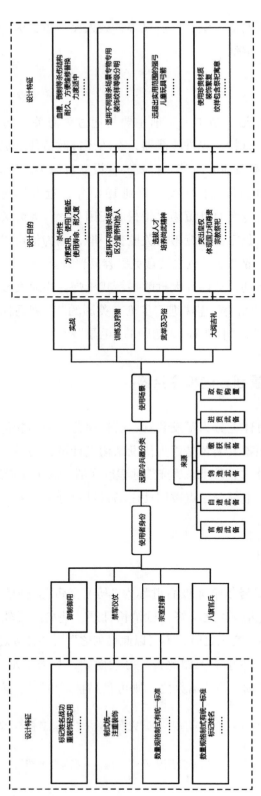

图 4.7　清代远程冷兵器分类

造物武道：清代远程武器装备设计思想研究

图 4.8　清人绘《平定准部回部战图》册

虑产品的使用寿命和耐久度，以及为特定使用群体设计专门的弓箭（图4.8）。

《清太祖实录》中曾对万历十二年努尔哈赤率军进攻翁鄂洛城有记载："上乘屋颠，射城中，城中鄂尔果尼射上中首，贯冑，伤入指许。上拔箭，见敌趋过，即以所拔箭从烟突隙处迎射之，贯其股，应弦而踣。上被创流血至足，犹鏖战不已。敌有名罗科者，乘烈焰中潜逼，突发一矢，中上项，崒然有声，穿锁子甲护项，上拔之，镞卷如钩，血肉并落，众见上创甚，竞趋而前，欲登屋扶掖以下。上止之曰：'尔勿来，恐为敌窥，我当徐下'。时项下血涌如注，以一手扪创处，一手挂弓而下，二人掖而行，忽迷仆。诸臣皆大惊，相怨咎，少苏，裹创，迷而复苏者数四，苏辄饮水，凡一昼夜，血犹不止，裹创厚寸余，至次日未时，血始止。于是弃垂下之城而还。上创愈，复率兵攻克瓮郭落城，获鄂尔果尼及罗科。诸臣请诛之，上曰：'两敌交锋，志在取胜。彼为其主，乃射我。今为我用，不又为我射敌耶？如此勇敢之人，若临阵死于锋镝，犹将惜之，奈何以射我故而杀之乎？'乃擢鄂尔果尼、罗科为牛录额真，统辖三百人。诸臣皆颂上大度云。"[1] 可见努尔哈赤十分重视善射人才，且实战中的箭矢具备血槽倒刺，目的是最大程度地杀伤敌人。

2. 军事训练及狩猎远程冷兵器

清朝满族在关外时，以游牧、畜牧和游猎为生，弓马骑射是满族的传统习俗，同时也是满族人入主中原的最重要途径。清代统治者一直秉承"国语骑射"为立国之本，对于弓箭的设计、制造、使用与管理的重视程度远远大于中国历史上的任何一个时期。清军入关以后，随着火器性能威力的逐步显露，弓箭在实战装备上的作用逐渐淡化削弱，但清代统治者对火器的发展与使用并不重视。康熙帝曾回复试图增加火器装备的年羹尧和噶什图："火耗只可议减，岂可加增？此次亏空，多由用兵。官兵过境，或有馈助。其始挪用公款，久之遂成亏空，昔年曾有宽免之旨。现在军需正急，即将户部库帑拨送西安备用"[2]。娴熟骑射的八旗子弟因弓马在实战中的没落而逐渐骄逸自安，耽于游乐，军力日渐衰退，因此整饬武备成了清政府的当务之急。历代清帝担心八旗子弟过于汉化，以致忘掉骑射传统，皇太极于崇德元年下旨："朕读史，知金世宗真贤君也。当熙宗及完颜亮时，尽废太祖、太宗旧制，盘乐无度。世宗即位，恐子孙效法汉人，谕以无忘祖法，练习骑射。后世一不遵守，以讫于亡。我国娴骑射，以战则克，以攻则取。往者巴克什达海等屡劝朕易满

① 《清实录·太祖高皇帝实录》卷1，万历十二年九月甲戌朔条，北京：中华书局，1986年，第1册，第31-32页。

② 赵尔巽等：《清史稿》，北京：中华书局，1977年，第304-305页。

洲衣服以从汉制。朕惟宽衣博鮹，必废骑射，当朕之身，岂有变更。恐后世子孙忘之，废骑射而效汉人，滋足虑焉。尔等谨识之。"①一年后后又颁布口谕："昔金熙宗循汉俗，服汉衣冠，尽忘本国言语，太祖、太宗之业遂衰。夫弓矢，我之长技，今不亲骑射，惟耽宴乐，则武备浸弛。朕每出猎，冀不忘骑射，勤练士卒。诸王贝勒务转相告诫，使后世无变祖宗之制。"②乾隆于其在位第三十二年下旨："我国家世敦淳朴，所重在国书骑射，凡我子孙、自当恪守，乌可效书愚陋习，流入虚谩乎。"③嘉庆皇帝曾下旨："我满洲根本，骑射为先。若八旗子弟专以读书应试为能，轻视弓马，怠荒武备，殊失国家设立驻防之意。嗣后各省驻防官弁子弟，不得因有就近考试之例，遂荒本业。"④

清朝选择"地处漠南蒙古诸部落中"的蒙古乌牧之地，建立木兰围场。木兰围场建立以后，清廷开始了大规模的狩猎活动（图4.9）。木兰习武也称"木兰秋狝"，或"秋狝大典"。清朝将木兰秋狝"垂为家法"，"绥服蒙古之典"。木兰秋狝每年或隔年举行一次，嘉庆六年以后始无定制。据统计，自康熙辟围至嘉庆二十五年的140年中，共举行木兰秋狝105次之多。秋狝大典每于八月举行。五月或七月清帝从京师出发，先驻跸于热河行宫。八月自此启驾行围。在木兰围场停留二十天，巡狩二十余围。清代的木兰围场狩猎活动并非只是单纯的捕猎玩乐活动，所谓哨鹿就是使人戴鹿头盔，吹响鹿哨，模仿鹿的叫声，将鹿吸引集中，然后骑射围捕。鹿属于大型群居性动物，围捕鹿群不仅需要猎手高超的骑射技巧，同时也需要一定的战略战术，所以哨鹿以及其他狩猎同时也是一种具有军事演习性质的训练活动。康熙三十二年十二月"丁亥，上幸南苑行围……满洲官兵近来不及从前之精锐，故比年亲加校阅，间以行围。顷见诸士卒行列整齐、进退娴熟，该军校等赏给一个月钱粮，该管官赏给缎匹，以激戎行"⑤，可见清代统治者对于秋猎这一军事演习活动的重视。

狩猎所用的弓和其他所用并没有本质区别，在狩猎过程中，针对哨鹿、猎虎和其他不同猎物，甚至猎物所处的不同环境，工匠设计制造很多"特种"箭矢，如燕尾鈚箭、尖骲箭、叉鈚箭、鸭嘴箭等。燕尾鈚箭，杨木为笴，长二尺九寸，铁镞长二寸五分，前阔一寸五分，岐两刃，如燕剪形，锈涩不磨。笴首饰黑桃皮，皂雕羽。括髹朱，旁裹绿茧。夏猎以射灌丛中兽。此箭形制十分特殊，专门为射击植物

① 赵尔巽等：《清史稿》，北京：中华书局，1977年，第58页。

② 赵尔巽等：《清史稿》，北京：中华书局，1977年，第60页。

③ 天台野叟：《大清见闻录（上卷）史料遗闻》，郑州：中州古籍出版社，1917年，第59页。

④ 璩鑫圭编：《鸦片战争时期教育》，上海：上海教育出版社，1990年，第117页。

⑤ 赵尔巽等著：《清史稿》，北京：中华书局，1977年，第239页。

图 4.9 《围猎图》轴

丛中的猎物所设计。传统尖镞箭射入植物丛中后，箭的走向会被植物所影响，从而偏离目标。燕尾形状的箭镞可以直接斩断灌木，使箭沿直线行进。同时两个尖端刺伤猎物，灌丛中的猎物一般不是大型野兽，无须贯穿；尖骲箭，杨木为笴，长二尺九寸，骲长三寸三分，前骨后角，五棱，环穿十孔，斑文，雕羽。括髹朱。射兔，锐而能洞。此箭全部由木角羽构成，质量很轻，射程远，速度快，骲上五棱形的设计起到稳定箭矢的作用提高精准度，尖锐的骲又足以射穿野兔等小型猎物。角质的骲与骨骼硬度类似，不会穿透骨骼，容易取出；叉鈚箭，铁镞长一寸，阔七分，如鱼尾形。下接桦木一寸三分，前狭后丰。花雕羽。括髹朱，旁裹白桦皮。射獐、兔、黄羊，锐能透骨。其形制十分类似于燕尾鈚箭，但用途却完全不同。叉鈚箭鱼尾形的箭镞末端连接了一块前窄后宽的梨形桦木。这种箭矢专用于猎杀小型陆地动物，鱼尾形箭镞射中之后，一支箭就可造成两个创口，大大提高了击中率和击杀率。同时因为目标为小型猎物，锋利的箭镞刺入后，很容易穿透骨骼，使箭矢难以拔出，甚至损坏，梨形桦木可以在保证击杀的前提下阻止箭镞插入过深；鸭嘴箭，桦木为笴及镞，通长二尺九寸，首微丰，八棱，端如鸭嘴形。笴通涂以油，括髹朱，旁裹白桦皮，花雕羽。以射鸭。鸭子等水禽多栖息于水中，射鸭时需要由上而下进行射击（图4.10），鸭嘴箭扁平的八棱箭镞设计可以起到减小下坠过程中行进轨迹偏离的作用。箭体由同一种木材制成，再在箭笴上通体涂油，即使没有射中目标，箭矢也会平浮于水面，便于回收（见下表）。

箭矢种类表

图示	名称	用途
	燕尾鈚箭	夏猎以射灌丛中兽
	尖骲箭	射兔，锐而能洞
	叉鈚箭	射獐、兔、黄羊，锐能透骨
	鸭嘴箭	以射鸭

3. 武举远程冷兵器

清代科举制度分为文科和武举，分别用于选拔文官和武将。武举制度始于唐代，历经宋、金、明，到清代到达了顶峰。清代武举基本沿袭历代武举考试程序、方法，而且其重视程度远远超过了历代。清代武举选拔非常重视骑射弓矢，康熙和雍正皇帝都曾表示："满洲以骑射为本，学习骑射，原不妨碍读书，考试举人、进士，亦令骑射。""本朝开国以来，骑射精熟，历代罕有伦比，旗人凡少长贵贱，悉专心练

造物武道：清代远程武器装备设计思想研究

图 4.10　郎世宁等绘《乾隆皇帝弋凫图》轴

习，未有一人不娴熟弓马者。士子应试，必先试其骑射，合式，方能入围。"《文献通考》第三十四卷记载，清代武举考试内容与远程武备相关的有长垛（坐射）、马射、步射、平射、筒射多种。其中主要以马射和步射为重点考查科目。武举分外场和内场。外场首场测试马射，二场测试步射和勇技。"马射"是指在骑马奔驰的过程中拉弓射箭，以射中箭靶中心者为胜。需要考查测试者在马上的各项技艺，尤其是在骑马的过程中手持弓箭射箭的水平。满族人在生活中经常用到弓箭进行打猎等活动，但是将骑行和射箭较好地结合仍是一项比较难的技艺，尤其是测试者骑乘快马射箭的速度和准确性均是比较难的技艺；"步射"也称为"三射"，射手站在距靶十至数十米处，引弓射之，以中环多少决胜负。步射要求步行呈八字，重心下移，弓的弹力与人的弹力相和谐，方能射准。步射是指测试者在较近的距离里射箭的水平。步射是近距离射杀和攻击敌人较为有效的方法，清代建立之初，广泛在战争中使用的武力手段。首场马射对象为毡球，二场步射对象为布侯，均发九矢，其中马射中二箭，步射中三箭为合格，其后再开弓、舞刀以测试其他技能。康熙十三年对外场的考试内容进行了修改，马射测试增加了对距离的控制，箭靶各距三十五步，纵马三次，发九矢，九中三箭为合格，不合格，不准参加第二场。第二场步射，设大侯，高七尺，宽五尺，距离八十步，中两矢为合格，马射和步射结束后，测技勇即试力，通过拉开不同强度的弓来检测，弓必开满。不合格者不能测试第三场；第三场即程文和策略称为内场。康熙三十二年，因步射大侯距离较远，将箭靶八十步改为五十步。乾隆二十五年，又改为马射二回，射六矢，再射地球一回，共计中三箭为合格。步射射靶距离由五十步改为三十步，射六箭中二箭为合格，步射箭靶高五尺，宽二尺五寸，不得随意加高或加宽[①]。

武举所用的远程冷兵器主要用来选拔人才，强调测试使用者的力量与准度，清代弓的强度单位是"力"，一"力"大约相当于现代五公斤。以制作弓时所用的筋和胶的数量来划分，具体分为六至一等弓和一至十八力。六等弓，一力至三力；五等弓，四力至六力；四等弓，七力至九力；三等弓，十力至十二力；二等弓，十三力至十五力；一等弓，十六力至十八力。

其中用于技勇类考试的弓，弓力要达到八力、十力、十二力的要求，三种硬弓的尺寸如下表，并且还要制造一定数量的超过十二力的"强弓"以为力大超群者使用。同时根据清代礼仪，武举考试用弓只能用职官兵丁弓，其形制比较简单，一般纵榆木为杆，用丝或鹿皮为弦。

---

① 赵尔巽等：《清史稿》卷一百八，台北：鼎文书局，1981 年，第 3171-317 页。

弓种类表

	八力弓	十力弓	十二力弓
弓长	1.95m	1.78m	1.81m
弓重	470g	650g	1100g
弓高	3cm	3cm	3cm
梢长	27cm	27cm	27cm
弓把长	21cm	21cm	21cm
弓片厚度	1cm	1cm	1cm

清朝入关之前，武举制度比较严密，录取也相对公正。武举每隔三年举行一次，共分为府试、省试、殿试三级，其武殿试的时间规定为省试的三个月后进行，皇帝亲自到场面试。每级考试以射为主，分为上中下三等。上等：能挽一石力（约71.6公斤）弓，以重七钱（约26.1克）竹箭，射一百五十步（约230.4米）外之立靶，十箭之内，府试要求中一箭；省试要求中两箭；殿试要求中三箭。又远射二百二十步（约337.9米）外的垛子，三箭之内应有一箭到达，以上为步射。再试马射，即在150步内，每隔50步（约76.8米）设两只高5寸（约0.15米）长8寸（约0.24米）的卧鹿，应试者在骑马疾驰时，要能以七斗力（约50.1公斤）弓，引凿头铁箭（箭镞长六七寸，形如凿），府试允许在马上射击目标卧鹿四次；省试允许在马上射三次；殿试允许在马上射两次；要求能射中两箭。中等：能挽八斗力（约57.3公斤）弓，以重七钱竹箭，射150步外之立靶。又远射210步（约322.6米）外的垛子。试马射时，在150步内，每隔五十步设两只高五寸长八寸的臣鹿，应试者骑马疾驰时能以六十斗力（约42.9公斤）弓引凿头铁箭射中目标。下等：能挽七斗力弓，以重七钱竹箭，射150步外之立靶。又远射205步（约314.9米）外的垛子。试马射时，在一百五十步内，每隔五十步设两只高五寸长八寸的卧鹿，应试者骑马疾驰时能以五斗力（约35.8公斤）弓引凿头铁箭射中目标。

金朝的武举，上承唐朝、北宋，下启清朝，为广大练武之人敞开了晋升之门，推崇骑射的做法也有力地促进了尚武之风的发展。清代，骑射是武科考试的主要内容，是清政府选拔人才、委以武职的重要途径。清代武科考试分为童试、乡试、会试和殿试四科。童试内容分三场：头场为马射，驰马发三矢，全不中者不再往下试。二场是步射，连发五矢，全不中的与仅中一矢者不续试。再试者先试硬弓，次试刀石，是为外场。三场原试策论，复改默试武经，是为内场。

4. 尚武习俗中的远程冷兵器

清代统治者来源于满族，无论是宫廷，还是民间，都有习武风俗。满族家庭十分重视子孙后代的尚武精神。满族家庭的传统育儿习俗中，骑射思想伴随始终，满族女性产下男童后，要在房门的左侧悬挂一副经过特殊设计的装饰性弓箭，弓体由杏树枝制成，用红色丝线做弦，约三四寸长，在弓的中间装饰一根羽毛代表箭矢。以此希望小孩长大后成为一个精于骑射的巴图鲁①。等孩子满月后，把小弓箭拴到"福神"的子孙绳上，这是满族家祭的重要内容。满族的女孩子同样要骑马射箭，在女孩子生下时，要在其胳膊肘、膝盖、脚脖子三处，系上四五寸宽的布带，来保证孩子长大后，在拉弓射箭时保持胳膊平直，在骑马时腿能够端正，这些都是要由家庭中的成员来完成，意在教育孩子生存技能，传承民俗传统文化。满族人民在森林中狩猎时，男女皆要骑马射猎，孩子也要随行出猎，在儿童年幼无法参与狩猎时，人们会把孩子放到悠车里，并捆绑起来，再连同悠车挂在两树之间吊起来，一是担心儿童掉出遭受野兽攻击，二是为了满族儿童从小胳膊腿就能伸直，长大后有利于骑马射箭，这之后便逐渐形成了睡悠车狩猎的育儿方式。

满族入关以后，非常重视皇室成员的骑射能力培养，将皇子的骑射能力学习定为国制："国朝定制，凡皇子六龄入学时，遴选八旗武员弓马、国语娴熟者数人，更番入卫，教授皇子骑射。"② 历任皇帝都曾下令加强八旗子弟的骑射教育，顺治在顺治二年下旨："戊戌，命满洲子弟就学，十日一赴监考课，春秋五日一演射。"③ 康熙四年时下令："三月壬子朔，诰诫年幼诸王读书习骑射，勿恃贵纵恣。"④

5. 大阅吉礼远程冷兵器

吉礼指各类祭祀，如祭天、祭地、祭日月、方泽、先农等。清代大阅吉礼时，皇帝会随身佩带弓箭。"帝王之治天下，未有不以武备为先务者"⑤，强盛的武力是帝王治国安邦的根本。大阅是统治者对国家武器装备军队士气的一次全面检阅，以保证国家的统一安全。《周礼》即载有治兵大阅，立法详备。其后历经汉、唐、宋、元，从未间断。清代大阅的举行早在入关之前，天聪七年（1633）十月和天聪八年（1634）三月，太宗皇太极即连续在沈阳北郊举行大规模阅兵活动，以弘扬武力、

① 赵志忠：《满族文化概论》，北京：中央民族大学出版社，2008 年，第 233 页。

②［清］昭梿撰：《啸亭杂录》，北京：中华书局，1980 年，第 432 页。

③ 赵尔巽等著：《清史稿》，北京：中华书局，1977 年，第 95 页。

④ 赵尔巽等著：《清史稿》，北京：中华书局，1977 年，第 181 页。

⑤ 嘉庆《钦定大清会典事例》卷八四七，《八旗都统·雍正十年谕》，第 10 页。

激励士气，夺取天下。大阅是国家矩制，事关政权统治、江山社稷，载入《会典》。皇帝举行的大阅典礼也按制收入《实录》。考察清代历代皇帝大阅可以发现，历代大阅的举行都有其特定的历史背景，大阅不仅是统治者对国家军事实力的一次全面检阅，在很多场合也是时势的需要，为了宣扬国威、抚绥安邦、达到不战而胜的目的。所以在制度实施的过程中经常会根据形势的需要进行灵活变通，或是数年不行，或是连年举行，大阅典礼反映的是国家综合实力和国际地位。清代皇帝大阅时使用的武器装备可谓是满民族尚武精神的浓缩符号，体现了清代满族统治者力求保持武功骑射优势、增强民族凝聚力的治国思想。

从遗存文物、画作和史料来看，清代大阅吉礼所用的弓和平时的实用弓形制上没有本质区别，主要通过材质和装饰纹样来区分，不同于明代和宋代使用特殊形制几乎没有杀伤性的弓。大阅及礼仪所用的弓根据使用者（或称佩带者）的身份地位不同，选用不同的材质和纹饰。常用的有皇帝大阅弓和皇帝大礼随侍弓。《皇朝礼器图式》中记载，皇帝大阅弓弓胎桑木为干，蒙金桃皮，附加暖木皮，置矢处加黑桃皮，两弰以檀木饰桦皮，刻弦张外加角弦床，鹿角饰绿革。弓弦为缠弦，以蚕丝为骨，外用丝线横缠以束之，为三节。缠弦，五彩丝、置括处不裹革；皇帝大礼随侍弓弓胎背饰金红桦皮，两弰饰红鲨鱼皮，余者同皇帝大阅弓。弓弦为缠弦，五彩丝、置括处不裹革。皇帝大阅弓、皇帝随侍弓都清晰地指明"蒙金桃皮"这一特征，而其他职官、兵丁不可以使用金桃皮。西清《黑龙江外记》卷八中记："内府缠弓矢金桃皮，出齐齐哈尔城东诸山，树高二三尺，皮赤黑，而里如泥金，故名金桃皮，其实不结桃也。岁折春枝入贡。"乾隆以后，国力渐衰，典章制度也不能完全执行，但蒙金桃皮弓是皇家专用器物是毫无疑问的。

皇帝大阅和吉礼时配备的箭矢十分特殊，其羽端会用朱砂涂饰成朱红色（图4.11）或绘制精美图案（图4.12），箭镞多为无杀伤性的骨质木质（图4.13）也有部分金属材质，均有镶嵌或鋄金花纹。

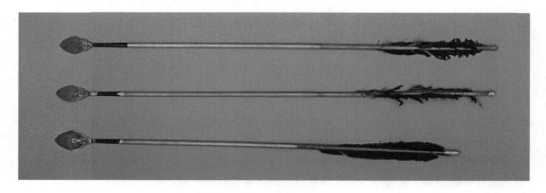

图 4.11　朱红色箭矢

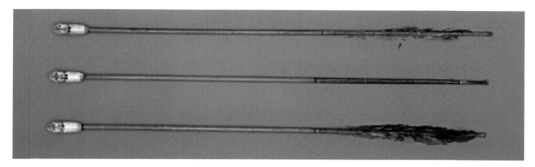

图 4.12 精美图案箭矢

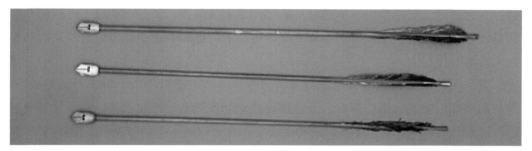

图 4.13 骨质、木质箭矢

除弓和箭以外，清代大阅和吉礼还要用到櫜鞬来收藏弓和箭，大阅鞬使用银丝缎做面，天鹅绒做内里，边缘为绿色皮革，缀有金环，系明黄色带。和大阅鞬搭配的弓为皇帝大阅弓。大阅弓是筋角合制的复合弓，以桑木制作弓胎，表面蒙金桃皮，弣部加软木皮，着箭处加黑桃皮；两弰以檀木制成，饰桦皮，刻有弦槽；弦垫为鹿角制成，装饰绿色皮革。弓弦用丝拧成，长四尺九寸五分，着括处裹皮革。大阅櫜以皮革制成，外表蒙银丝缎，后面蒙有皮革制成的三个软壶，表面装饰有金丝拧成的花，上面嵌东珠。大阅櫜鞬搭配的腰带为明黄色表，红片金里，衬石青色缎，表面装饰有金板，金板上嵌东珠，系有镂花金钩，带上有三个钩孔，亦为金质。大阅櫜盛 12 支箭，分别为皇帝大阅鈚箭 5 支，皇帝大阅梅针箭 5 支，皇帝大阅骲箭 2 支。三种箭均使用杨木箭杆，箭羽为黑雕翎。皇帝大礼随侍櫜鞬的使用场景是祭祀活动和朝会，大礼随侍櫜鞬的形制与大阅櫜鞬形制相似，区别在于鞬使用青倭缎面，櫜表面蒙青倭缎。大礼櫜盛 12 支箭，分别为皇帝大礼鈚箭 5 支，皇帝大阅梅针箭 5 支，皇帝大礼骲箭 2 支。大礼随侍弓背部饰金红色桦皮，两弰饰红鲨鱼皮，弦用五彩丝线拧成，着括处不裹皮革，其余与大阅弓相同。皇帝大礼随侍鈚箭和皇帝大礼随侍骲箭箭杆均以杨木制作，长度均为三尺一寸，首部包裹黑桃皮，箭羽间髹朱漆，括部髹朱漆，包裹绿茧。大礼随侍骲箭以骨制骲，长二寸二分，外部起四棱，环穿八孔，使用斑纹雕翎箭羽。

二、制造工艺特征

（一）冷兵器制造工艺演进特征

中国古代冷兵器的制作与材料加工技术的发展有着紧密的联系。在石质兵器时代，兵器制造的方法沿袭了制造生产工具的打制石器的方法，通过敲打、修理等粗加工，在此基础上，不断衍生出间接打击法、压削法、细石叶镶嵌法、胶黏法、磨制技术、石器穿孔技术等细加工方法的发展，使得兵器形状不断规整、线条更加流畅、表面光洁、更加坚固、承受力不断增加等发展趋势。在古人掌握了丰富的石器制造经验的背景下，随着冶铜术的发展，铸造工艺也随着进步，中国古代兵器制作进入青铜时代。

青铜兵器的制造从锻打为主转为铸造为主。在铸造过程中，首先对提纯矿石，并搭配溶剂以使其易熔。然后，通过精炼使铜纯度提高，再加入其他金属使其变成合金。周代时，已经会根据不同的功能需求在合金内加入不同的金属，例如增加锌、锰可以加强刃力，使兵器坚而不脆，加入锑和砒素以及硫黄混合，可以增加威力而经久耐用，不易腐蚀，加入金银可以增加光泽，且防锈。合金制成后，将熔融的金属液浇注入铸范模型中，待冷却凝固后，取下模型，即可成器。商周时期，中国古人已经开始探索外镀技术，不仅可以美化器物，还可以防锈，既保护兵器本身，又加大了作战威力。到秦汉时期，青铜兵器发展已经极为兴盛。

在青铜兵器盛极一时之时，钢铁冶炼技术也开始发展进步。春秋战国时期，铁质兵器开始出现，秦汉时期，冶铁锻钢技术也开始发展。汉代的块炼铁和块炼渗碳钢技术已经非常完善，并在渗碳钢的基础上发展了百炼钢技术，钢铁兵器已经占据了主要地位，铁质冷兵器时代到来。随着炒钢法、灌钢法、百炼钢法等兵器制作工艺的创造与发展，为钢铁兵器的标准化创造了条件，也使得军队武器装备的攻击性能与防护力不断提高。

（二）弓制造工艺特征

《考工记》中详细记载了制作弓箭的材料和工艺。制弓需要干、角、筋、胶、丝、漆，合称"六材"。"六材既聚，巧者和之"。将六材合制成弓，短时间内无法完成，为保证弓的质量，不同的制造工序需选在不同的季节。"凡为弓，冬析干而春液角，夏治筋，秋合三材，寒奠体。"

六材之"干"包括多种木材和竹材，用以制作弓臂多层叠合的主体。干材的性能，对弓的性能起决定性的作用。《考工记》中注明：干材以柘木为上，次有檍木、柞树等，竹为下。用这些树木制作的弓，材质非常坚韧，不易折断，发箭射程远。就地域而言，南方弓与北方弓在材质选择上有所不同，南方因竹子较多，因而选择竹子为干材可做到物美价廉；而北方特别是相对寒冷的东北地区，则以选择柘木、檍木、柞树这一类硬实木为主。"凡取干之道七：柘为上，檍次之，檿桑次之，橘次之，木瓜次之，荆次之，竹为下。凡相干，欲赤黑而阳声，赤黑则乡心，阳声则远根。凡析干，射远者用执，射深者用直。"古人强调：弓人在做弓选材上的具体要求颇为考究。每种材料均有其独到的用途，比如弓干的取材来自七种木材，柘木最优，竹子最差。除了挑选树种外，取材部位和品质也要考究，要近树心，远离根部，越是颜色赤黑、声音清远者，越属佳品。弓材所选木料直则穿透力强，若希望射程远，就要利用有曲度的木材。

六材所称之"角"，即动物的角。制弓人将动物角制成薄片状，用于贴在弓臂的腹部（内侧）。据《考工记》记载，制弓材料中所用角主选是牛角，以本白、中青、末丰之角为佳；"角长二尺有五寸（约50厘米），三色不失理，谓之牛戴牛"，这就是最佳的角材。"牛戴牛"指一只牛角相当于一头牛的价格。对选择用什么牛头上的角，古人也十分讲究：凡相角，秋豲者厚，春豲者薄。稚牛之角，直而泽，老牛之角，纱而厝，疢疾险中，瘠牛之角无泽。

古人认为，并非所有牛角都适宜作为弓箭材料的，秋天取下的牛角厚实，春天取下的牛角则显得薄。小牛的角直而且有光泽，老牛的角多扭曲，使用起来精度不够，有病的或是瘦弱的牛，其角没有光泽。中国北方虽然也有牛，但与南方牛的品种不同，北方多为黄牛，南方是水牛，只有水牛角才适用于弓上。北方弓匠经过筛选，常用山羊角来代替。对角的选择十分严格，要选择适宜的季节宰杀牲畜，同时小牛、老牛、病牛、瘦牛的牛角因牛体质的不同而有差异，所以不同的材料决定了弓的功能品质。

六材之"筋"，即动物的肌腱，用于贴敷于弓臂的外侧。筋和角的功能相同，目的是增加弓臂的弹力，增强箭射出时的力度，提高射程加强穿透力。据《考工记》记载，牛筋是最常用的筋材之一，挑选牛筋时，应符合小者成条而长、大者圆匀润泽的标准。

六材之"胶"，即动物胶，用以黏合干材和角筋。《考工记》中推荐鹿胶、马胶、牛胶、鼠胶、鱼胶、犀胶六种胶。胶的制备方法："一般是把兽皮和其他动物组织放在水里滚煮，加少量石灰碱，然后过滤、蒸浓而成。"后人世代相传的制弓术经验表明，以黄鱼鳔制得的鱼胶属于上乘。中国弓匠用鱼鳔胶贴弓的重要部位，即承力之处，而将兽皮胶用于不太重要的地方，如包覆表皮。

六材之"丝"即丝线，用丝线紧紧缠绕弓干，使之不易折断，达到弓干更为牢固的目的。据《考工记》中描述记录，选择丝线须色泽光鲜，如在水中一样。

六材之"漆"，在做好的弓臂上刷漆，防止潮湿气体的侵蚀。弓匠一般每十天刷一遍漆，直到确认可以起到防护弓臂浸湿的作用。

"弓人为弓。取六材必以其时，六材既聚，巧者和之。干也者，以为远也；角也者，以为疾也；筋也者，以为深也；胶也者，以为和也；丝也者，以为固也；漆也者，以为受霜露也。"制弓所用的木材决定射程、角材决定速度、筋材决定穿透性、胶材决定稳定性、丝材决定稳固性、漆材决定防潮性。

"凡为弓，各因其君之躬志虑血气。丰肉而短，宽缓以荼，若是者为之危弓，危弓为之安矢。骨直以立，忿执以奔，若是者为之安弓，安弓为之危矢。其人安，其弓安，其矢安，则莫能以速中，且不深。其人危，其弓危，其矢危，则莫能以愿中。"古代弓人做质量上乘的弓，除了在材料选择上十分讲究之外，还要考虑这是为什么人做的弓。古人认为，不同身份的人要用不同的弓，不同脾气秉性的人配置的弓也要有所不同。一个优秀的弓人在做弓时要根据使弓者的具体情况为其量身定做。不同身高和体形的人配置不同的弓箭。如果一个人身材矮胖、意念宽缓、行动舒迟，就要为他配备强劲急疾的弓，并以柔缓的箭配合。一个刚毅果断、火气大的人，则要为他配备柔软的弓，并以急疾的箭配合。如果给性情慢的人配备柔箭缓弓，则箭速慢，即使射中目标也无法贯穿；如果给一个暴躁的人配备疾弓劲箭，自然也很难命中。由此可以看出，历史上制作一张好弓，从原材料准备开始计算，需要两年至三年才能全部完成。春秋战国以后的2000年内，复合弓制作工艺与《考工记》的记载没有根本的变化。

我国清代十分重视弓箭的地位，虽然火器技术已然成熟并广泛运用于实战，但弓箭的制造工艺依然得到了发展。是继春秋战国弓箭技术成熟后的又一个高峰，但也成了弓箭设计制造的绝唱。八旗弓设计科学、做工考究、用材严格，能最大限度地发挥出材质的弹力，其加长弓弰的设计可以使射手在开弓后节省力量、保持稳定提高命中率，十分适合于北方民族的骑射作战，是对《考工记》弓箭制造技术的继承与发展。

1. 结构

八旗弓的主体结构为：内胎为竹、外贴牛角、内贴牛筋、两端安装木质弓弰，弓在释弦后会缓慢呈反曲弧形。弓体的中部是执弓把握的地方，被称为"望把"，是由内部的木质"望把木"、角质"梁子"及外部包住的牛筋和桦树皮组成。弓两端介于弓身与弓弰之间弯折的部分被称为"脑"或"脑脖子"，其内侧被称为"筋窝子"。

木质弓弰的头部配有牛角"弰头"，在弰头与弓弰衔接处开有一凹形口，称为"扣子"，起挂弦之用。弓弰外侧粘有小块牛角，称为"垫子"，起垫弓弦之用。

2. 选材

八旗弓是复合弓的一种，其制作过程复杂；所用材料繁多，并且做工、选材都要依据适宜的季节和气候。材料主要有"竹、角、筋、胶"，此外还有辅助用料"漆、革、棉"等。其中竹要求选用采伐后经过一年阴干的竹子，上下均匀，无虫眼；角，一张弓要用两只牛角，牛角多出自湖北，且要选用长度在 60 厘米以上的；筋，制弓中非常重要的弹性材料，取自牛背上紧靠牛脊梁骨处的筋，剔出牛体后风干，再以湿布包裹慢砸，使其脱脂，使筋如丝麻，再撕筋成捆泡在水里，达到"净、软、柔顺"的效果；胶，多用鱼鳔，是制弓的关键材料，有"一张弓四两鳔的说法"。不同弓力的弓所用量不同，制作五六七力角弓，用竹胎一片（或木胎），牛角面一副，弝木一块（或用鹿角），弰木一对，牛角弰嘴两个（或羊角），鹿角垫两个，牛筋一斤，鱼胶六两，桦皮一副（如镶桃皮准用桃皮），暖皮一块，鹿皮二块，桐油一两，木炭十斤，丝弦一条，重一两，皮弦一条，弓匠四工，弦匠五分工，制造八力至十力角弓，照前所用工料加用牛筋二两，鱼胶一两，弓弦丝线二钱，弓匠五分工。十一力、十二力弓加牛筋四两，鱼胶二两，弓弦丝线四钱，弓匠一工。如造三四力弓，减去牛筋二两，鱼胶一两，弓弦丝线二钱，弓匠五分工。弓胎选用弹性韧性好的材料如桑木、桦木、榆木三种。弓胎要平正端直，张而不跛，胎面缚以牛角，再以筋胶加固，外贴桦皮。弓靶为鹿角，外贴暖木皮，两弰用桑木制作，镶牛角，其末端刻弧，用以受弦，垫弦用鹿角，钉于弓端以承弦。弓弦分缠弦和皮弦两种，缠弦用蚕丝二十余根作骨，外用丝线横缠，分三节，隔七寸许，空一二分不缠，以便不张弦时可折叠收藏；皮弦用鹿皮制作。弓分为三等，一等十二力；二等十力；三等八力。强弓有六种，十三力至十八力，弓力强弱视胎面厚薄、筋胶轻重而定。一力至三力，用筋八两，胶五两。四力至六力，用筋十四两，胶七两。七力至九力，用筋十八两，胶九两。十力至十二力，用筋一斤十两，胶十两。十三力至十五力，用筋二斤，胶十二两。十六力至十八力，用筋二斤六两，胶十四两。

3. 制作流程

清代《大清会典则例》中有对复合牛角弓制造工艺明确的记载："原定弓胎用榆木或欓木（紫藤），南方或削巨竹为之，取材之法，视竹本之理，平正端直、张而不跛。胎长三尺七寸，其面傅牛角，背加以筋胶，外饰桦皮，胎一而角两接，接处用鹿角一块，固以筋胶，加暖木皮于外，曰弓靶，两弰以桑木为之，各长六寸三分，镶以牛角，刻镂其末，以受弦弣（弓弩两端系弦的地方），弰（弓的末端）与胎斗笋相接处，光削一面，以鹿角为方，钉于角端，曰垫弦。弓弦有二：一曰缠弦，用蚕丝二十余茎为骨，外用丝线横缠以束之，缠线分三节，隔七寸许，空一二分不缠，则不张弓时，可折叠收之。一曰皮弦，剪鹿皮为之，用于战阵。弓力强弱，视胎面厚薄、筋胶之轻重为断，一力至三力，用筋八两、胶五两；四力至六力，用筋十四两、胶七两；七力至九力，用筋十八两、胶九两；十力至十二力，用筋一斤、胶十两；十三力至十五力，用筋二斤、胶十二两；十六力至十八力，用筋二斤六两、胶十四两"。[1]

先制弓、后制箭是制弓行业的传统。弓的制作工序为制作木弓胎、制作角面、制作弓筋、制作弓弰、整合弓身、修饰弓身。

制弓的第一步为制作弓胎，其分为八个环节，即砍竹胎、弯竹胎、做弓弰、做"望把"、勒"望把"、"插弰子"、"刮胎子"、"弯弓"。砍竹胎：将阴干一年以上的竹子锯掉前后粗细不均匀的两端，选用中间比较平直的一段。锯出约长128厘米、宽3厘米的一段；弯竹胎：将砍好的竹子的关键部位烤热，用力弯曲竹胎，使其形成一个竹皮面在外的圆弧形。旧时多用炭火烤，初步弯成圆弧形后，还要保持其相应的弯度以加固其弯曲的形状；做弓弰：弓有长弰弓和短弰弓两种，弓弰的长短是简单区别传统弓类型的一个重要标志。制作中按模板图样把木料砍成有一定弯度的四棱柱形。弰子的长度大约为弓身长度的四分之一，通长30厘米左右，其中待插入竹胎子里的四棱锥部分10厘米；做"望把"：望把是衬在竹胎内表面的握把的部位，多用榆木制成，根据使用者手形的大小而制；勒"望把"：在竹胎子的内表面正中间部分约4厘米的地方砍制一块放望把的地方，深度大约是整片竹子厚度的一半，先用锯、锛子制形，后以锉修，以鳔胶黏合后以绳勒加固；"插弰子"：即粘制弓弰。在竹胎子的两端V形槽，再将弓弰插入。保证其以弰子插入后其弰头弓胎子在一个平面，最后以鳔胶黏合；"刮胎子"：是对弓胎的处理工作。弓胎的宽度不能按初始时状态，此时要用锛、锉进行加工，使其达到合适的宽度，还要把竹胎的边缘锉得十分平滑。经过一到两天的时间，可以把捆在望把上的绳子解下，用锛子砍望把的两侧，然后用锛子进一步修理望把的形状，使其中间粗、两头略扁平，以利于把握；"弯弓"：即把弓胎进行烤制加工，其间可适当用少量水浇。然后用力弯弓胎子，使其弯成更平滑的圆弧形，再用绳捆扎定型，重弓，弧度可适当加大。

制弓的第二步为制作角面，其制作分为七个环节，即锯牛角、磨牛角、撕面子、撕胎子、下"梁子"、磨"面子"、挖"胎子"，制作的好坏直接影响到弓身的弹力。锯

①《钦定大清会典则例》卷一百二十三。

牛角：将水牛角依照一定弧度开锯，打磨后，粘于弓胎；磨牛角：将切割后的牛角进行细致打磨，达到光润效果，然后将牛角面置于火上烤变软，最后以重物加压，使其变平直；撕面子："撕"是北京制弓人的口语，意为在光滑的平面做出纹理而利于粘贴。将平直的牛角面按牛角面内侧向上的方向放在制作台，以勒具把牛角面划出一道一道的条纹，以利于鳔黏合角片胶黏合；撕胎子：在弓胎子的外弧面用锉锉出横槽，使牛角面的尾端刚好能嵌入此处。再用勒具把弓胎子的外弧面也划出一道一道的条纹，以利于鳔胶黏合；下"梁子"："梁子"是指缚在弓面上的两条牛角中间预留出的待安装的部件，其材料最好是鹿角。依照弓胎的尺寸制作，后安粘于弓胎。要求黏合时不留任何空隙，否则会导致开裂。也是制弓中关键的一步；磨"面子"：即打磨"梁子"。使其外表规则光滑，厚度要比牛角面厚；挖"胎子"：用锛加工竹胎子，用锉将边缘锉圆滑，并打磨望把，在弓弰子与弓胎连接处打磨成一个脊形。

制弓的第三步为制作弓筋，其制作分为四个环节，即"泡筋""尝鳔""梳筋""缚筋"。"泡筋"：把牛筋泡在水里，浸泡时间把握要适宜，不可过短；"尝鳔"：即通过尝试鳔胶把握鳔胶使用的浓度和温度，是关系到缚筋是否成功的主要条件。用舌头尝试鳔的热度，以不烫为准，温度过高，会破坏筋的弹性；"梳筋"：将筋板用温水洗净，后平放于鳔胶锅中浸沾，再用筋梳子梳理平整，使每一根筋丝都充分展开；"缚筋"：根据筋的长短确定需要缚几道筋，缚第一道筋时要从中间开始，然后再向其中的一端缚，待本次缚完的筋经过一两天的时间阴干后，再缚另一端，以便操作时能把握干的一侧，每两道筋之间要交错地多缚一些，以增加此处的强度。缚筋的层数直接关系到弓力的大小，普通的弓要缚三道筋。如要制作弓力很大的弓，就要相应地多缚几层筋，并且天热时，每一层筋缚得要薄一些，适当增缚几层；天冷时，每层可缚得厚一些，适当减缚几层。

制弓的第四步为制作弓筋，其制作分为四个环节，即做弰头、缠"望把"、出弰子、做弦塪。做弰头：弰头以牛角或木材制成，也可一头用牛角，另一头用木头，其主要作用是防潮，把的弰头锉出长约一寸的薄片，将其插入弓弰里面，后面也留出约一寸的梢头。然后在弓梢的顶部用锯锯出一个 V 形开口，以粘住弰头；缠"望把"：为了增加望把的耐用强度，再用筋横向缠住望把，粘筋要平整，否则易导致筋面的磨损；出弰子：以大锉锉弰子，使其呈长立柱形，操作要将两个弰子保持在一个平面上；做弦塪：截取牛角或鹿角较厚部位的一段制弦塪，以锉出制形后，用刮刀刮平，再打磨光滑。

制弓的第五步为制作整合弓身和制作弓筋，其制作分为九个环节，即上"弓挪"、上板凳、上"弓枕""爬板凳""起塪"、粘弦塪、"开扣子"、上"绷弦"和"鞑撒"。上"弓挪"：即对弓身定形。弓挪是制弓时固定弓形状的模具，烘烤弓体，达到烫手的程度，使弓体柔和。后将弓挪子的其中一端与弓体的近弓弰一端系在一起，并轻轻压下弓体，使其刚好落在弓挪子的弧槽中，再把它们系住。按同样的方法，系上另一个弓挪子。整个过程要轻柔，防止损坏弓身，保证弓身的规整；上板凳："上"就是捆绑的意思，把带有弓挪子的弓体放在大板凳上，并先用绳子把弓体在望把处与大板凳系紧；上"弓枕"：把两个弓枕分别枕在大板凳上弓体的脑脖与板凳之间。这样弓体就会发生较大的反曲变形。解下弓挪子要注意两侧力量的均衡；"爬板凳"：刚解下弓挪子的弓体，其两个弓臂上弧度可能不完全一样，这就需要进一步的修理。先用板锉锉弧度比较小的牛角面，锉时要把握住；"起堑"：爬完板凳的弓再起一层堑。起完堑的弓，弓体的形状可能又会发生变化。再查看两边的弓臂弧度是否还能相当。否则还要用锉继续锉；粘弦堑：在离牛角面约一寸长的地方用锉锉出一块平平的地方，叫制作堑盘，然后把弦堑用鳔粘上。弦堑的高度没有具体的尺寸，但要保证上弦后不会使弦枝的太高；"开扣子"：在牛角弰头与木弓弰嵌接的地方，用木锉锉出一个小斜开口，作为能挂住弦的地方，此处称为"扣子"，用来扣挂弓弦；上"绷弦"：首次上弦要在大板凳上进行。把弓的望把处与大板凳系在一起，枕上弓枕，再起一层堑。然后把绷弦（试弓弦）挂在弓上。根据实际情况相应地进行调整。弦的两头系出一个套环，套扣刚好落在弦堑上的凹面处。挂上弦后，弹一弹弦的声音，看一看弓的形状。如声音不太清实，说明弦还有些长，再继续把弦往短处系。直至调整到合适为准；"鞑撒"："鞑撒"为满语，是修整的意思，用板锉锉弓体的牛角面，主要是锉弓脯的部位。锉牛角面的同时，要观察弦与望把之间的距离，以及两个脯距弦的距离是否合适。弦与望把的距离按行规是一拳并伸直大拇指，再距一寸的高度为合适。如果这个距离越小，说明越难开弓。脯与弦的距离没有特别的高度，但要用尺子量一量看两处是否一样。同时还要试着拉一拉弓，弓一离开堑就算弓开了，每一张弓都要保证弦要能同时离开两个弦堑。锉到一定程度时，就得上着弦把弓放几天了，不能一次锉太多，否则很可能弓脯一下子就塌下来，前功尽弃。过几天再继续用锉，然后再用细锉找平。通过尺量、眼观、拉试来查看锉得是否到位。试拉时，放弦后听到的应是一个声音，即放开的弦能同时击打两个弦堑而引起的声音。

　　上正式弓弦之前就要对弓身进行修饰，弓体装饰可繁可简，依个人喜好而定，一般可分为六个步骤，即磨抛角面、包"望把"、包弓弰、贴桦皮、贴花、"洗活"。磨抛角面：以刮刀刮磨牛角面及牛角弰头，用刮下的角丝混合香灰，缓速推磨，精细打磨角面，使之光润细腻；包"望把"：以暖皮、鲨鱼皮上鳔胶，经火烘烤黏合望把处，增加手感，防止打滑；包弓弰：讲究以鲨鱼皮或蛇皮包制。上鳔胶经火烘烤黏合；贴桦皮：贴住弓背其余的部位。所用的桦树皮出自大兴安岭一带，在每年的

6月20日左右从成活的桦树上扒下最佳，使用最薄的一层，将桦皮按纹理贴在弓背面上，还要用一根黑色的细条状桦皮贴在弓身的侧面边缝处；贴花：使用特制的"毛道纸"。在纸背面涂上胶，再染上各种颜色的油漆。用时再涂上一层胶。根据风俗，可贴出几种图案。如有弓把处的"把鱼儿"；在弓臂中部的"腰鱼儿"；在弓脖处的"脑鱼儿"。还可以加"五道线分水"（黑、白、黑、白、黑）、"分三朵儿""堆山子"等；"洗活"：最后用桐油把贴在弓体外表面多余的胶洗掉。

弦通常有两种，一种是牛皮弦，一种是棉线弦。牛皮弦的做法很简单，用牛皮编成麻花绳即可，牛皮弦的特点是结实耐用，是作战用弓的必备弦。早年"聚元号"所做的弓是供皇家贵族使用，更注重弓箭的美观，多配以棉线弦。制作棉线弦的方法较为复杂，首先把弦架子调节好，使其两个弦刀之间的长度合适。然后把白棉线套在两个弦刀的钩子上。套多少圈取决于弓力的大小，如40～50磅的弓套25圈，50～60磅的弓套35圈，100磅的弓要套80圈等。套完后，调整一下整个棉线束的整齐，并把棉线的头尾相接。把线车上的彩色棉线横向一圈接一圈地绕在白棉线束上。操作线车有一定的技巧，双手握在线车左右的弦线上，按均匀的力量绕动，线车就会自动地随着弦线的转动而转动，并把彩线一圈紧挨一圈地套在弦线上，最后打成的棉线弦的外表就是线车子上的彩色线。有时为了应定做者的要求，可做两种彩色线交错的弦，方法是同时使用两个绕有不同颜色的线车缠绕白线束。无论是哪种绕法，都要求绕的每一圈都要紧紧相连、不露出一点内心的白线。

清代弓具有明显的满族的传统特征，与前朝宋、元、明的弓相比，尺寸上明显较大，并习惯使用桦树皮等装饰，桦树皮外还绘饰各种吉祥图案等。《天工开物》里的记载，东北女真制作弓弦时多以"牛筋为原料，所以夏季雨雾天，因为这种弓弦松脱，都不出兵侵犯"，由此可以看出，满族人在入主中原以后，吸收了中原地区一些好的作弓方法，如改用了不受天气影响的蚕丝做缠弦等。与现代的国际弓相比，传统弓的弓弦虽然比较结实耐用，但弹性较大，稳定性差，对使用者的技术要求很高。

制作一张弓消耗时间十分之久，相传晋平公命工匠制弓，三年乃成，射穿七札（七层皮甲）；宋景公令工匠制弓，工匠殚精竭虑，弓成身亡。中国古代制弓术所遵循的基本原则是"材美，工巧，为之时"，《考工记》称之为"三均"。古人十分看重对自然物的利用，强调"有时"。譬如寒冬时，将弓置于一种专门的模具"排檠"之内，以固定其体形。古人善于利用节气的冷暖来进行物理的调整，严冬时节极寒时，利于修治弓的外表。冬天剖析弓干，木理自然平滑细密；春天治角，自然润泽和柔；夏天治筋，自然不会纠结；秋天合拢诸材，自然紧密；寒冬定弓体，张弓就不会变形；严冬极寒时胶、漆完全干固，故可修治外表，春天装上弓弦，再藏置一年，方可使用。如此方式足以说明古人在制弓上一方面顺应了自然界的规律，不破坏自然物生长的环境，以保永续利用，强调"斧斤以时入山林"；另一方面则是为了充分利用自然物的季节特点，以使弓"为之时"，达到物尽其美。在制弓过程中，由于各项工作可交错进行、流水作业，因而每年都会有成批的成品弓完成。

（三）箭制造工艺特征

清代满洲八旗军配用箭支分为三大类，满语音译为 niru、xierdan 和 zhan，即鈚箭、针箭和哨箭（骲箭）。三类箭支各有特点，鈚箭箭身粗，重量大，箭镞宽，用于近射，清代有大礼鈚箭、鈚箭、义鈚箭、梳春鈚箭、哨子鈚箭、大鈚箭、尖鈚箭、月牙鈚箭、抹角鈚箭、铁锈鈚箭、燕尾鈚箭、长鈚箭等二十余种；针箭箭身细而长，重量轻，箭镞细而窄，用于远射，有梅针箭、齐梅针箭、角头箭、快箭、兔儿箭、尖头箭、远射把箭、射鱼叉箭、水箭等；哨箭属非杀伤性箭体，射出后发出鸣音，用于习射、信号传输和战时预警，有牛角哨箭、齐哨箭、榛子哨箭、长哨箭、合包哨箭、圆哨箭、方哨箭等。

《大清会典事例》里记载了清代箭的制作方法："箭笴以杨木、柳木、桦木为质，取圆直之干削成之。别用数寸之木，刻槽一道，曰箭端。箭笴必取范于端，以均停其首尾。刻衔口以驾弦曰括，其端受镞。凡镞冶铁为之，曰鈚箭，曰梅针，战箭。施于教阅者曰骲箭，以寸木空中，锥眼为窍，矢发则受风而鸣，又谓之响箭。铁镞上加骨角小哨者曰鸣镝。粘羽翎于箭括曰箭羽。"[1]箭体制作是一关键过程，其取材、长度、中心、尾翎长短等均直接影响到性能的发挥。《钦定匠作则例》还记载了用杨木制成流线型箭杆的方法："凡成造一应箭杆木植，内务府用武备院库存杨木箭杆，制造库行取武备院存贮箭杆，今拟净长参尺、径四分，箭杆每枝用长参尺二寸见方，六分杨木一根，凡打磨做细"，"凡成造长三尺，上围圆一寸二分，中围圆一寸四分，下围圆一寸箭杆"[2]。由此可知，清代制作杨木箭杆的标准长度由原3尺改为3尺2寸，直径由原4分改为6分。经过打磨细做，结果是长3尺，上围圆（靠箭尾处周长）1寸2分，中围圆（中间部位的周长）1寸4分，下围圆（靠箭头端的周长）1寸。因为是打磨细做，所以箭杆粗细的变化不是突兀的，而应是呈流线型渐变的。对此，结合实地调查，更易于理解。清末北京制箭工艺多达200多道，做箭师傅专门备有一个称量箭重量的"戥子"。无论做出多少箭，同型号的箭重量都相同。而

---

[1]《钦定大清会典事例》兵部，武库清吏司，军器一。
[2]《钦定工部则例正续篇》第三册，卷四十五，箭作用料则例，北京：北京图书馆出版社，1997年。

且，每一批箭体的重心点都在同一个位置。

具体清代箭矢制造工艺分为做箭杆、刮杆、做箭头、做箭羽、花裹几个步骤。

做箭杆用的材料为六道木。六道木为灌木，多见于山麓的阴面。清代箭矢采用的六道木多来自北京西山的门头沟深山区。通常以春季砍伐的为好，夏秋季采伐的六道木容易出现裂纹。刚刚砍伐的六道木很多并不笔直，有弯度的木杆需要校直后才能使用。校直方法是先用火烤热弯曲的部位，然后用箭端子加以矫正。一手持箭端子，一手持箭杆，把受热的弯部嵌在箭端子的凹槽里，然后两手用力夹，反复多次，便可使箭杆变直。

刮杆是做箭的关键步骤，首先"糙刮"一下，也就是进行粗加工。"糙刮"之后，需要放置至少一天，然后再进行第二次"刮细儿"，即用齿略低的线刨仔细加工。刨箭杆时，手的感觉很重要，要使刨出的箭杆中部略微粗一些，两端稍细，接近箭扣处要略微粗。这种粗细的差别很小，仅凭眼力观察，几乎看不出来，要用手掌轻轻地来回抚摸，通过造箭匠人的经验来判断。

不同的箭头形状差异很大，清代箭头制造一般是"杆包头"，即箭头尾端有一铁铤能插入箭杆里，且铁铤的长度还有一定的长度要求，至少要比露在外面的箭头的尺寸要长。旧时，如果兵部官员拔出铁铤，观其长度不合格，就要拿工匠问罪。自20世纪40年代末起，改作"头包杆"，即箭头尾端能套在箭杆上。

箭体尾翎（箭羽）安装于箭体后部，保证箭体在飞行中保持平衡。清代箭羽的材料以雕翎为主。雕翎为上品，其次为天鹅翎，再次为猫头鹰翎毛，次于猫头鹰翎的还有大青雁的羽翎。选择羽毛的方法是先把羽毛从中间撕开，取出三支，放在木板上浸湿，剪成同样的大小，这道工序被称为"拓翎子"。然后把三片羽毛粘在箭杆尾部。粘贴第一片时要选好位置，使其刚好处于箭扣搭弦的平面上，其他两片均分粘贴。尾翎形状分为斜梯状和半弧状两种。

花裹，即在紧连箭头的箭杆大约5厘米处，用蛇皮或鲨鱼皮包住。其目的有二：一是起到加固"杆包头"箭里的铁铤的作用；二是由于射箭时箭杆的前端要搭在弓把处，经常使用摩擦，会损伤箭杆，所以包上蛇皮可起到保护作用，减少磨损。

（四）射侯制造工艺特征

清代练习射箭的箭靶称之为射侯，清内务府制记载："凡射侯，步射布侯，高四尺七寸，广一尺，以木为边，鞔以素布，画鹿形为正。毡侯高五尺，广四尺，虚中径三尺，中栖皮为的。席侯亦如之。皮鹄径九寸至一寸五分，布鹄径一尺二寸，至四寸各有差。试武举席侯，高八尺，广五尺，髹以朱，绘鹄三，上插五色旗五。

马射毡球，圆径八寸，以白毡为之，实以驼绒，上缀朱氅。"[1]武科乡会试，康熙十七年覆准，步射树大侯。高七尺，阔五尺，以八十步为则。三十二年又改为五十步。乾隆二十五年，步射由五十步改为三十步，步靶定以高五尺，宽二尺五寸，不得随意高宽。

三、装饰造型特征

（一）冷兵器装饰造型演进特征

原始时代的冷兵器主要是从生产工具、狩猎工具、防御工具演化而来，外观也会受这些工具影响。一些械斗工具如投石器（10万年前）、弓箭（3万年前）等就从劳动工具中分离出来，成为专门的兵器。石质兵器造型主要来源于自然，通过师法自然，运用自然法则来指导兵器的设计，这体现了华夏民族对自然的天然崇拜。青铜兵器在是石质兵器的基础之上，不断变革与增益，兵器种类更加丰富多彩，传统兵器革新发展，新的兵器不断涌现，造型更加规划化，表现出实用性和秩序性相结合；铁质兵器则在不断进步的金属冶炼技术基础上不断发展，结构更加精准合理有效，出现分体制造、结构连接的组合式兵器结构。兵器制造越来越标准化，开始呈现量产趋势，质量和数量都有了很大的提高。

中国古代冷兵器设计造型重视自然模拟万物，古代兵器都体现出自然万物的影子。从自然中汲取灵感创制兵器，主要模拟动物和植物的外形或特殊技能，进行兵器设计与制作、纹饰装饰与美化，体现模拟仿生或象形性。模仿动物的冷兵器，多与野兽猛禽的仿生有关，如模仿动物尖锐牙齿的狼牙棒、模仿锋利鹰爪的飞爪、模仿牛角的牛角叉、模仿坚硬龟壳的盾牌、模仿穿山甲的铠甲等。模仿植物的冷兵器，如柳叶刀、铁蒺藜、梅花钩、梅花针、草镰等。

在兵器的装饰中，古人通过描绘生物形态，表达崇拜自然、彰显身份、威慑敌人的情感。如动物纹饰、植物纹饰乃至自然纹饰，如日月星辰、风云雷火等都是古人从天地中采撷万物形态，在兵器上描摹以表达感情之用。早期石质兵器时期，冷兵器以实用为主，注重功能与效能，外观和装饰相对简单。随着青铜和铁质兵器的不断发展，在满足了功能和效能需求之后，开始注重装饰和精巧。特别是隋唐时期，

---

①《大清会典则例》卷一百六十八。

不少实用冷兵器为了追求豪华与精巧，甚至脱离了实用功能，演变成美丽而富有装饰性的礼仪服饰。

清代弓箭设计的造型纹饰特征主要体现在封建王朝的阶级地位区分。就像旧时瓷器的生产有官窑和民窑之分一样，清朝的弓箭作坊也分民间作坊和宫廷造办处弓作。史料上有封建王朝弓箭规格的介绍：为天子之弓，合九而成规；为诸侯之弓，合七而成规；大夫之弓，合五而成规；士之弓，合三而成规。这都是封建王朝森严的等级制度在弓箭造型设计方面的体现：帝王所使用的属于特制弓，九把弓合在一起，刚好能够围成一个圆，可谓"天圆地方"一统天下的一种诠释，同时数字九也是至高无上皇权的体现。帝王以下不同等级的官宦及士卒，同样须按照等级的高低使用不同规格的弓。

（二）选材造型特征

清制的皇帝用弓，每三年造换一次，材质和装饰都是特选精制，由工部特造。不同的身份地位造型纹饰均有不同。亲王以下用弓，桦木为杆，面缚黑牛角，背缚牛筋，蒙桦皮，骈加暖木。两弰饰以桑木，饰白桦皮，床饰角，纫皮为弦，长四尺九寸六分；职官兵丁弓，习射用者，榆木为杆，缚以黑角，背缚筋，蒙桦皮，骈加暖木。两弰为桑木，刻其末为弦，弦床饰鲨鱼皮。弦以丝制。弓长四尺九寸；军事用者，弦纫鹿皮为之，余制一式，五力至七力弓，用竹或木为干。弓面弓把，任缚牛鹿角。背缚胶，牛胶八两，鱼胶六两，蒙桦皮，或以桃木皮。弰木二，弰嘴任用牛羊角。弦床鹿角二。丝弦重一两，皮弦制同。力重者筋胶弦依次增加，弓至十八力为最重；皇帝用箭特制。亲王以下箭，桦木为杆，长三尺，铁镞长三寸。箭尾饰桦皮及雕羽。羽间亲王郡王书爵位名，贝勒以下书名。括髹朱。凡官造或为鈚箭，或以梅针箭；职官兵丁箭，桦木或柳木为杆，长三尺，铁镞长三寸。箭尾饰桦皮鹲羽，羽间职官书衔名，兵丁书名。括髹朱。至兵步等箭，箭尾饰羽翎三列，蒙桃皮，缚鱼胶一钱，牛胶四分。如生丝用桐油三分，银朱二分，水胶五分。铁镞如式制造。

清代皇家弓箭在制作工艺上十分讲究，同时体现在原材料的选择上。尤其是对弓的装饰材料的使用，极尽奢华。但从弓箭的实用性方面比较，皇家的弓箭与民间普通的弓箭实则并无多大的差别。清代皇家弓箭，有很大一部分并不用于实战，而是用于悬挂，按满族的传统习俗，悬挂弓箭具有"避邪"和"镇物"功能，也可以将其看成精神寄托的一种形式。同样是为清代皇宫制造的弓箭，为兵部制作的弓箭和为皇帝制作的弓箭造型装饰上也有很大的差别。为禁卫军所造或卫戍部队设计制造的弓箭，以实用为第一位。而为皇家所造的弓箭，在保证一定实用性的前提下，更加重视装饰纹样。同时清代皇室用弓常装饰有用弓的时间和场合，现故宫博物院保存的乾隆皇帝用弓，注明为乾隆皇帝北狩围猎时使用之物。这把弓为木质，胎面贴以牛角，再以筋胶加固，外贴金桃皮，饰以黄色菱形花纹。弓为双曲度弓形，弓弰处置牛角质垫弦（已脱落），弓中部镶暖木一块，以便手握。弓弦以牛筋制成，外缠丝线。牛角面上镌刻满、汉两种文字："乾隆二十二年（1757 年）带领准格尔投降众人木兰行围上用宝弓在依绵豁罗围场射中一虎……"

（三）纹样特征

清代弓箭的纹饰形式往往与形象相结合，表现某种特定的含义。凡图必有意，有意必吉祥。后人称这些为"吉祥图案"。吉祥图案利用象征、寓意、表号、谐音、文字等手法，表达其思想内涵。

象征：根据花草果木的生态、形状、色彩、功用等特点，表现特定的思想。例如：石榴内多籽实，象征多子；牡丹花，被称为"国色天香""花中富贵"，象征富贵；葫芦和瓜爬、葡萄、藤蔓等象征长盛不衰、子孙繁衍。

寓意：多与民俗或典故相关，如莲花象征清净纯洁。菊花寓意长寿。传说王母种桃，三千年结果，吃了可以极寿，故桃子寓意长寿。

表号：以某物作特定意义的符号，如将佛教的八种法器法轮、法螺、宝伞、白盖、莲花、宝罐、金鱼、盘肠视为吉祥的表号，称为"八吉祥"等。

谐音：借用某些事物的名称组合成同音词表达吉祥的含义，如用玉兰、海棠、牡丹谐音"玉堂富贵"，用五个葫芦与四个海螺谐音表示"五湖四海"等。

文字：如"卍"字、寿字、福字都在宫廷纹样中常用，还有"百事大吉祥如意"七字作循环依次排列，可读成"百事大吉""吉祥如意""百事如意""百事如意大吉祥"等。

保存至今的清代老弓画工图案还有暗八仙、万不断（"卍"字不断）、蝙蝠等等，暗八仙为葫芦、团扇、宝剑、莲花、花笼、渔鼓、横笛、阴阳板。因只采用神仙所执器物，不直接出现仙人，故称"暗八仙"。"暗八仙"又可称为"道家八宝"，区别于佛家的"佛家八宝"，它是指八仙所持的八种法器，用其代表八仙，既有吉祥寓意，也代表万能的法术，主要功能与"佛家八宝"大同小异，代表了佛、道两家的各自不同境界与追求。在长期的民间流传及民间艺人的演绎中，现在的"暗八仙"主要有如下功能特点：渔鼓为张果老所持宝物，"渔鼓频敲有梵音"，能占卜人生；宝剑为吕洞宾所持宝物，"剑现灵光魑魅惊"，可镇邪驱魔；笛子为韩湘子所持宝物，"紫箫吹度千波静"，使万物滋生；荷花为何仙姑所持宝物，"手执荷花不染尘",能修身养性;葫芦为铁拐李所持宝物,"葫芦岂止存五福",可救济众生;扇子为钟离权所持宝物,"轻摇小扇乐陶然",寓意能起死回生;玉板为曹国舅所持宝物,"玉板和声万籁清",可净化环境;花篮为蓝采和所持宝物,"花篮内蓄无凡品",能广通神明。"万不断",万字不到头,又称"万字锦""万字纹""万字拐""万字曲水"等,是中国传统文化中具有吉祥意义的几何图案。万字不到头利用多个万字"卍"字联合而成,是一种四方连续图案。其中万字寓意吉祥,"不到头"寓意连绵不断,因此万字不到头有吉祥连绵不断等含义。梵文意为"胸部的吉祥标志",古时译为"吉祥海云相",释迦牟尼三十二相之一,原为古代的一种符咒、护符或宗教标志。唐武则天长寿二年(693)制定此字读作万。"卍"字四端可纵横引申,相互连锁,组成"卍"字锦纹,含有长久不断的意思,故称"万不断"。蝙蝠图案谐音"福"字,同时蝙蝠是能在黑暗中飞行,暗示拉弓射箭的人可以在晚上箭无虚发。

四、设计原理及人因特征

（一）冷兵器设计原理及人因演进特征

石质兵器时代,冷兵器本身简单、粗糙、笨重,使用者需要依靠自身的力量来操作兵器。如弓箭需要使用者具有较强的臂力,才能拉弓射箭,如使用者需要发大力举起斧钺这样的砍劈用具,在近身格斗中,朝向敌人砍劈。这一时期的兵器种类主要有抛射类兵器,如弓箭、弩等,格斗类兵器,如戈、矛、戟、斧钺等。因此,这一时期的冷兵器对使用者有较高素质的要求。

青铜兵器时代,冷兵器明显精练有效得多,不再如石质兵器那么笨重,使用者可以借助兵器的特色,借力发挥,达到更高的效能。冷兵器的操作也开始复合化,一样兵器可以集合多种攻击方式,以提高袭击效能。这一时期的兵器种类主要有格斗类兵器、远射类兵器和防护类兵器。其中防护类兵器有了长足的发展,战争中武器不仅用于袭击敌人,还要抵御敌人的袭击,这样的袭击与抵御双向的交互,逐渐成为对战的基本武器装备需求。

铁质兵器时代,特别是骑兵的加入,从秦汉到唐五代时期的战争具有以骑兵为核心的特点,作战方式上,以骑兵为中心的步骑协同作战的形式逐渐成熟,战争开始从个人对个人的近身交战为主,开始转变为以军队对阵的方式。整个军队不仅要有强大的杀伤力,还要有完备的防护能力。

（二）弓箭设计制造原理

弓的制造是利用物体的弹力，激箭射出。弹力的概念，按物理学的定律，加力于某物，变其形状，力去又恢复原状，此恢复原状的力，即为弹力。弹力有一定的限度，如过此限度，将外力除去后，也不能恢复原状。此限度即为"弹性极限"，箭的射出，是利用弓的弹力，但不超过"弹性极限"。而且弓的制造，除其本身材质的弹性外，还通过使其形体向后弯曲，又增加部分弹力。因此宽虽不及二寸、长不及五尺小小的角木符合条，以弦张之，能发生数十公斤至数百公斤斤之力。

弓通过弹力使箭矢飞行，其弹性数值是衡量弓力强弱的标准。《考工记·弓人》："往体多，来体寡，谓之夹臾之属。"郑注："射远者用执。夹庾之弓，合五而成规。"往体就是弓弛弦时弓臂外挠的体势；来体则是弓张弦时弓臂内向的体势（图4.14）。

开弓时以左手推弓，右手勾弦，开弓至满，弹力愈大，箭去始能及远。拉弓至满，圆径之长，至多不过一臂半，尚未超过"弹性极限"，因此右手放弦后，弹力仍能同复原状，箭遂随弹力射去。弓弦不能久上，上久则弓体的曲度消失，弹力因之减小。

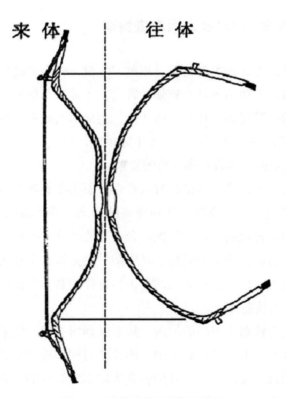

图 4.14　弓箭来体、往体示意图

清代弓设计原理的巧妙，同时也体现在材料的选取与搭配中。普通弓胎用竹或木，弓背用牛筋，弓面用牛角。牛筋的伸缩弹力较大，可以增加弓体弹力，一把好弓在制作过程中筋的使用尤其重要。弓胎后仰，然后贴角，弓制成后，先向外弯曲，以弦勾挂两头，又向内弯。《钦定大清会典则例》卷一百二十二记载："弓力强弱，视胎面厚薄、筋胶之轻重为断。一力至三力用筋八两胶五两；四力至六力用筋十四两胶七两；七力至九力用筋十八两胶九两；十力至十二力用筋斤十两胶十两；十三力至十五力用筋二斤胶十二两；十六力至十八力用筋二斤六两胶十四两。"三锊约等于今天的 6 两，按这个用胶量算，与《钦定大清会典则例》"四力至六力用筋十四两胶七两"比较接近。那么"三伴"的量估计接近十四两。清代 1 斤等于今天 596.82 克，一两等于今天 37.30 克，则一伴可能约合今天 174 克。

清代弓在用弦绷紧弓后，通过使弓身弹性材料反曲，从而产生相应的弹力（图 4.15），以手拉弦开弓，弓把手的力向前推，同时弓弦力向后拉扯，使弓背产生向内卷的力。开弓后拉至满弓，然后放箭。使弓的弹力在最高点时释放，但不过其"弹性极限"。

箭的形体，形似织梭，中粗两端稍细，便于减少空的阻力。箭体又似炮弹，整体细而长，铁镞与弹头相当，箭杆形体较长，铁镞又有一定的重量，配合之下，使得全箭的重心点在近于箭头部木杆的三分之一处，因此铁镞虽然质量较大，但却不碍于箭的前进。箭尾黏有三列羽毛，在箭矢向前飞行的过程中，并可减轻风向摆动之力，起到飞行稳定的作用。清代匠人制造箭矢，各有用意，有利于射远的，也有利于射高的。主要用于近距离杀伤的箭矢的前部铁镞质量较大，利于近射；远射箭矢铁镞稍轻，利于射远。但为了利于前进，通过箭杆的配比，重心都大抵在箭杆前部，且与箭杆的长有一定的比例，使得箭矢整体轻重均匀，一致前进，不至于摇摆。三分其矢，一在前二在后；五分其矢，二在前三在后。"一在前"即重心点在箭头部三分之一的箭杆处，"二在前"即五分之二的箭杆处。

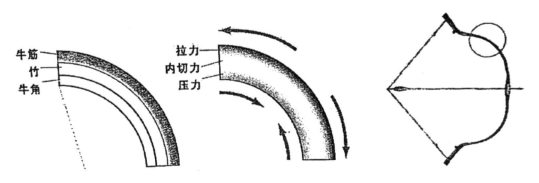

图 4.15　弓结构示意图

（三）弓箭设计人因特征

远程冷兵器设计中的人因工程学特征，主要取决于射技的姿势与技法，古代射姿可分为三大类型，即步射、骑射与车射。关于习射技法，古书记载十分丰富，并形成体系，加以规范传承，其中"射法有三十恶"的技术规范，是射法技巧的概述，即："恶不静；志恶不定；气恶不息；色恶不正；眼恶挤；口恶张；颐恶偏引；头恶却垂；胸前恶突；背后恶偃；两肩、颈恶有力；两手腕骨恶出趁；前手恶高；后手恶揠；右肋恶抽；左胯恶迎；两膝恶软；臀恶偏耸；脐恶虚陷；脚尖恶跷；脚跟恶欠；弓弰恶直；弓弦恶悬；箭扣恶右食指揾；箭杆恶左食指压；临撒恶用力不均；撒后恶作势张看；前手恶虎口用力；后手恶手腕挠。"

步射指射者徒步使弓箭而射，这是中国古代一种传统的射术，也较为广泛地流行。其无论在足法上、身法上，还是手法上，可谓我国传统射箭形式的主流，从汉代一直延续至今。这种类型的射箭活动，从其在汉画中的表现看，根据射箭者的姿势和特点不同，又可分为立射、跪射和弋射三种形式。立射是步射射术中的一种主要形式。1955年四川德阳出土了一块东汉时期的"射士"画像砖，刻画出了两个执弓搭箭的射士形象（图4.16）。图像中人右手持弓，左手搭射于弦上，身体微屈，做准备发射状；右边一人侧身回首，右手持弓，左手搭箭，亦似在准备发射。从画像中二人的装束看，应为专业射手，当为正在进行射箭比赛。

图 4.16　射士画像砖拓本（东汉，1955 年四川德阳出土）

图 4.17　山林射猎画像砖拓本（汉，河南郑州出土）

河南郑州市出土的一块汉代画像砖，其图案为一"山林射猎"图（图 4.17），其中的射手也是一位立射者。这位射手身背箭，腰佩剑，右腿微弓支撑重心，双手拉弓欲射。这是一幅表现正在山林中狩猎的立射者形象，颇具生活气息。郑州出土的另一块画像砖，图像为"射鸟"图，在一棵大树上落有数只飞鸟，树下的射手立姿佩剑，双手拽弓，矢欲射出。从画面看，射者的眼睛、矢与树上的鸟连成一线，其引弓的力度和发矢的准确性得到了充分而形象的表现。

《礼记·射义》对古代射箭的动作要领作了概括：射者进入靶场后，心态要放松安定，身体站立姿势要正直，拿弓矢要平稳牢固，手握弓的小臂要水平，两足成"丁"字形拉开，侧身满弓，然后再集中精神瞄准靶子，这样才能射中。跪射多为一膝着地，另一膝竖起，左手握弓，右手拉弦的射姿。这种射姿在我国古代出现的时间较早。弋射，又称缴、缴射。"弋"为用绳系箭，以弓或弩而发，但所发射的不是长箭，而是一种"赠"，这种"赠"就是短矢，是一种以绳索系矢而射的射术。《论语·述而篇》谓"弋不射宿"射猎的主要目标是指天空的飞鸟。《汉书·司马相如传》颜师古注："以缴系仰射高鸟为之弋射。"四川汉画像砖中有块《弋射收获》像砖。砖上部有二人于河岸边进行弋射。左侧一人跪地侧身，举弓仰射高空飞鸟；右侧一人

图 4.18　弋射画像石拓本（汉，河南南阳出土）

盘坐于地，向右侧身，满弓弦月，正瞄前方飞鸟（图 4.18）。

步射技法从身形、呼吸、指法、瞄准等几个方面可归纳为步法、运气、执弓、指法、瞄法五平几个部分。步法：《黑鞑事略》载："八字立脚，步阔而腰蹲，故能有力而穿扎……趾立而不坐，故力在跗者八九。"《射的》记载："丁字不成，八字不就，总在有意无意间。"步法要与身法相连，动作要自然流畅；运气：《射略》中主张运气"怒气开弓，息气放箭。盖怒气开弓，则力雄面引满。息而放箭，则心定而应周。怒：大鹏怒而飞之怒也。息：子后午前，定息坐之息也。镞到不假于目也。必指自知镞，然后为满。"《射的》载："不急不徐……静以纳之，徐以出之。"通过调节和控制呼吸的节奏，作到全身放松、头脑冷静，使心境与身体进入一个良好的状态；执弓：《韩诗外传》载："手若附枝，掌若握卵，四指如断短杖，右手发之，左手不知，此善射之道。"《射的》载："执弓如执笔，用力全在指掌，一点不松，方是要诀。"指法：一般有四种。第一种方法是用拇指、食指拉弓，此指法又称"凤眼"，最为常用；第二种是拇指、食指和中指三指拉弓；第三种为三指扣弦拉弓；第四种为拇指扣弦拉弓。前两种拉弓法用于弓力小的弓，后两种拉弓法多使用于强弓；瞄法：开弓瞄准讲究"五平三靠""射贵形端志正，宽裆下气舒胸。五平三靠是其宗，立足千斤之重。开要安详大雅，放颊停顿从容。后拳凤眼最宜丰，稳满方能得中。"五平：指两肩、两肘、天庭俱要平正，三靠：指翎花靠嘴、弓弦靠身、右耳听弦。开弓时双手呈开门之状，两手平分，方能平稳而不吃力。以箭头为瞄点，开弓后视线通过箭头，瞄对目标。"五平三靠"强调弓弦要拉至耳前眼后部位进行定位，从而实现三点一线的瞄准路径。若目标距离远，则在确定瞄点后，视距离抬高握弓手臂进行撒放，达到最高的命中率。

在掌握技法的同时还需弓箭与之相配，《射略》中载："如弓有四力、五力计，矢约重一两三钱；弓有八力、九力计，矢约重一两九；弓有十力、十一二力计，矢约重二两二钱；此就射三十步之近靶而言，如射五十步之远靶，照前弓力计矢，俱轻五钱方为停当也。再弓力十二已，命曰：不必更求太强；四力为弱，再下不能透甲伤人，不成弓矣！法曰："弓把要合乎，弓力必均匀，弓弦滇细紧，发矢追人魂也。"弓和箭在使用中要搭配适宜，强弓重箭、弱弓软箭乃是习射遵从的规则。步射的原理，足腿腰肩臂手都要稳固，全身站立的姿势，尤其应适合于力学的原理。射箭时全体动作，使得射手身体犹如一副弓架，必须做到各身体部分紧密联结、稳固不移，才能使箭的收发平快稳妥。射时前进所用的力与两足踏地后引的力相等，如步弓为三力（三十斤），箭向前进的力约当三十斤，箭出后，全身向后，及踏地之力，亦须三十斤，人体才能站立不动，否则全身姿势，会随这箭的射出而前倾。而且在放箭时，全身各部的力点，须合为一致，使前后两力平衡，不偏不倚。如后力松懈，向前拉扯，前后不相调和，则箭摇摆不定，使得命中准确性下降。

骑射，即骑马使弓箭射击，是清代远程使用的主要场景。骑射与步射完全不同，步射是静止的射法，骑射是运动的射法。步射之要，在站立稳定，审固不移。骑射之要，在人马合一，迅速放箭。所谓人马合一，则马必须事先进行训练，触物不惊，进退自如。急驰而不摇摆，直奔而无斜曲，人在马上，既稳且急，迅速放箭，才能准确命中。"势如追风，目如流电。满开弓，急放箭，目勿瞬视，身勿倨坐"。骑射之法有三：一为分鬃射，二为对蹬射，三为抹鞦射。分鬃射是由马头之上，向前射去。对蹬射是转向左右射去，抹鞦射是反身向后射去。

这种射术原为中国古代北方少数民族的习俗。《射略》中要求："势如追风，目似掣电，满开弓，疾放箭。目勿瞬视，身勿倨坐，出弓如怀中吐月，平箭如弦上悬衡。此即言其形势正。如善能步射之人，再熟知驾驭之道，自能骑射矣！此又不易之论也。"骑马之要："须扯手拿短。两脚之踏满镫，向前用力。两脚尖朝里抱紧。两井口（是腿之里怀）夹定鞍桥，则势自雄壮，而牢稳于马鞍之上矣。身既安稳，而心自定。心既定，而肢体迟疾。皆为我所主持矣。"骑射规矩："马头必须转正站立。撒马必要拿定辔勒，令马先走几步，继而催开，然后跑圈。是马由我引正而驱使矣。然松辔给马，扯仍用无名指、小指连弓把攥住。俟临开弓之际，方撒手，则马终为我驱使矣。然开弓不可太早，早则身手摇动。亦不可太迟，迟则心眼俱慌。不迟不早，酌大步远，恰恰合式。开弓之势，头必撑起，股莫离鞍。右肋与腰脊用力往前一推，前手要低。指在分松，对镫之间，头之外，误事。故曰："搭稳扣，急加鞭。"其势：不慢、不慌、不高、不低、不重、不轻。从容自由，庶凡骑射可观矣！若未搭箭扣，先加鞭，既发矢后，在加鞭都失规矩。切忌之！"骑射身法："不正、不斜、不合、不直、不强、不软。如此讲求，自能如法。"骑射眼法："惟宜前看。如看马，则身体必摇动。如看手，则箭扣必不能搭于弦上。"骑射搭扣之法：

"切不可看扣。看扣，则箭扣摇动，必不能入。更不可慌忙，则扣失弦，而反落出。惟宜从从容容，随手而应，万无一失。然弦已人定，还须着力一紧为妙。"骑射误论曰："踏镫不可满，恐有失马，关镫之患。"不知踏镫满而根先稳。凡常自不失。即或失跌镫，先踏满，无突入之理，自然而然脱离镫外。如只用脚尖踏镫，不惟立根不牢，易于闪跌，却闪跌之际，突然往镫内一伸，多致越入而关镫。为害巨矣！曰："骑射当用软弓""搭扣用扒手，用满把稳当"等语。"步射、骑射一样，胡为乎当用软弓哉？悖理之甚。熟自稳当。绝扣发矢，伶俐为准，如弩之发机方妙。岂可用扒手满第乎？"

车射即在战车行进过程中进行射杀，古文献中有"左人持弓，右人持矛，中为御"的记载。在一号俑坑二号车迹处车左位置出上的承弓器，为左人持弓提供了实证。在二号坑还出土了一种后跟徒兵、乘坐四人的革车。指挥官居车后中间，步卒环绕周壁。弓箭和弩是车战中一种远程杀伤性武器，在古战场中有着十分突出的作用。

五、威力特征

冷兵器制造材料的不断更新与发展，本身就是冷兵器性能与威力的提升过程。随着人们掌握冷兵器制造技术的不断提高，冷兵器的性能和威力不断提升，强度不断提高，杀伤力也不断增强。特别是春秋战国以来，冶铁锻钢技术的不断完善，各种不同合金产生的特殊效能，以及外镀技术的不断发展，让冷兵器的性能和威力更是不断提升。

冷兵器由原来的简单、粗糙笨重，开始向精巧、精练和轻巧发展，使得使用者可以借助冷兵器来省力、助力，达到事半功倍的效果。如青铜剑较长，因为以车战为主的情况下，较长的剑能先一步击杀敌人。而到了战国中期，步兵与骑兵兴起，开始用铁铸剑，剑的长度有所缩短，剑轻薄而锋利，更容易控制剑的快速移动。

冷兵器的形态不断升级，单一功能的兵器不断往多功能、多操作方式发展，使得一器多用。如枪是从矛演变而来，其杀伤作用与矛差不多。到了唐代，枪除了在两军交战时，能够起到刺杀敌军的作用，它还有其他的用途。如安营扎寨时，常竖枪为营；涉渡河川时，也常捆枪为筏。再如陌刀是前期以劈斩为主的短刀发展演变而成的一种新刀形，专用于斩击敌人。它虽有剑的形态，但两面开刃，更加锋利，能够斩杀骑兵之战马。

关于远程冷兵器的威力，主要通过有效射程和精准度来进行评判。有效射程主要根据弓的弓力来判断。弓力，指弓弩的弹力，如《考工记》中有"量其力，有三均"。中国古人在计量弓力时，曾使用过两类不同性质的单位：第一种是直接使用重量单位如"钧""石""斗""斤"等；第二种是独特的表示方法："个力""力""个劲儿"等，清代主要以"力"作为弓力单位，一"力"相当于现代五公斤左右。古代测试弓力的大小主要有杆秤测力法和垂重测力法两种。

杆秤测弓力的方法是巧妙地利用了弓体的弹性。这种方法最早见于明代宋应星的《天工开物》里："凡造弓，视人力强弱为轻重：上力挽一百二十斤，过此则为虎力，亦不数出；中力减十之二三；下力及其半毂满之时，皆能中的。但战阵之上，洞脚彻札，功必归于挽强者。而下力倘能穿杨贯虱，则以巧胜也。凡试弓力，以足踏弦就地，秤钩搭挂弓腰，弦满之时，推移秤锤所压，则知多少。其初造料分两，则上力挽强者，角与竹片削就时，约重七两、筋与胶、漆与缠约丝绳，约重八钱，此其大略。中力减十分之一二，下力减十分之二三也。"把弓弦向下，弓身向上，秤钩钩住弓身，秤吊于房梁上，脚踏弓弦地面上，弦满的时候，推移秤锤所吊的地方便是力的大小。测量弓力要以张满弦时为标准，历代做弓师傅及使用者都是以拉开箭长为满弦准。箭长是在做弓时根据弓箭手的身高、臂长而定的。硬弓是武举考试中测试选手力量的主要工具，测试弓力时，让射手拉满弓弦，并用一根木杆比较出满弦时弓张开的长度。然后用秤钩住弦，用脚踏住弓把，把弓张开到木杆的长度测试弓力。当弓力太大时，要两三个人同时操作，用一根实木横压弓把在地面上，两人分别踏住，并再用另一根实木横穿杆秤的旋钮，两人分别用力高抬，直至满弦，测出弓力。

垂重测量弓力是一种间接的测量方法，即用重物挂于弓弦上，提拉弓体使其达到满弦，可根据弓是否能达到或超过满弦来增减重物的分量，然后取下重物，测试重物的分量，即得弓力值。郑玄在《考工记》中"量其力，有三均"的注里写道："每加物一石，则张一尺"，这是应用垂重测试弓力方法的较早记载。清代制弓工匠主要就用垂重法测力。用大致分量的重物包来垂重，看弓弦是否能被拉满，如满弦则弓力即可由重物包的分量表示出来，否则可以更换不同分量的重物包来试，从而省去了再推移秤锤读数的操作。如果垂重达到满弦的重物包的分量是不规则的，也可以用秤再量出重物的分量。由于制弓匠可凭经验初步估计弓力的大小，这样垂重测量显得更为便捷。

第五章

清代远程冷兵器设
计军事思想

对清代远程冷兵器设计的具体案例，进行深入剖析后，可发现其设计军事思想主要集中在其武器装备属性下的军事思想（图5.1）和造物属性下物人关系的哲学思想两个方面。

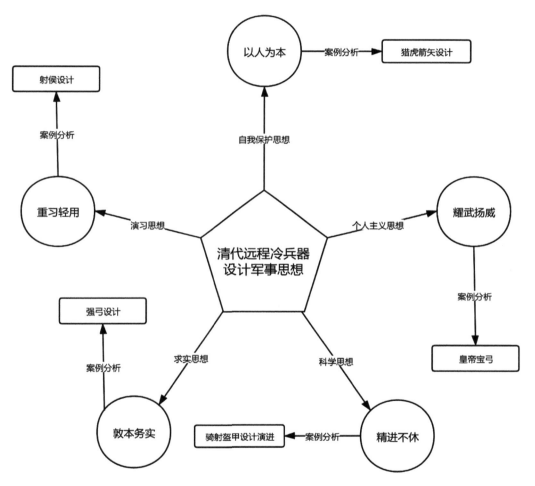

图 5.1　清代远程冷兵器设计思想图

一、"以人为本"——清代远程冷兵器设计自我保护思想

设计思想中的用物观表现为人如何用物和物如何最大程度地为人服务。《列子·天瑞》有云："天地无全功，圣人无全能，万物无全用。故天职生覆，地职形

图示	名称	特征	用途
	射虎骲箭	杨木为笴，长二尺九寸，桦木骲长一寸七分，起棱，环穿四孔，花雕羽，括髹朱。	以逐卧虎，使起
	抹角鈚箭	杨木为笴，长二尺九寸，铁镞长二寸，阔如之，三角，两旁剡（削尖）。笴首饰黑桃皮，皂雕羽。括髹朱，旁饰以角。	射猛兽，中而不坠
	射虎鈚箭	杨木为笴，长二尺九寸。铁镞（镞）长一寸九分，阔九分，圭首后修，锈涩不磨。笴首饰黑桃皮，皂雕羽。括髹朱。	以射卧虎，能及远

载，圣职教化，物职所宜。"① 清代箭矢设计中强调，所有的人造物都是为人所服务的，在保证杀伤目的的同时，使用便捷和保证使用者安全也同样重要，做到"以人为本"；通过分析历史经验，预先考虑多种可能存在的使用场景，设计多种场景下的专用产品，从而实现"随机应变"。

虎作为一种凶猛的野兽，在中国自古以来就是凶恶的象征，猎虎也就成了皇帝在狩猎过程体现自己威严与高超骑射技艺的象征。承德木兰围场的虎，属于独居性猛兽，体型巨大，夜间出动捕食，白天则趴伏于灌木草丛中。猎虎者也承担了很大的风险。

为保证狩猎者的安全，清代面对不同状况下的老虎有明确的规定法令：若见虎卧，勿动，即告众。若于恰当处遇见，则众人围而杀之。若地势不好，则弃之。若见虎奔，则勿停，追而射之②。专为猎虎设计的箭矢有射虎骲箭、射虎鈚箭、抹角鈚箭三种（见下表）。分别对应惊起卧虎、击杀奔虎、击杀卧虎的不同场景，随机应变的切换，保证安全的同时也提高捕猎成功的概率。

惊起卧虎：射虎骲箭属于骲箭的一种，骲是箭镞的一种变形，特指由竹木牙角等制成的非金属箭头，钻孔后，利用空气震动原理产生声音。由于狩猎活动在白天，猛虎多藏于灌木中休息，难以发现，在未发现老虎的情况下，射出射虎骲箭，响亮的骲声惊醒猛虎，使猎物更容易被发现。射虎骲箭因为其骲的设计风阻很大，所以射程较短，没有杀伤性，属于纯功能性箭矢。虎属于危险的猛兽，"我明敌暗"状态对于狩猎者是一种很大的威胁，射虎骲箭的设计在搜寻猎物的同时很大程度上保证

---

① 王强模（译注）:《列子全译》，贵阳：贵州人民出版社，1993 年。
② 周远廉:《清朝开国史研究》，北京：北京故宫出版社，1981 年。

了人员的安全。

击杀奔虎：抹角鈚箭属于鈚箭的一种，鈚箭是狩猎箭矢中的一个大类，是一种箭头宽而薄的箭。抹角鈚箭宽大的箭镞杀伤性很大，同理其射程并不很远，猛虎被射虎骲箭的声音惊醒后，必须尽快击杀，才能保护狩猎者的生命安全。抹角鈚箭箭镞长二寸，并且很宽，能造成很大的创口，十分适用于老虎等大型猛兽，与此同时，箭镞两旁削尖起到射入后的固定作用，使箭射中后不易脱落，能对创口造成持续伤害。

击杀卧虎：射虎鈚箭适用于击杀直接被发现的卧虎。射虎鈚箭的箭镞相比于抹角鈚箭更窄更短，从空气动力学的角度看，射虎鈚箭可以射得更远，起到了狙击的效果，在老虎没有发觉之时，远距离进行射击，与此同时，为保证箭矢的杀伤性，匠人会刻意使射虎鈚箭的箭镞生锈并且不打磨，使窄小箭镞的也可以造成较大的创口并不易脱落。射虎鈚箭窄小的箭镞决定了其射程远的优势，但面对老虎这种大型野兽，一定的杀伤性是十分必要的，所以采取了锈蚀箭镞的方式来保证杀伤性。

在猎虎箭矢设计中，清代工匠不单单从将老虎杀死这一目的去进行设计，而是在不同猎杀情景下，都能相应地最大程度保证狩猎者的人身安全，且将猎虎这一人为活动化简为繁，应对不同的实际狩猎场景，设计了多种应变箭矢，体现了猎虎箭矢设计思想"以人为本"。

二、"重习轻用"——清代远程冷兵器设计演习思想

清代帝王沿袭中国古代"训教德行"的教育方法，强化"国语骑射"，并训谕为祖制家法，明文规定：八旗宗室子弟必须自幼习骑射之功，皇子阿哥更不例外。清帝骑射自幼习成，教以骑射、巩固社稷的治国思想，虽然清代皇室十分注重崇武、尚武、习武，但却不推崇滥用武力、滥杀无辜。重点体现在练习骑射的箭靶设计中。

古代"射"艺中的射侯射鹄沿袭至清代，始有"国家以弧矢定天下"之说。顺治初年设有善射鹄、善强弓、善扑等侍卫，"各有专管，统在三旗额内，均无定额"。康熙帝力求通过垂训教谕，使臣下娴习弓马、射侯射鹄，严加训练，并择其优劣赏赐褒嘉，以威天下，有为国立德立功之目的。应该说，太宗皇太极大阅注重炮兵、步兵、骑兵演练，而顺治、康熙则更注重骑射的演练。

清代皇帝御用箭靶"侯""鹄"靶由武备院预备：凡阅射，则供射侯。步射布

侯，高四尺七寸，广一尺，以木为边，靶以素布画鹿形为正。毡侯，高五尺，广四尺，虚中径三尺，中鞣皮为的。席侯如之。皮鹄，径九寸至一寸五分。布鹄，径一尺二寸至四寸各有差。试武举席侯，高八尺，广五尺，鞣以朱，绘鹄三，上插五色旗五。马射毡球，圆径八寸，白毡为之，实以驼线，上缀朱牦，演习鸟枪，设木牌为的，高二尺，广半之。

　　清代皇帝御用"鹄"有皮、布两种。皇帝御用皮鹄，用革凡十，大者径九寸，依次递减至二寸，亚北，中衔圆的，鞣朱，中则应矢而坠。皇帝御用布鹄，用布，径一尺二寸，凡五重，相比如晕，外红，次白，次蓝，次黄。其的红，牛革，贯的及晕，则应矢而坠，或用外红中白二重，径七寸至四寸。皇帝御用马射地球，白毡为之，高九寸，径五寸，上缀朱髦，置地射之。由此概括，清代使用的"侯""鹄"靶大致有：步射布侯、席侯、毡侯、皮鹄、布鹄、试武举席侯、马射毡球、马射地球、鸟枪设木牌为"的"等。

图 5.2　清宫箭靶

故宫博物院珍藏有清宫旧藏的射箭使用的箭靶（图 5.2），即称为"布侯"和"布鹄"靶。其布侯，呈长方形，通高 165 厘米、宽 35 厘米，四框为木，靶高 123 厘米，中蒙白布（已褪色），白布中部绘有一鹿，鹿身绘红、白、黑三色相间色，形似栩栩如生的梅花鹿。

此布侯在设计上没有完全模拟鹿的身形，而是将梅花鹿的图案缩小，以近大远小来模拟实际狩猎过程中射击远处目标的场景。

另一件故宫博物院珍藏的清宫旧藏射箭使用的箭范是布鹄（图 5.3）。所谓"布鹄"，呈长方形，通高 125.5 厘米、宽 63 厘米，四木为框，面蒙白色高丽纸，中部描有上下两圆红圈，直径均 10 厘米。此件不同于文献资料描述的使用布或毡，可能不是皇帝御用布鹄。从制作使用纸质和简陋程度看，或许为兵丁宫役人员平时演练时所用。虽如此，但若作为射箭训练时使用的靶子，还是十分清晰醒目的。

清帝御用射侯射鹄箭，据文献资料记载：皇帝御用射侯箭三，皆杨木为苛，长

图 5.3　清宫箭范"布鹄"

二尺九寸。其一，铁镞长二寸一分，阔一寸四分，形如鈚箭，苛首饰黑桃皮，鹤羽，拧之微曲以取声，括髹朱。其二，铁镞长一寸二分，阔七分，形如骲箭而小，奇首饰黑桃皮，孔雀羽，羽间朱，括髹朱。旁裹绿茧，射能及远。其三，杨木为奇，长二尺八寸，羊角骲长一寸，环穿五孔，奇首饰黑桃皮，花雕羽。括饰绿茧，旁亦如之。"皇帝御用马射骲箭"三种。由此可知，射侯箭为鈚箭，"凡镞冶铁为之曰鈚箭"，但箭镞并不尖锐锋利，而是箭镞铁质较薄而阔。射鹄箭为骲箭，"骲箭以寸木（骨）空中锥眼为穴，矢发则受风而鸣，又谓之响箭，铁镞上加骨角小哨者曰鸣镝，粘羽翎于箭括曰箭羽"。根据嘉庆帝七年（1802）五月，玉德奏"请射靶俱改用梅针箭一折"谕内阁：军营用箭皆系梅针，营兵操练射靶所用铲子箭，头轻翎大不过架势饰观，应改用梅针箭等语亦不成话，箭支样式种种不同，各适于用其箭镞翎羽之轻重，总视弓力为准。如射鹄则用骲头，射靶则用铲箭，射牲则用披箭，临阵则用梅针随地异宜，总在发矢有准。如果将铲箭演习纯熟，即易用梅针，必能一律命中，若平日操演，必须改用梅针，方能射贼。则树侯设正，亦非临阵时所用。岂有以人为的，竟将应死罪囚试演射艺之理，真所谓无知瞀说矣。射靶一折提出以死囚罪犯为箭靶，理所当然地受到嘉庆帝严厉的驳斥。

三、"敦本务实"——清代远程冷兵器设计求实思想

清代军事训练中十分注重"敦本务实"思想，清代诸帝重视八旗兵士的骑步射训练，强调指出"我朝武备整齐，弓矢枪炮，最为军营利器，法制精良，百世不易"；希望"八旗各营伍及督抚提镇等，惟当将各营官兵勤加训练，以期技艺娴熟，悉成劲旅，毋得妄逞臆见，轻改旧制"。在远程冷兵器设计上主要体现为，在设计制造弓箭时，十分考究弓的"弓力"，既要有足够的杀伤力，不能"花拳绣腿"，又不能超出使用的范围"华而不实"。

清弓制作以干、角、筋、胶、丝、漆等"六材"为准，分为六至一等弓和一至十八力，以筋、胶不同的重量而定力数：六等弓，一力至三力，用筋八两、胶五两；五等弓，四力至六力，用筋十四两、胶七两；四等弓，七力至九力，用筋十八两、胶九两；三等弓，十力至十二力，用筋一斤十两、胶十两；二等弓，十三力至十五力，用筋二斤、胶十二两；一等弓，十六力至十八力，用筋二斤六两、胶十四两。所谓"力"即指拉弓射箭时张开的"弓力"，张弓时所用力气的单位，每"力"为9斤14两。

乾隆帝发现弓箭手多用软弓，专讲虚架。在大阅看侍卫等步射时，发现"伊等所用箭翎太曲，竟成绿营体制。又有弓力软而箭长翎大者，其意不过欲令人美观，步射之道，必须合弓力造箭"，方才可行。特别强调弓箭不求美观而求务实，即讲明"我满洲肇起兴京，底定天下，全赖弓箭"，并身体力行，"着将朕御用之箭发出一枝，令领侍卫内大臣等给各处看视，俱着以此为制，合各人所用之弓制造。诸大臣其时体朕意留心教导各该管侍卫官员兵丁等，阿哥等亦着谨记朕谕"。

此外，乾隆还强调因地制宜对弓进行改造。如"马步弓箭宜分别制备，查习射之弓，均皆弰长面窄，原为扯拉灵巧，川省征行多系丛林深箐，并雾雨瘴烟，一经潮湿，必致歪斜无用。请于各营马步兵丁每百名内，另制短弰宽面弓二十张，俱要五六力以上，用口筋生漆，战箭酌量弓力长短，配合改造"。

训练中还要防止在弓力问题上弄虚作假，当发现有些省份兵丁制作"弓箭架虽有可观，而弓力率多虚报，如报八力之弓，实止六七力"时，乾隆帝非常厌恶，必申饬纠正，加以制止。嘉庆帝亦曾下旨："我朝东三省之兵，所以素称劲旅，战则必克者，职是之故。今绿营积习，于一切技艺，率以身法架势为先，弓力软弱，取其拽满适观，中者十无一二，即阵式杂技，亦不过炫耀观瞻，于讲武毫无实效。"对于"炫耀观瞻"者，必严惩不贷。

同时清代的弓箭设计并不是统一的弓力配置，而是追求适用于使用者。乾隆帝反对使用硬弓，"惟以兵用硬弓，希图见好，徒事虚名，全不务实"。乾隆五十七年（1792），前任伊犁将军保宁奏，伊犁兵丁皆习用八力弓，每遇挑缺不能开八力弓者，皆不入选。乾隆谕旨："人力各赋于天，强弱不同，步射不在弓力软硬，惟期发必命中，保宁见不及此，只令兵丁习用硬弓，徒沽虚名，不求实效，保宁，着申饬。"嘉庆帝在巡幸盛京阅看该处官兵布靶，中3箭者仅只1人，吉林官兵中箭者甚多，并非俱用硬弓，"是步射优劣，全不在弓力强弱，盛京官兵所以未能多中布靶者，总由富俊迁谬，教以硬弓，是以不能善射，徒事虚名而无实用……切勿徒用硬弓，转致失其准的也"。同时强调，军营用箭皆系梅针，营兵操练射靶所用铲子箭，头轻翎大，不过架势饰观，应改用梅针箭等语，亦不成话，箭支样式种种不同，各适于用其箭镞翎羽之轻重，总视弓力为准才是。对于喀什噶尔口赞大臣富俊奏，请嗣后八旗各营挑选前锋护军，非用八力弓不准挑选等语，嘉庆帝以为断不可行，将富俊申饬。根据八旗兵丁的训练情况，分别营伍兵丁技艺缓急，训练营伍者均当以弓力劲而有准，其马射亦须挽强命中、马上稳实、始堪制胜为原则。

四、"精进不休"——清代远程冷兵器设计科学思想

清代的文化专制，直接导致文人士子不问国事、倾心学术的僵化呆滞状态，加之大型图书编纂之风日盛，客观上对传统文化进行了空前规模与深度的总结，并对之传承起到了积极的作用，体现出与两宋崇尚清谈理学不同的、具有一定科学意义的实学精神。

清代对于远程冷兵器设计的科学探索，可以体现在骑射配套的御用盔甲改进设计上。通过对太祖努尔哈赤、太宗皇太极、顺治、康熙、雍正、乾隆等诸帝身穿御用盔甲进行综合比较，可分发现清帝御用盔甲在设计制作上一直在进行科学的探索和改进。

努尔哈赤身穿的御用甲，制作的是长袍式样，这明显沿袭的是明代制甲的风格（图5.4），而后世从清皇太极始所制作身穿的御用甲却都是上衣下裳式，这样更便于骑射之需，驰骋战场时有利于活动自如地与敌方展开近战拼杀。

努尔哈赤和皇太极的御用盔甲适用于战争需要，均采取细长宽窄钢片、层叠排列连接、整身整套用布包裹称之"暗甲"的做法，两袖采用以细长钢片连缀接成的"明甲"做法，穿在身上，显得威武雄壮，令人胆寒。但分量非常沉重，大约有数十来斤，穿在身上转身活动，会很不舒服，但无疑能有效阻挡外来打击，其层叠钢片足以挫挡冷兵器的杀伤。

相比较而言，从顺治朝始，其御用盔甲在制作上，逐步弃除"明甲"和"暗甲"的做法。顺治帝身穿甲仅下裳幅蓝地人字纹锦排钢叶六道（图5.5）；左右衣袖亦排上、下钢叶一道；康熙帝身穿甲下裳采用钉金针法，黄缎地上绣行龙十六条，在每两条行龙间以丝线固定排列整齐共五道代替钢叶；乾隆帝身穿甲下裳面以金叶片、金铆钉、彩绣龙戏珠纹相间排列。由于顺治、康熙、乾隆等帝御用甲采用无钢片制作，分量明显减轻，加入钢叶式样，亦多以装饰为主，已无防御之功，完全是为大阅演兵而穿用。对于制作御用盔甲弃除钢片之"明甲""暗甲"，改造最为彻底的是乾隆帝。早在乾隆四年（1739）十月十四日，总管内务府造办处在制作御用盔甲时，内大臣海望指示："将绣金龙黄缎面盔甲，皇上亲行被试"，面奉上谕："着将此甲枚勤围上铁叶甲，再去些另行改造，钦此。"于本月二十四日，内大臣海望、郎中色勒将改造的枚勤围铁叶并合牌样一件，时进交奏事处王常贵、张玉柱等呈览，奉旨："将枚勤围上铁叶再去些，钦此"；旨意："银线做石青面甲上花头，用其金线做月白面甲上明叶用，再甲上所用靠色之金线，着伊本地添做"；后又干脆采用"绣金裙条、袖条样"来减轻甲之分量。从档案可窥视，御用盔甲多次被皇帝改造，要求铁叶安装得越少越好，所谓甲上的"枚勤围"，既是现存御用甲裳面以金叶、金铆钉、

图5.4　清太祖红闪缎面铁叶盔甲　　　　图5.5　清顺治锁子锦盔甲

彩绣龙戏珠纹相间排列共五道，除了丝缎面上的精美针线绣活外，穿着舒适美观，毫无原钢片重量可言。

乾隆认为现今铁盔铁甲不实用，其圣谕"如铁盔铁甲，不过于参演时，偶一穿戴"而已，乾隆虽认为"铁盔铁甲系坚实经久之物，不过于各省查阅营伍时，偶一穿戴并不常用"。所以乾隆不但对御用甲进行改造，御用盔亦弃除钢铁，而且对戴的改造成牛皮胎糅黑漆式样，谕令"皮盔胎再做轻些"，当首领太监将皮盔胎持进呈览时，乾隆旨意："此盔胎重了，另着南边照样做轻些，盔皮胎漆不过八九两重，钦此。"为了突出盔的精致精巧，采用"嵌珠子，银镀金缂丝，貂皮条所托贺顶一件，上嵌大扁珠一颗，小珠子十八颗"，"银嵌上用漆盔，讨用未至三等东珠五十七颗，大正珠一颗"米嵌饰豪华的御用头盔（图5.6）。乾隆为了配月白棉子甲，上添皮盔一顶，谕令内大臣海望"将皮盔着粤海关成做"，并命制作"皮盔缨顶子"上选择珍珠宝石来镶嵌，这样嘱造办处七品首领萨木哈：将挑选得嵌东珠盔上东珠六十九颗，大珍珠一颗；嵌宝石东珠盔上东珠二十三颗，红宝石三十二块，蓝宝石八块，碧牙

图 5.6　清乾隆金银珠云龙纹盔甲

西（碧玺）三块，小果子四块，大黄宝石一块，大果子一块，此二块内或用黄宝石或用大果子，持进交太监胡世杰呈览，奉旨："准用东珠珍珠嵌在月白缎面棉子甲，补做皮盔上，钦此。"这种摒弃太祖、太宗制作铁盔的做法，应该说在康熙时已实施，这样的清帝头盔，戴上之后，既轻松舒适，又不失美观威仪。另外可知，制作御用皮盔镶嵌各等珍珠、宝石，均是由粤海关来成造。

努尔哈赤和皇太极的御用盔甲，在制作上，质料素朴，注重实用，其御用甲所绣图案较为简单，特别甲里为古铜色粗布制成，甲外布银钉装饰。但从顺治帝始，至后世皇帝的御用盔甲，用料大为考究，甲外布金钉装饰，而且胸前、胸后还佩有护心镜；质料丝缎绣工细密，绣有各种位置的龙形样式，以及平水、寿山、海珠、杂宝、珊瑚、各色如意云纹等纹饰，按乾隆旨意御用盔甲要"将盔上耳镜，准做金累丝的，其甲上绣面并裙条、袖条，着内大臣海望派懂得做法的人，将金线持去南边指示着绣作"，"挑好手匠役绣做"，其"金银面棉子甲，亦交南边绣做，二色金的

图 5.7　清乾隆黄色缎绣金龙盔甲

其绣的金，按朝衣上金的身份绣做"。（图 5.7）

　　制作乾隆御用盔甲，要先画纸样，呈览皇帝批准后，方可制作。乾隆御用盔甲在清宫中保存最多，不但样式繁多、品种多样、绣工活计上乘，而且在制作御用盔甲时要先画出"盔甲纸样"，供皇帝呈览批准，方可实施。甚至对于"金丝纱一块，计二十一尺，传旨：做甲袖子用，先做样览，准时再做，钦此"。据档案记载，在制作御用盔甲时，乾隆要求"将现画石青缎棉甲样呈览，准时交萨载带去绣做，再将赏大学士傅恒之甲要来，着萨载看样，钦此"。于二月初二日，笔帖式富呢呀汉"将画得盔甲纸样一分，并挑得金线四十仔，共重二十二两九钱，银线二十仔，共重十一两七钱五分持进，交太监胡世杰呈览，奉旨："照样准用金银线绣做。"可见乾隆对于御用盔甲的制作，要求精益求精，画样准时准确，一丝不苟，对金银线的绣活运用十分讲究。

　　对御用盔甲在保存管理上，则称之为"恭贮"。清帝御用甲，均采用黄布绸缎包裹，每套分8至12片，每片亦用黄绸缎铺垫丝绵，以免甲与甲之间因镶铁、铜鎏金片等饰物而相互摩擦、碰撞、硬扯而损坏；有的御用甲还存放在长77厘米、宽62.5厘米、高22厘米的楠木箱内，箱内铺一层薄棉黄缎垫，箱外面髹黄漆，每侧面均描两金行龙，龙首中描饰一火珠和布如意云纹，箱周边框饰回纹。御用盔采用楠木饰漆做成帽形样，漆木盒内铺一层薄棉黄缎垫，将其放入其中，能有效地防止碰撞；有的御用盔还放在木圆盒内，盒面描金行龙、凤彩、云纹等纹饰。此盔平日不戴，待皇帝大阅时穿戴。从清乾隆朝档案看，盔甲箱一般由楠木或杉木做成，均保存在位于太和殿院落东侧的体仁阁楼上。乾隆朝明确规定了"抖晾陈设盔甲"的具体事宜，据乾隆二十四年（1759）十一月奉旨"体仁阁楼上供奉盔甲，着武备院卿员会同内务府大臣，一年一次查验抖晾，钦此。"嗣于每届三年由内务府委派司员查库，随时将逐件敬谨查看、抖晾。清宫总管内务府和武备院所采取的一系列保管措施，的确为保护御用盔甲起到了很好的效果，有利地防止虫害的发生和霉变，避免了御用盔甲饰件的脱落、尘染及损坏。

五、"耀武扬威"——清代远程冷兵器设计个人主义思想

清初诸帝以弓马得天下，无不精于骑射，首崇骑射是其国策。自定鼎燕京以后，顺治帝即以倡弓马武备为要，崇尚"国语骑射"的民族传统，要求皇子皇孙们自幼习练骑射武功。从清宫遗留武备中可以窥视清帝发扬"武功良具"之威力，重视实

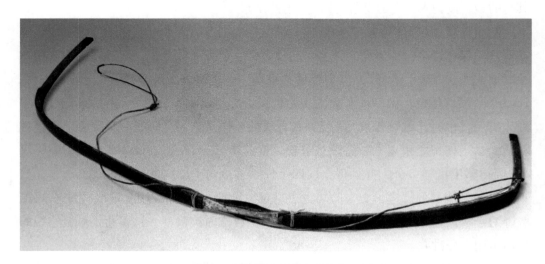

图 5.8　清高宗御用牛角金桃皮弓

践"国语骑射"之国策，及其特别表现出来的民族特性与尚武精神。由于清帝对骑射武力的崇尚，在其远程冷兵器设计中十分注重歌颂个人在"战"与"武"方面的丰功伟绩。具体表现为在弓箭设计中，大量篆刻战功战绩。

乾隆帝更是将其"武功良具"和"十全武功"宣扬到了极致，在弓角面上镌刻战绩，其目的就是要使后世子孙牢记"骑射为我朝家法，每谆谕子孙当万年遵守"，不忘"国语骑射"为立国之本。现存的乾隆宝弓数量众多，其中高宗御用牛角桃皮弓，仅一张弓就在牛角弓面镌满、汉文："乾隆五十年八月二十七日墨尔根岳洛围场上射中三鹿二宝弓"；"乾隆五十一年八月二十一日巴彦托罗海围场上四箭射中四鹿宝弓"；"乾隆五十二年八月二十一日巴彦喀喇围场上射中三鹿宝弓"；"乾隆五十四年八月二十六日巴颜和乐围场上射中三鹿宝弓"；"乾隆五十六年八月二十日永安莽喀围场上射中二鹿宝弓"五段宣扬战绩的文字（图5.8）。

第六章
清代远程冷兵器设计中
物与人的哲学思想

思想拥有很大的力量，当一个民族统一地持有某一个观念时，这种由观念所散发出来的力量是难以估量的。到了清王朝，这种"智者创物"的观念不再被持有并继承，人们转而认为"造物"是工匠所从事之职业，使设计这一原本引领造物发展的智圣技能，沦落到了低级的工匠地位。清代的设计，做到了对历史的承前，却没能达到启后。在西方文明飞速发展并达到一定高度时，清代缺乏原创性的设计，没有把西方现代知识融会于自身。中华民族的创新能力走到清朝，已逐渐呈下降趋势。

一、"经世致用"与"崇技媚巧"——清代远程冷兵器设计思想价值观

理学是官方提倡的"显学"，但在文人阶层，由明末清初的著名思想家黄宗羲、王夫之、顾炎武等人的思想，却不仅深刻地影响到清初，而且影响到整个清代。他们在复古的口号下提出了他们的思想。从他们三人的经历来看，均是怀念前明和对满人建立的清政府心怀激愤的文人。因此他们提出"复古"的主张，借弘扬"三代之盛"来抨击现实。然而他们提出的"经世致用"的理论主张，却对清代冷兵器设计思想有着深刻的意义，他们所提倡的实学传统，甚至为后来的洋务运动提供了理论依据。"经世致用"的主旨是"明学术，正人心，拨乱世以兴太平之事"，以探求"国家治乱之源，生民根本之计"为目的。顾炎武十分重视艺术的社会功能，强调"文须有益于天下"。在这种思想下，顾炎武也十分关注"形而下"的"器"，所谓"经世致用"的"用"，不但是"文须有益于天下"，而且还要真正体现在对社会、对国计民生的改造上。正如道和器的关系，顾炎武认识到"非器则道无所寓，说在乎孔子之学琴于师襄也。已习其数，然后可以得其志；已习其志，然后可以得其为人。是虽孔子之天纵，未尝不求之象数也"。顾炎武在这里理解的"器"虽然仅仅是指"象数"之类的六艺，但儒家思想入世致用的主张，却由此普遍地影响了文人的学风。

我们不能否认，一个器物的装饰本身也是造物的一部分，虽然清代在装饰层面的发展有了很大程度的提升，当时装饰设计工艺之精湛，的确有其值得赞赏的部分，然而过度地将精力集中在表层视觉效果的雕琢，而忽视了对造物本身的创新与开发，这显然与我们民族设计思想的发展是背道而驰的。就设计本身而言，不能不说是一

种悲哀。

因此，总结清代远程冷兵器设计的特色，首先需要关注的就是装饰。清代的装饰水平较之前代有长足的发展，其装饰工艺所达到的高度是任何一个前朝都难以比拟的。其在世界范围内所造成的影响及对近代设计行为的影响，即使在今天的欧美设计作品中，我们依然能依稀触摸到。正因为清代的装饰手法，才有了后来在欧洲所掀起的一阵"中国风"设计，而当时17世纪所谓"中国学派"，其本原正是在此。然而，清代的设计相对于前代来说，对造物推进的比重却大大下降了。装饰的飞速发展，一方面补缺了宋明以来在这一领域的不足，与早期商周时期青铜装饰有一定的渊源关系，就其装饰手法本身来说是一种手段的提升。但是另一方面，这种设计文化往往导致器物的发展仅仅停留在表层上，纯粹的肤浅化、感官化，缺少精神性、文学性，使得器物的发展缺乏原创性，而促使清代装饰如此发展的是整个社会的风气，这种社会风气，丧失了中国古代长久以来的审美气象，是用一种感官上的触觉来尊显自身的身份地位，它不是一种精神的审美，只能说是一种视觉上的刺激。

清宫恭贮有清康熙、乾隆等御用的各式各样的制作精良的櫜鞬（图6.1）。櫜鞬，又称撒袋，为清帝盛装弓箭的器物，即櫜装箭，鞬装弓。如御用大阅櫜鞬、嵌红宝石绿毡櫜鞬、嵌蓝宝石金银丝缎櫜鞬、青布黑皮櫜鞬、黑皮嵌倭铜櫜鞬、红皮画珐琅铜钉櫜鞬、银丝花缎嵌红宝石櫜鞬、金银丝花缎嵌玻璃櫜鞬、绿呢嵌铜八宝櫜鞬、黄皮嵌玻璃櫜鞬、织锦嵌红宝石櫜鞬、黑皮嵌玉櫜鞬、黑绒嵌珊瑚珠小櫜鞬、银丝

图6.1　银丝花缎嵌蓝宝石櫜鞬

花缎嵌蓝宝石鞴鞢、嵌珍珠金银丝鞴鞢等。根据大清典制：皇帝行围，鞴鞢皆用黄革，绿革缘，鞢面缀金环，系明黄缕鞭布金钉十九，杂饰金花衔绿松石，盛批箭七、哨箭三，悬以明黄带，系素金钩，缀于革版钩孔三，左右及后圆版各一，左右旁加版衔环各一，皆以黑革饰绿松石，行围，躬佩之。清内务府造办处为康熙帝制作的鞴鞢，采用牛皮为多，以适于野外奔袭，具有不怕磨损、结实耐用的特点；而为乾隆帝制作的鞴鞢，采用西方国家进献的印染织绣花卉草叶纹缎布缎料，布缎面勾以金银丝，镶嵌各色宝石，组成美观的花叶图案，装饰效果突显皇家气派。虽然乾隆帝比康熙帝所使用的鞴鞢，在其用料装饰上富丽豪华，但已不适应野战实用。

清代工艺美术的设计主流是繁缛、精巧，绘画式的装饰占据了主导地位。这种装饰手法，不论在与工艺品用途的结合方面，还是在和器物的协调上，都有牵强之处。这种不良倾向的影响，直到今天依然存在于设计行为中。我们同时也可以看到，在清代工艺美术领域中，已逐渐形成了民间工艺和宫廷工艺两个体系，产生了各不相同的艺术风格，为不同的对象服务。前者淳朴自然，富有生活气息，后者矫揉造作，具有匠气和雕琢气。尤其在清代中期以后，由于中外工艺文化的交流，使得一些工艺美术品在装饰上明显受到了文化的影响。从而表现出了对外来文化的生搬硬套、全盘接受，这在当时的历史条件下，是不可避免的，也正是晚清设计逐渐沉沦的主要因素之一。

造物设计的表层化，或者说装饰化的兴盛。透过装饰化的表层，我们可以看到背后的实质：通过装饰，不仅获得了表面的繁荣、掩饰了创物的匮乏，而且，借着图案的象征意味，更可以实现等级的强化——为满族的统治营造合法的氛围。由"王"返"朱"的内核或许也正是为了强化等级观念——配合新政权的稳定、稳固与合法。

二、"顺从物性"——清代远程冷兵器设计自然认知取向

在中国古代，身体与精神分立的历史同中国的文明一样古老。先秦的典籍清楚地记载了身体被规训、被贬斥的事实。在孔子看来，人的身体及身体的劳作是低级、下贱的，它和"仁"相去甚远，从身体的劳作中难以达到"仁"的境界。相反，必须通过对仁义本身的学习，即必须通过知识、精神的层面，才能到达"道"的境界。这已经蕴含了对身体的忽视、对人的感性需求的鄙视。肉体的感性需求和"道"的对立是很明显的，得"道"的一个必要前提是对肉体的超越。他还说："朝闻道，夕死可矣。"表现出他对死亡的无畏，这种无畏是以精神不朽的价值信念以及肉体的卑微为前提

的。儒家崇尚殉道的身体，道家崇尚虚无的身体。尽管二者略有不同，但本质上都蔑视、厌恶身体，这种厌恶与物质欲望的需要相对立，与政治统治的需要相适应。对于统治阶级而言，殉道的身体是节制、无欲的身体。虚无的身体尤其注重对身体的保存，因而它似乎是对身体的尊重，其实它也是禁欲的、驯化的，以建立统治秩序为目的的身体。孔子给予精神对于身体的统治权，既保证了统治阶级对权力和知识的操控，又使得被统治阶级自动地接受屈辱的身体，自觉地建构自己的身体和身份形象。造物设计以实用的形式作用于肉体。它往往要制造残缺，反对快感对身体的诱惑，在一定程度上造成身体的不适，并把这种不适感视为正当的身体体验和美感的来源。自然的肉体既然受到厌恶，造物艺术就只有按照精神的身躯去要求身体。

在造物设计的内部符号世界中，结构是最基本的层次，它制约着造物设计的基本造型和功能的实现。同时，它和人的自然身体直接相关，对人的身体起着构造和"塑型"的作用，影响着人们的身体意象。在造物艺术中，一定的结构和功能，符合或者背离，或多程度地满足某些身体的生理尺度。从造物艺术的结构中，我们可以看到身体的影子：作为自然的身体是被压制，还是被尊重，是愉悦的，还是压抑的。自然的身体当然是各种器官的集合，它即是医学、生理学的对象，但同时又是心理学、美学的、伦理学、社会学的对象。总之，身体的感觉、姿势等都是社会现象、文化现象；身体的历史、身体的结构也是社会、文化及其结构的历史，或者说身体本身就是历史的身体和文化的身体。从身体现象学的角度说，自然身体是人感知和行动的基础，根据自然的身体被压制的程度和方式，我们可以推断社会和文化的历史面貌。因此，造物设计中身体结构和造物结构的背离现象，不是生理学、身体工学的问题，而是伦理学、政治学的问题，亦即意识形态问题，它是意识形态驯化和分化的需要（图6.2）。

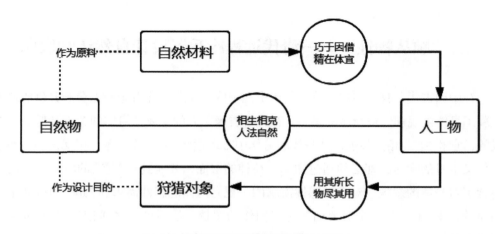

图 6.2　清代远程冷兵器设计思想认知取向

造物武道：清代远程武器装备设计思想研究

（一）"用其所长，物尽其用"

设计思想中的自然观指的是在设计过程中，尊重客观事实和自然规律。在了解和掌握自然客观规律的基础上进行设计，才能将设计更好地运用于"人"这个自然产物上。自然界是不以人的意识为转移的客观存在，面对猎物生理构造、猎物所处环境等客观存在的自然现象，设计者只有因地制宜、因势利导，才能"用之所长"；墨子曾提出"节用"的观点，强调对资源的使用与损耗要有所节制，在设计过程中也应考虑对资源的充分利用做到"物尽其用"。

除了虎、鹿等大型野兽外，兔、獐、狐、狼、鱼、鸟等小型动物也是清代统治者钟爱的狩猎对象，这些猎物的形态体貌、活动方式、生活环境十分特殊，必须运用特殊箭矢，才能达到猎杀的目的，同时针对骑射练习和折损替换也都有相应的专门箭矢（图6.3）。

针对不同猎物和不同应用场景，工匠们设计制造很多专用箭矢。其中十分具有代表性的有铁兔叉箭、鱼叉箭、墩箭、拧翎箭（见下表）。以适用于特定猎物、骑射练习、折损替换的设计目的。

箭矢种类表

图示	名称	特征	用途
	铁兔叉箭	杨木为笴，长二尺九寸，铁镞长二寸五分，端为四棱云叶，中为圆锥，后周施铁齿四，长一寸四分，末擎倒钩向外。笴首饰黑桃皮，皂雕羽。括髹朱。	以射雉兔，易于探取
	鱼叉箭	杨木为笴，长二尺九寸，铁镞如耙，横一寸四分，五齿纵一寸九分，末擎倒钩。笴首饰黑桃皮，雁羽。羽间涂黄油，括旁亦饰黑桃皮。	以射鱼
	墩箭	桦木为笴，长二尺九寸，笴首微大而平，不加镞，雉羽。括髹朱。	以射石上禽，习射亦用之
	拧翎箭	杨木为笴，长二尺九寸，不加镞，皂雕羽。括髹朱。	备以觖箭之笴折者

特定猎物：铁兔叉箭专用于骑射野兔等小型动物，四叶形箭镞风阻极低，箭速快，且运动轨迹直，十分利于在颠簸的马背上精准击杀快速移动的野兔。但四叶形的箭镞受力面积很小，压强大，容易贯穿猎物，箭镞后面四个逆向铁齿可以让箭矢

图 6.3　郎世宁等绘《乾隆皇帝弋凫图》轴

不会插入过深，同时铁齿末端向外的倒钩可以抓住猎物，使狩猎者可以不必下马就能抓取猎物；鱼叉箭，鱼叉箭的整体设计借鉴了鱼叉的设计。射鱼者站在岸边进行射击，对鱼叉箭的射程要求很低，箭镞为铁质五齿耙，任何一齿击中目标即可，齿上的倒钩可以防止猎物逃脱。鱼叉箭需要深入水中，箭羽容易受损，遂涂以防水的黄油。这两种箭矢都是为了不同的猎物和其相应的狩猎场景进行专门设计而成的。通过对猎物的生理构造、生活方式和生存环境进行研究，再加以设计。

骑射练习：墩箭没有箭镞，而是制作箭笴时在笴首处保留一个大而平的"瘤"，属于非常特殊的一种箭矢。平时用于练习，不会造成误伤，且箭矢自身损耗很小。同时在狩猎过程中，它还可以用来射击岩石上的鸟类。鸟类十分脆弱，被箭矢击中后，无须造成开放性伤口，就能将其捕获，但普通含镞箭矢如果未击中目标或将猎物贯穿，箭镞会击中岩石，造成箭镞的损坏。

折损替换：拧翎箭为半成品，没有箭镞，金属或骨角材质的箭镞制作工艺复杂成本高，但不易损坏，相比来说，木羽制成的箭笴和箭羽造价低廉。拧翎箭的设计目的是替换箭笴断裂损坏的其他箭矢。

关于造物设计功能的用物观，中国古代的文献极为丰富。在先秦时期，墨家就极力主张衣裳、宫室等造物艺术的实用性："凡为衣裳之道，冬加温、夏加清者，芊组；不加者，去之。其为宫室，何以为？冬以圉风寒，夏以圉暑雨。有盗贼加固者，芊组；不加者，去之"；"为衣服之法：冬则练帛之中，足以为清且暖；夏则绤绤之中，足以为清且清。谨此则止。故圣人为衣服，适身体，和肌肤而足矣，非荣耳目而观愚民也"。墨子对造物艺术的功能主义看法，一方面与其经济上的"强本节用"的农业经济思想有关，另一方面它还有更重要的政治统治意图。在他看来，造物上的"奢侈浪费"不仅是经济的问题，而且是关乎治乱的政治问题，或者说这是一个政治经济学的问题。从统治者的角度说，奢侈浪费助长了他们的物欲，物欲导致权欲的膨胀，从而暴政的可能性也就大大增加；从被统治者的角度说，过分的身体欲望使人追求淫僻之好，本业荒疏，道德败坏，破坏欲就大大增加，这必然给统治秩序增加额外的难题。在清宫狩猎箭矢的设计中，面对不同的狩猎对象，每一种箭矢在其所使用的自然环境下，既要达到目的，又不能大材小用、过犹不及，更不能浪费自然资源。这体现了其设计思想中"用其所长，物尽其用"的用物观。

（二）"巧于因借，精在体宜"

在明末清初众多思想家中，涉及工艺美学思想的为数不少，最值得推崇的是李渔。他提出"制体宜坚"的概念：宜简、不宜繁，宜自然、不宜雕琢。李渔的造物设计思想比同时代的其他人要系统、完整。在其《闲情偶寄》的著述中，他本着遵循"顺从物性"的思想为主线，"巧于因借，精在体宜"，坚持顺应事物的本性、坚持以人为本的客观标准一直是李渔所反复强调的创作原则，同时也恰恰是他看待生活的个人原则。"食色，性也。不知子都之娇者，无目也。古之大贤择言而发，其所以不拂人情，而数为是者，以性所原有，不能强之使无耳。"

通过对清代诸帝御用弓设计对比分析，可以发现皇太极、顺治、康熙、雍正帝使用的御用弓，在装饰上是用桦皮浸染，颜色上有白、黑、花绿之分，牛角有白、黑之别。而观赏乾隆帝及后世皇帝使用的御用弓，多采用金桃皮装饰弓弧干，桦皮染色色彩多样，弓面贴饰成几何纹、龟贝纹、人字锦纹、如意吉祥纹、方块菱形纹和万字（卍）纹等红黑纹饰图案等（图6.4）。

自清乾隆朝始，制作的御用弓（亦称"上用弓"）均使用金桃皮装饰（图6.5），更富丽堂皇，彰显尊贵。乾隆朝编撰的《皇朝礼器图式》收入了"皇帝大阅弓""皇帝大礼随侍弓"和"皇帝随侍弓"等，其"皇帝大阅弓"本朝制定：皇帝大阅弓，桑木为干，面缚以角，背缚筋，蒙金桃皮。驸加暖木皮，置矢处加黑桃皮，两弰以檀木饰桦皮。刻其末鹿角，弦床鹿角，饰绿革。弦以丝。长四尺九寸五分，置括处裹以革。乾隆二十六（1761）年奏准："上用弓，酌定每年成造3张。"又奉旨："上用弓，俱着画金色桃皮。"

所谓"金桃皮"，即木杆表皮面红黑色，里面金光闪闪呈黄色，可用来制作武器，如清宫珍藏的刀、枪、弓、箭、马鞍之以木皮包裹装饰。现有两种解释：其一，

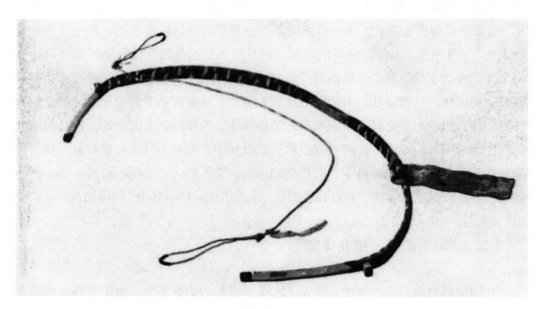

图6.4　雍正御用桦皮弓

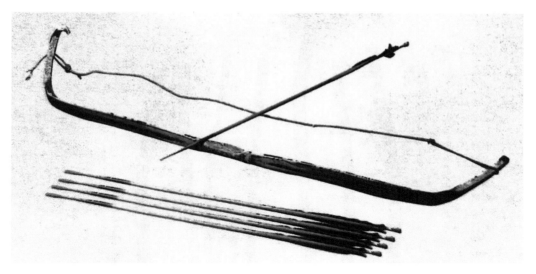

图 6.5　乾隆御用牛角金桃皮弓

是一种灌木植物，出产于大兴安岭地区。据文献记载："内府缠弓矢金桃皮，出齐齐哈尔城东诸山，树高二三尺，皮赤黑，而里如泥金，故名金桃皮，其实不结桃也。岁折春枝入贡。"乾隆二十六年（1761）定金色桃皮，由管理阿尔泰军台，每岁采办连杆9000枝交送；其二，认为是产于我国南方的一种桃树的枝条皮，呈金黄色，很像髹有一层金漆，故而得名，选就光滑面，裁成小条，作为包裹木器的装饰物。清总管内务府造办处每年都要收购大量的金桃皮，至今在故宫博物院武备兵器库中还贮存有金桃皮（图6.6），呈圆棍形状杆，粗细似如人手指，长短30厘米左右。在制作木器型物件上，即采用金桃皮裁成条形，编造装贴各种纹形，特别彰显富贵、华丽，更加突显皇家的讲究和气派。

御用弓在清中期即使用桦皮装饰，也将其染色或彩漆描金花、金福、寿纹等。另外，御用弓中部镶有手柄暖木一块，清代前期在制作上素朴无华，而清代中期后，手柄暖木趋于装饰化效果，采用绿鲨鱼皮包裹，手握舒适，而且有的弓在手柄暖木两侧装饰日、月或蝠纹图形式样等。

在皇帝御用弓上直接使用金桃皮和鲨鱼皮等自然材质，取其自然纹路肌理进行装饰，正是"巧于因借，精在体宜"设计思想的集中体现。但其中又不乏牛角面描金花弓、牛角面漆弓、漆面万年青竹弓等个人色彩浓厚的装饰设计。

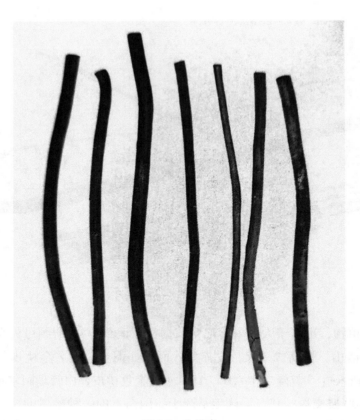

图 6.6　金桃皮

（三）"人法自然、相生相克"

1. "人法自然"的设计哲学思维

从中华兵器发展史来看，兵器雏形的灵感来源于自然。其中体现了华夏民族文化中非常重要的一点：对自然万物的敬畏重视。"人法自然"，我们可以感到先人对自然的一种关注。在远程冷兵器设计制作中，注重师法自然、运用自然法则的思想内核也深深植入了兵器设计文化之中。从实用性和艺术性上，清代远程冷兵器设计都体现出自然万物的影子。

第一，从自然中汲取灵感来创制兵器，单纯模拟动物的外形或特殊技能，进行兵器设计与制作、纹饰装饰与美化，体现模拟仿生或象形性。如清宫旧藏鸭嘴哨箭（图 6.7）与梅花箭（图 6.8）分别模仿了动物鸭子的嘴型与梅花的花型。

第二，实用性上，模拟动植物、效法生物特殊技能。从仿生来看，很大一部分与野兽猛禽的仿生有关，如模仿猛禽翅膀滑行的箭羽（图 6.9），模仿鹰爪的月牙铁头兔叉箭（图 6.10）等。箭羽利用猛禽羽毛，起到在箭飞行过程中稳定箭杆、增加

图 6.7 鸭嘴哨箭

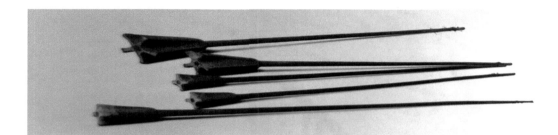

图 6.8 梅花箭

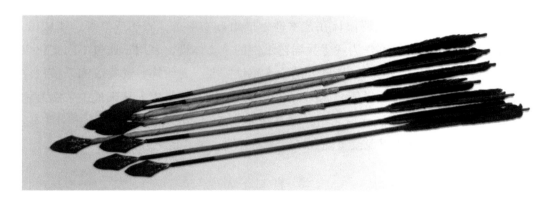

图 6.9 大阅箭

命中率的作用；兔叉箭专用于骑射野兔等小型动物，四叶形箭镞风阻极低，箭速快且运动轨迹直，十分利于在颠簸的马背上精准击杀快速移动的野兔。但四叶形的箭镞受力面积很小、压强大，容易贯穿猎物，箭镞后面四个逆向铁齿可以让箭矢不会插入过深，同时铁齿末端向外的倒钩可以抓住猎物，使狩猎者可以不必下马，就能抓取猎物。

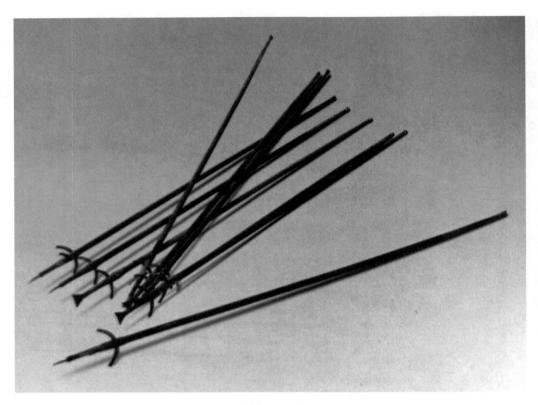

图 6.10　月牙铁头兔叉箭

　　第三，清代远程冷兵器设计在艺术性上描绘万物形态，表达或崇拜，或威慑，或彰显身份的情感。纹饰作为武术兵器艺术性的重要体现，多用于通过不同文化意象内涵的纹饰，表达制器人、持器人的个人感情需要。龙纹饰、动物纹饰、植物纹饰，乃至云纹水纹等日月星辰、风雨雷火相关的纹饰，都是古人从天地中采撷万物形态，在兵器上描摹倾注感情之用，尤其在非攻击功能的冷兵器上体现更为明显。清代哨鹿用的鹿哨就常以龙纹（图 6.11）和花卉纹（图 6.12）装饰。

图 6.11　楠木雕龙鹿哨

图 6.12　描金彩漆鹿哨

这不单是对自然万物简单单纯的模仿化用，而是结合了人类对自然规律的认知与感受，加入了自我对世界的感受和认知。观察自然，从中获得启示；继而利用自然资源，把握自然规律，创制出各类兵器来满足"武"之事中各种需要。在清代远程冷兵器设计制造中，有效利用自然的思想原则，融合自然与人于一体的精神气度，体现天人合一的文化内涵。

2."相生相克"的设计哲学思维

"相生相克"的设计哲学思维一直贯穿清代远程冷兵器设计中。在材料选取方面，中国大地幅员辽阔，各地自然状况的不同，使得人们依据当地情况进行比对和创造，因地制宜产生不同生产工艺与生产水平，形成各地略有差异的兵器文化。不同地区所产优质兵器不同，体现顺应把握自然的文化背景和民族传统智慧。清朝满族统治者发源于草原，其远程冷兵器设计明显与辽阔草原、马匹驯养、游牧作息相生，形成了独特的骑射文化（图 6.13）。同时又与中原农耕文化的步兵兵器相克，并入主中原。进入中原后，由于生活环境与方式的改变，又与中原文化相生融合（图 6.14），但最终受克于西方的船坚炮利，清代远程冷兵器退出了历史舞台。

在思想方面，阴阳五行学说是古人观察自然时所生发和总结的朴素的关于世界的看法和规律。阴阳五行指导兵器与武术"刚柔并济、以柔克刚"，也深深影响了清代远程冷兵器的设计制作。冷兵器设计往往互补、攻守兼具，可以用于满足各种实际需求。五行金木水火土相克之说中透露出的相克一说在兵器中也有很明显的体现。一些兵器的产生本身就是有专门的对抗用途。兵器相克，并非站在制高点进行绝对统治的地位，而是一种动态的循环，从而进行改良和进化，比如箭矢和盔甲的相互克制并促进演进。这是先人从自然规律中所获得的真知，并由"武"事体现出来，化入兵器设计实践之中。

图 6.13　清人绘《弘历逐鹿图》

图 6.14　清人绘《弘历刺虎图》

三、"势位至尊"——清代远程冷兵器设计封建与皇权思想

清代中国封建社会日渐衰落，新的资本主义已经萌芽，由秦始皇所开辟的中央集权大一统的封建专政体制一步步地走向不可挽回的终点。明至清中叶，传统设计文化无疑具有阶段性的总汇性质，更多地表现出积聚而非迸发、回溯而非突破、修饰而非更新的鲜明特征。清代中央集权制度发展到极致，但社会结构还未曾形成突破性的变革，传统思想、学术、风格、心态等趋于烂熟，致思、内向、非竞争性的国民性格完全定型，阔大、精巧、空疏、呆滞逐渐衍化成为某种带有国民普遍性的文化氛围。于是设计文化更具有了不同于以往的特色：它没有了创新的冲动，却显示出系统、缜密的风格；缺失了汉唐的自信与豪迈，也缺少了两宋的清逸与深沉，却表现出成熟的凝重。传统设计文化的这种终极性沉积，为我们全面审视中国传统设计文化，提供了"样板式"的标本。

（一）清代远程冷兵器设计集权思想

设计的本质源于人类的造物行为，人类在主动造物的初始，便有了设计思想[1]。其本质就是设计者在设计过程中，对服务对象（人）、设计受体（造物）和自然环境（自然）之间关系的思考。设计者在处理多个服务对象之间的关系时，产生了设计思想的"人际观"。设计思想中的人际观，取决于设计者与服务对象所处社会所奉行的人际关系，通俗来说就是社会礼制，而"势位至尊"就是清代远程冷兵器设计奉行的人际关（图 6.15）。

清朝虽发源于满地，但深受儒家思想的影响，"幼事长，卑事尊"是儒家社会礼制的最高准则。国家政权的礼制则是社会礼制的集中体现，"移孝作忠"是统治者提倡儒家社会礼制的最终目的。《论语·学而》中"其为人也孝弟，而好犯上者鲜矣。不好犯上而好作乱者，未之有也"就是最好的体现。

清代远程冷兵器中辅助骑射的配套马匹装备设计是皇权与尊卑的最好体现。清代有一套严格的使用马装具的制度，等级森严，不可逾越。颜色、形制、鞍辔、装饰等方面，都有严格的规定，早在崇德元年（1636）即规定，亲王以下官民人等，俱不许用黄色及五爪龙凤黄缎（图 6.16），其马鞍鞦辔坐（图 6.17），禁例相同。顺治三年（1646）复准，庶民不许用缎绣等服，满洲家下服役人等，不许用蟒缎妆缎锦绣等服，八年（1651）谕官民人等，马缨不许用红紫线，披领系绳合包腰带，不

---

① 王琥：《设计史鉴：中国传统设计文化研究·思想篇》，南京：江苏美术出版社，2010 年。

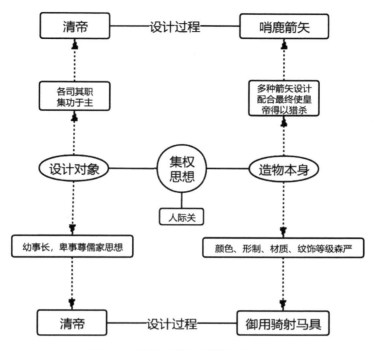

图 6.15　清代远程冷兵器设计集权思想

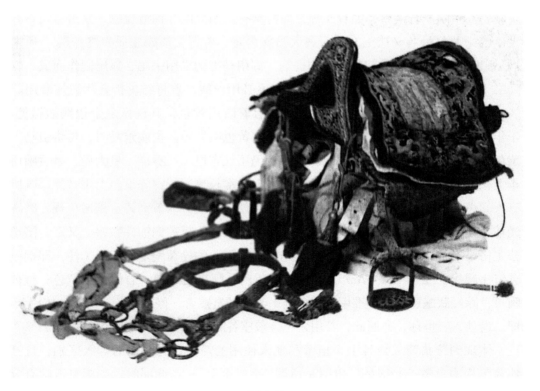

图 6.16

图 6.17

许用黄色线，靴底牙缝马鞍坐牙缝，不许用黄色。顺治九年（1652）有旨称，衣服鞍辔原有禁例，今观鞍辔等饰甚为僭越，下至家奴皆用镀金。朕御鞍辔未尝以金饰之，如此之类，尤当严禁。遵旨议准，马鞍惟三品官轻车都尉以上，许用虎皮及狼狐皮，有品级、无品级笔帖式及库使举人、官生、贡监生员、护军领催以至兵民等，马鞍不得用绣及倭缎丝线镶缘，鞍鞯红托鞦辔等物不得用镀金。雍正元年（1723）谕："大小官定有品级，近有不分官职，马系繁缨使人引马，嗣后着八旗都统步军统领，都察院严行稽察，如有此等，即行拿奏。如大臣等徇情疏忽，察出将该管并大臣等一并议处。又诸王有赏所属人员鞍辔者，着行文该旗注册岁终汇奏。"所谓"马系繁缨"，即是指马鞍鞦辔上的提胸，御用马提胸采用牛尾、狐尾制作而成。乾隆二十三年（1758）奉旨："嗣后马缰内不必用丝线，着将纺丝折叠代之加套用。"二十八年（1763）奉旨："上用鞍笼，嗣后着改用黄色，其现做之金银线缎鞍笼，于年节并见远来朝贺之人时再用。外面仍用黄色鞍笼盖。俟朕乘马时，再将引马上黄色鞍笼撤去，至寻常所用黄色鞍笼，着仍用红布里。又奏准，皇太后、皇后乘用车上鞍笼，并盖上用行驮之帽头鞍笼，并山高水长热河行宫陈设。上用鞍笼，既所有大驾卤簿鞍笼，俱改用黄色。又奏准，仪仗内鞍辔，以黄铜铸造剔凿玲珑，磨洗光洁，毋庸镀金。又定，赏给盛京喇嘛，改用漆饰鞍板黄铜饰件鞍辔。又定，陪送公主格格及赏给皇子福晋之母氏，改用漆饰鞍板，酌拴黄铜麦粒泡子（注：即铜镀乳钉）鞦辔。"三十四（1769）年谕："嗣后内廷阿哥之马缰，着俱用金黄色；皇孙阿哥，除经朕施恩赏赐、准用金黄色外，其未经赏赐者，停止用蓝，均着一体用紫；即二世孙、三世孙，亦照此，着用紫色，鞍座各随马缰用之，将此永著为例。"

体现到狩猎箭矢设计上，皇帝和他人使用的箭矢，有明显的等级区别，且其他箭矢均为皇帝狩猎服务。也就是所谓"皇权至上"；与此同时，中国自古就有分工合作思想，早在春秋时期的《左传》就已有"君子劳心，小人劳力"的记载，《墨

图 6.17　乾隆帝及妃《威弧获鹿图卷》

子·公孟》中也提到"量其力所能至而从事焉"，运用到武器装备设计上，体现为战略战术上的各个环节都进行专门的设计，通过每件武备的"各司其职"，来服务于"势位至尊"。

清皇室诸多狩猎活动中"哨鹿"一项使用的箭矢，最能体现其设计中"皇权至上"的人际关系。所谓哨鹿就是使人戴鹿头盔，吹响鹿哨模仿鹿的叫声，将鹿吸引集中，然后骑射围捕，其中皇帝亲自参与到行动之中，而最终捕获猎物的也往往是皇帝。鹿属于大型群居性动物，围捕鹿群不仅需要猎手高超的骑射技巧，同时也需要一定的战略战术，所以哨鹿不仅是皇帝秋季的娱乐行为，同时也是一种具有军事演习性质的训练活动（图 6.17）。

哨鹿属于多人协同合作的打猎活动，相互之间的沟通与定位十分重要，所以哨鹿多使用哨箭，哨箭的箭镞于箭笴链接的部分有空心钻孔的哨子，箭矢射出后，空气穿过小孔引起空气振动产生声音，可以起到惊扰猎物、战术交流和猎手定位的作用。常见的有齐哨箭、圆哨箭、合包哨箭、皇帝行围哨箭四种箭矢（见下表）。整个哨鹿活动四种箭矢的设计目的分别为驱赶猎物、削弱猎物、定位猎物、皇帝猎杀。

驱赶猎物：齐哨箭属于哨箭的一种，它的箭镞不同于常规箭矢，其终端并非尖锐形状而是齐平的，齐平的箭镞增大了箭头与猎物之间的接触面积，虽然减小了压强，不能贯穿猎物，但是可以造成创口。同时骹部也没有使用常规的角质，而是采用小型的铁质哨，增加了箭整体的质量，重力加速度增强。其锈涩不磨的箭头不会给猎物造成很大伤害，起到从外围惊扰驱赶猎物的作用。

削弱猎物：圆哨箭箭镞更加宽大并具有抹角，这种箭镞设计十分利于刺入猎物，并且不易脱落，杀伤力很大。骹部采用了较小较轻的三孔角制梭型哨，减轻了重量，同时降低了风阻使射程更远。箭矢刺入猎物，并不脱落，起到了削弱猎物行动能力

图示	名称	特征	用途
	齐哨箭	杨木为笴，长二尺九寸。骹以铁为之，长八分，环穿四孔，衔铁镞，长一寸七分，阔一寸四分，形如齐鈚箭，锈涩不磨。皂雕羽，括髹朱。其封莫御，坠能卓地。	射鹿、狍、獐、狐、狼诸兽，坠能卓地
	圆哨箭	骹以角为之，长九分，环穿三孔，衔铁镞，长二寸，阔一寸九分，形如鈚。括旁裹白桦皮，余俱如齐哨箭之制，利而易入。	以射鹿、狍，利而易入
	合包哨箭	杨木为笴，长二尺九寸。骹以角为之，长一寸，环穿四孔，衔铁镞，长二寸一分，阔一寸五分，形如鈚。皂雕羽，羽间髹朱及黑。括髹朱，旁裹绿茧。	以射近鹿
	皇帝行围哨箭	杨木为笴，长二尺八寸。骹以角为之，形扁，环穿四孔，长一寸二分至二寸，衔铁镞，长二寸分，如鈚，不镂文。皂雕羽。括髹朱，旁裹红桦皮。	以射鹿、狍、獐诸兽

的作用。

定位猎物：合包哨箭属于哨箭的一种，骹意为连接的部分也就是箭镞尾端的哨。此款箭用于射击近处的鹿，宽大的箭镞可以进一步造成杀伤，功能上四孔的大体积角质哨可以发出很大的声响标记位置为最后一步皇帝猎杀做铺垫。

皇帝猎杀：皇帝行围哨箭，其整体的功能设计和合包哨箭十分类似，都是为了在近距离造成最大的伤害，并杀死猎物。但皇帝行围哨箭缩短了箭笴的长度，同时加上了更长的扁形骹，此骹不同于其他所有哨箭，能发出属于皇帝本人的专属哨声，起到了特殊定位的作用。在外观上，其箭羽和箭笴的装饰也不同于合包哨箭，可以在狩猎完成后，确定皇帝为最终的猎杀者。

哨鹿活动中的多种箭矢设计，无一不是为了最终让皇帝亲自击杀捕获猎物，皇帝专用的箭矢，无论"声"，还是"色"，都有其独特性，明确地划分了主次与等级，且最终能明确捕获击杀者的身份为皇帝；哨鹿围猎，并非开疆拓土的国家大事，但分工明确。相应哨鹿中不同狩猎角色，也有其专用的狩猎箭矢，每一款专用的箭矢设计都取长补短，设计目的满足其特定的使用场景而非乾纲独断，体现了哨鹿箭矢设计思想"势位至尊"的人际观。

（二）清代远程冷兵器设计封建思想

中国君主专治集权政治，自秦汉以降，就有愈演愈烈的趋势，至清达到登峰造极的地步。围绕皇权至上的专制文化内容，龙的设计文化也值得一提。由汉至唐宋元，龙逐渐成为帝王的象征。龙饰的运用逐渐受到皇家的限制，但仍未为皇家专有。及至明清，龙饰则成为皇家设计文化的专属语言。从建筑设计到家具设计，从器具设计到服装设计，龙成为表现帝王至尊无上地位的重要形式符号。龙在文化含义中，象征着古人对生命的循环、死而复生的愿望。

虽然从现代设计理论的眼光看，儒家的学说不否定欲望的存在，但认为欲望必须有所度量、有所节制，所以欲望事实上被等级化、结构化。从经纬两个方向，先秦儒家将社会编织成一个具有差异性、等级性的结构。从纵向说，社会有君臣父子之分；从横向看，有君子、小人之别。不同的身份和阶级，其身体的特征各不相同，"君子喻于义，小人喻于利"，"君君臣臣父父子子"，君子小人、君臣父子的欲望结构及其对身体追求的目标也各不相同，因而压抑也有所差异。对于君子等人，压抑主要是精神上的压抑，因为孔子已经赋予了他们较高的道德情操，足以达到对肉体和快感的自律。因此，对于君子而言，为了维护与其身份和道德相称的形象，追求一定的纹饰（形式美）就是合理的。而对于小人来说，由于先天的道德缺陷，必须禁锢其身体的欲求，限制他的欲望，使其成为纯粹的稼穑之躯。稼穑之躯是低级的、最基本的身体形象，因此，取消纹饰在这种身体中的运用就是必要的。孔子所谓"文质彬彬"，其实质并不针对小人，而是对统治阶层的人格形象的要求。在文明社会，这种权力则落入统治阶级的手中，统治阶级需要通过浪费、奢华炫耀它的权威，恐吓从而控制被统治的阶级，将造物设计和统治权力之象征结合起来。

清代远程冷兵器中御用的弓箭、盔甲、囊鞬、马鞍等，大量运用龙的图案，同时除皇家外，严禁他人使用龙相关的图案。早在崇德元年（1636）即规定，亲王以下官民人等，俱不许用黄色及五爪龙凤黄缎，其马鞍鞦辔坐，禁例并同。顺治三年（1646）复准，庶民不许用缎绣等服，满洲家下服役人等，不许用蟒缎妆缎锦绣等服，八年（1651）谕官民人等，马缨不许用红紫线，披领、系绳、合包、腰带，不许用黄色线，靴底牙缝、马鞍坐牙缝，不许用黄色。

同时体现在弓的形制设计上，为天子之弓，合九而成规；为诸侯之弓，合七而成规；大夫之弓，合五而成规；士之弓，合三而成规。这是封建王朝森严的等级制度在弓箭造型设计方面的体现：帝王所使用的属于特制弓，九把弓合在一起，刚好能够围成一个圆，可谓"天圆地方"一统天下的一种诠释，同时数字九也是至高无上皇权的体现。帝王以下不同等级的官宦及士卒，同样须按照等级的高低使用不同规格的弓。

除此以外，纯粹的功能过剩也体现着权力，过剩主要表现为功能的炫耀和张扬，从而造成了功能的浪费。前面我们谈到了清帝所用御用弓的"弓力"，八力的弓已经远远超出了实用弓的范围，超过八力的弓可以理解为已经超出了练习的范围，如康熙帝的御用弓达至"十一力"，作为皇帝臂力已不同寻常。若从文献资料记载看，他能拉开"十五力"之弓："自幼强健，筋力颇佳，能挽十五力弓，发十三握箭，用兵临戎之事皆所优为。"

纯粹的功能浪费是欲望、快感的宣泄，是功能对欲望的谄媚，这种谄媚表明了功能的使用者是自身欲望和权力的所有者，因而它有自由宣泄、表达自己欲求的权力。冷兵器设计中的权力结构也一目了然，譬如，不同等级的人，其所使用的造物的结构、功能、装饰等都有严格的界定。

（三）清代远程冷兵器设计故步自封思想

自后金（清）努尔哈赤始，就开始注意在战争中对火器的使用。皇太极重视火器的制造，使后金的火器制造业有了较大的发展。清朝定鼎燕京后，顺治朝注意发展火器，康熙朝成立了火器营，而后全国部分省份纷纷扩充鸟枪兵。朝廷把鸟枪的增设重点放在了地处重要地理位置的省份。在军队平时操演中，清帝非常重视对火枪的训练，对演习火枪作了明确的规定。乾隆帝将火枪称为神器。在康熙亲征噶尔丹和乾隆平定西域的战争中，火器都发挥了巨大的作用。

然而，清朝创业拓基之君无不精于骑射，并以骑射开国，武功定天下，骑射尚武依旧被清帝奉为"满洲根本""先正遗风"。由于大力提倡以及对"国语骑射"的过分自信，清政府溺于传统，对火器的研制关注不足。另外，清帝多次下旨严禁民间拥有火枪，火枪一律由国家统一管理，其严禁私造、私贩火器的政策也阻碍了火器的发展。虽然康熙朝重视对火炮的研制，故宫博物院也珍藏不少清宫遗留品，但雍正朝以后，受民族传统观念的影响，火器的技术发展受到冲击，对火器研制毫无创新，且在清军中推行"不可专习鸟枪而废弓矢"的政策。乾隆朝对火器也没有新的研制。

现珍藏的清宫遗留的御制火枪在性能上并没有多大的改进，只是在枪杆的装饰上镶嵌得美观而已。这些火枪更没有被加以研发以装备军队，而仅仅成为皇帝行围狩猎的工具，在清宫档案和藏品所附黄纸签、皮签上也仅是记下了御用枪射杀鹿、虎的成绩，使宫廷中的火枪成了时髦摆设和把玩之物，成为满足个人欣赏的奢侈品。随着时间的推移，封建皇朝的专制统治，特别后世皇帝的不思进取，国力衰弱，使得火枪的实用价值更进一步地削弱，加之晚清政府的腐败和保守思想严重，不重视外国先进火器的使用及其制造技术的引进，致使清代后期火器及火枪的发展大大落后于西方列强。康熙尝言："兵非善事，不得已而用之。"在对待火器的态度上，康熙帝一方面强调火器的重要性，另一方面又大讲"仁者无敌"。康熙二十一年（1682）八月，监察御史拉色奏曰："臣曾在出兵地方，见贼处火器甚多。今天下已定，陕西近边及沿海地方火器仍留，其别省应概行禁止。"康熙则认为治天下之道在政事之得失，而不在火器之多少。在这种思想的指导下，康熙中后期，随着大规模战争的相继结束，清廷也放慢了火器的制造和研制速度。

在此以前，清代的中国社会拥有与自身的生产和生活方式相适应的一整套传统的工艺技术。不管是达官，还是文人，都已找到最佳的适合于自身的生活形式，而平民则在自己的屋檐下乐天安命。纵观中国古代历史的进程，传统造物设计的发展基本上是正常和健康的，虽然在某些时期出现了过于繁缛的趣味，但是从大历史的角度来看，它与当时生产力的发展相适应，表现为节制的和实在的品格。然而，在西方工业文明通过殖民方式入侵之后，中国在农耕社会形态下展开的这种群体对艺术生活的追求便遭到解体。西方的外来思想蔓延到了当时社会的各个角落，统治阶层则采取强烈的抵触方式来应对这种外来思潮，两种思想在早中期的清代社会既相互往来又相互抗争。"用"和"玩"是生活中最易变化的两大领域，明末传教士首先带进来的时钟，受到各个阶层的广泛欢迎，人们很快接受了机械时钟，明末已有人开始仿制，出现了家庭制钟作坊，康熙时期还建立了皇家制钟工厂，但这些只是为中国人提供了一种新奇的玩物而已，况且这种西方用物为玩的观念，也无益于中国科学技术的发展。

总之，虽然1840年以前，中国的统治阶层多次接触到西方的技术，但除了天文、地理以外，从未意识到这种技术给社会发展所带来的作用。乾隆托英使给英皇的信中说：中华帝国地大物博，什么都不缺，今后不要再麻烦你们大老远贡送这些"奇技淫巧"的小玩意来了（图6.19）。这从反面说明了当时人们对于技艺的认识还停留在过去，某些观点从农耕的自然经济社会来说或许有些道理，但在近代则已成了令人啼笑皆非的荒谬的东西，这也说明了以儒家思想为主体的传统设计工艺观已经不再能适应近代生活的变化，对于设计工艺的看法的变化终究要有新的内容来代替，而新的设计思想便也由此产生了。广东及浙江一带的平民对于洋货的爱好，以及他们对于新式民用工业的态度，他们对新式日用品的喜好，均可以反映出这个问题。在西方列强加紧侵略步伐的同时，一些有识之士面对严峻的现实，力图自强以救中华。魏源曾向林则徐提出，向西方学习，使用火器，用强大的军事力量禁绝鸦片，抵抗外侮。在《海国图志》里，魏源更明确地主张"经世致用"的人才即是能担

图 6.19　马噶尔尼进献的自来火枪局部

当起雪耻御侮之大任者。因此，应"师夷长技"，"以彼长技，御彼长技"，达到"以夷攻夷"的目的。

第七章

结　论

对古代武器装备设计思想进行研究的目的是为了现代军备设计，使现代军备设计可以传承中华民族的设计文脉，通过对文质关系、物人关系、军事思维、礼法关系的解读，结合当下时代背景进行传承或批判，构建自身武器装备的设计风格导向（图7.1）。

一、清代武器装备设计思想的古今传承

根据不同的维度，我们可以将武器装备造物设计划分为若干种不同的功能。从人体生理和物理的角度看，武器装备设计的功能主要指它的实用功能，即它必须满足使用者人体的身体尺度，同时也要满足其相应的攻击、防御和辅助功能。从政治的角度看，武器装备设计的实用性是其价值得以形成的基础，但又不仅仅局限于实用性。因此，就武器装备设计的根本性特征来说，威慑功能是其得以存在和发展的动力之一。尽管威慑不是武器装备设计的主要目标，但是，只要有战争和武力的存在，武器装备设计的威慑功能就不可避免地要成为它的功能要素之一。从美学的角度看，武器装备设计必须具备一定的审美特征，超越纯粹的器物的实用性，具备一定悦人耳目的形式，以满足文化、经济身份之象征性需要，从而确证和建构一定的阶级的、社会、文化身份和交往身份，称之为象征功能。我们认为，实用功能、威慑功能以及象征功能是武器装备设计的三个主要功能。

（一）武器装备设计实用功能思想传承

武器装备的产生之初就是以狩猎和战斗为目的。这就注定了其以攻击、防御和辅助为出发点的功能性主导性质。在中国传统武器装备设计思想中体现为顺从物性、以人为本、敦本务实、精进不休。传承至今日的时代背景下，在武器装备设计的过程中，顺从物性思想体现为针对不同的攻击目标、防御目标和实战环境进行有针对性的设计，顺应目标对象本身的特性，探寻最佳的攻防之道。同时在材料科学飞速发展的今天，武器装备在设计过程中应最大程度地迎合材料的特性。从材料和技术本身出发，通过设计最大程度地发挥其"物"层面的优势，规避劣势；以人为本思

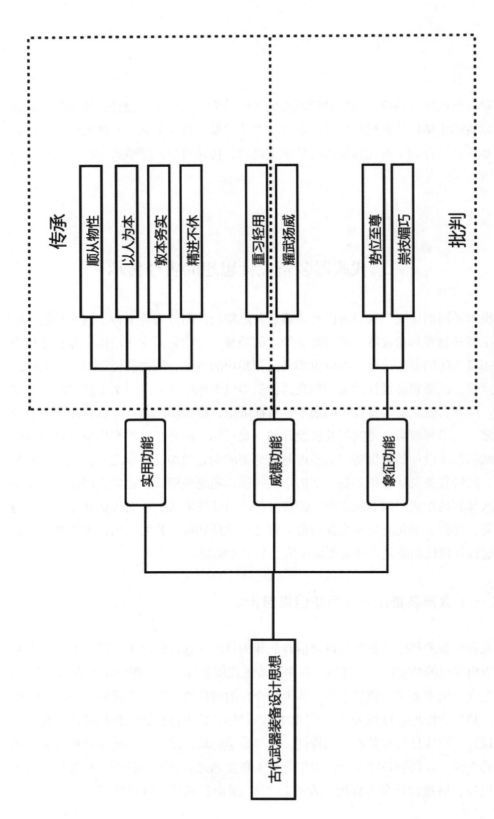

图 7.1 清代武器装备设计思想传承与批判

想突出呈现在设计过程中，不能忽视士兵这一"人"的主体。在保证武器装备性能的同时，最大程度地考虑使用者的人身安全、舒适程度，以及学习难易度、操作复杂度，甚至使用过程中的心理问题；武器装备在设计过程中应敦本务实，应该做到适当的取舍，不在某单一性能方面过分追求，而应追求各方面的平衡，在追求杀伤力的同时，也应考虑寿命，在追求防御力的同时，也应注重灵活性；当今世界，军事科学发展迅速，武器装备应对的作战局面也瞬息万变，只有精进不休，才能顺应国际作战局面的发展。

（二）武器装备设计威慑功能思想传承

武器装备群体中，单一兵器个体的创造在于使用者在社会整体环境下对物质资料的占有程度。由此可知，一个政权所设计的武器装备中的"实用性"，其本质是高于具体使用范畴的，是一种建立在社会环境之上的威慑象征。当今时代背景下，国际大环境相对和平，武器装备的设计也更多地从实际使用目的转变为威慑目的。康熙帝尝言："兵非善事，不得已而用之。"并强调"仁者无敌"。我国在核武器的设计研发中，自始至终强调不首先使用核武器，但核武器的拥有是一种强有力的军事威慑。

（三）武器装备设计象征功能思想传承

武器装备设计象征功能层面。除了对物理空间中的身体施加影响以外，设计还要通过武器装备本体的区分，建立不同阶级、阶层、种族等社会空间中的身体及其观念，以促使统治秩序的自我生产，设计象征功能的塑造必须结合设计中的符号完成。一方面，武器装备设计的符号，如图像、装饰符号、标志、色彩等，吸引身体感官，从而意识形态从感官中潜入思维；另一方面，符号的隐喻、象征，它的社会、文化属性区分、塑造着不同的身份形象，这些区分使社会的空间秩序保持着自我运转的状态，意识形态的自我生产也得以顺利进行。当代武器装备设计中象征功能的符号运用，可以有效地起到鼓舞士气、稳定民心的作用。

二、对清代武器装备设计思想的批判

对于清代武器装备设计思想的批判，主要在于其过于追求奢华和繁杂的装饰崇技媚巧，以及对于封建和皇权思想的推崇。中国社会在清代呈现的由盛而衰的大变革，对既是物质形态又是精神形态的设计造物所产生的影响尤其明显。一方面，清代的"康乾盛世"将几乎历史上所有存在过的工艺品种从技术上发展到高峰，但是，将技术等同于艺术，既是美学趣味上的贫乏，也是文化式微的直接体现。在技术的引领下，烦琐堆砌，格调低下，流于庸俗和匠气便是难以避免的；另一方面，伴随着科技革命和工业革命而急速发展的欧洲，不仅一日千里，蒸蒸日上，而且野心勃发，大肆扩张。一个式微，一个强盛，两者之间的不同处境和形态，使得中国如同一个巨人沉睡在这些环伺着的侵略者中间，老态毕见，力不从心。

（一）对武器装备设计崇技媚巧思想的批判

从现代设计理论看来，造物设计的美和实用功能并不相悖，在某种程度上说，功能必须借助于美学的形式，才能完美地实现其作用。但是，不可否认的是，形式美确实是视觉等感官上的欲望之表现，它必须不断地自我否定，以不断获得新的、不同凡响的感官刺激，才能维持自身的存在。形式美对身体的存在和物质的生产来说是多余的、无用的耗费，它纯粹是消耗性的。不管造物设计的功能层次如何丰富，实用功能依然是造物艺术最基本、最本质的功能，因为身体的需要是造物设计的直接动力。它首先要满足身体最基本的功能需要，而这种需要是不断变化和增长的，不断的膨胀的欲望不断地构成了新的需要，需要的欲望值越高、越强烈，功能效果就越小，越不符合人体的尺度。或者说，需要不仅是自然的需要，也是功能自身建构、催化起来的需要。需要是社会的产物，因此，实用功能就成为造物设计的一个悖论性问题：一方面必须满足人的身体需要，另一方面又必须压抑身体的快感，限制功能的完美表达。

对实用功能的节制是造物设计历史及理论史上的一个重要现象，为限制欲望的界限，实用功能总是被限定在最基本的身体满足上面。因为欲望的节制和稳定是社会秩序的基础。因此，造物艺术的实用功能就不单具有实用性，它还具有社会功能，准确地说具有权力统治和驯化的功能。这种权力的力量本源于身体里的欲望，是它为自己带来了否定性的力量，但作为维护政权安稳、保护人民生命财产安全和抵御外来入侵是最重要工具，武器装备设计中实用功能的重要性不言而喻。清代武器装备设计中过分追求工艺、装饰和奢华，无形中严重阻碍了军事科学技术的发展，最终导致了落后挨打。因此，在造物艺术的功能与禁欲主义之间，存在着永远的张力，在提倡功能的禁欲主义同时，造物艺术又必须反对奢侈和浪费，反对美学上的对感官的过分追求。

（二）对武器装备设计皇权封建思想的批判

中国的封建帝制在清代达到了空前的顶峰，这一点在其武器装备设计思想中，表现为势位至尊、奉天承运、妄自尊大与耀武扬威。此时的部分武器装备设计，通过将杀伤目的进行过程上的繁复拆分，最终得到由统治者本人获得功绩的结果，使实战变成了一种表演和献媚之事，造成了人力、物力的浪费。过分地宣扬"丰功伟绩"，也是清代统治者沉醉于自己奉天承运的身份之下，妄自尊大，最终导致落后挨打。

清代末期，封建和资本两种形态的较量，使清政府痛切地感到了落后的意味，一些有识之士检讨几百年甚至上千年来对"器用"的蔑视所造成的后果，提出了"师夷长技以制夷"的主张，以洋务运动为契机，开始了传统工艺向近代工业的转变。明末在西学影响下所产生的对机械与日用制造的兴趣，经过几百年的沉积之后，又在特殊的条件下勃兴。从军事工业到民用工业的转变，再加上"洋货的冲击"，近代中国人的器用观受到巨大的冲击，甚至于在民间形成了一种"洋货至上"的观念，洋布、自鸣钟、鼻烟壶等很快成为社会追逐的时尚。面对这种状况产生了两种截然不同的思想：一是主张沿袭传统，以奇技淫巧腐蚀人心、白银误流外国而加以反对；二是呼吁必须正视中国落后的现实，向外国学习先进技术，主张从学习西方的军事工业技术开始，进而制造一些民用的新式工业品，还主张在官办之外，听任"沿海商民"自设厂局来仿造新式工业品。这些思想，虽然是受西方影响，但中国的知识分子均在学习、融会和吸收的过程当中，通过实践，逐渐形成了新的技术观，并在这种观念下形成了自己的技术美学观。从此时开始，具有近代形态的工艺美学或者说设计思想开始了它的萌芽期。

附 录

一、《兵技指掌图说》（部分）清道光二十三年绘本

技將之教兵俱有一定之法若不示以模範則

繪成圖說以相指示非好為煩瑣也蓋兵之練

練兵之法自置陣以至弓矢刀矛無一不為之

無所能故多怯若技藝既精則膽氣自倍故其

羸弱為精強增懦夫以壯氣無他練故也人惟

不練可知近如明代戚繼光之在浙薊並能轉

之力觀頗為楚將尚思用趙人則趙兵練楚兵

兵為先孫武用吳廉頗用趙其教士皆非一日

適越必不可得之事矣古之良將未有不以練

兵技指掌圖説序

將不訓士與無兵同兵不練技與徒手同古者

五兵有長有短而弓矢力能及遠最為利器今

加以槍礮其猛烈之用尤前古戎器所無顧同

一器而利鈍或至逈殊者則習與不習異也我

國家武功之盛遠超往代而承平既久介胄之士

罕經戰陣訓練之道往往僅託空言不知兵不

素練設一旦遇有緩急雖勇夫不能以無懼以

懼敵之人而欲責以臨敵制勝是猶北轅而求

因地制宜添設連環銅礮及連弩二器選兵教

肄軍容益形整肅特恐諸將備指教之際口講

手畫稍有參差久之或寖其法爰復繪圖十二

詳為之說俾各營兵士按圖練習瞭如指掌自

可相觀而善日新月異何患不悉成勁旅也圖

既成因名曰兵技指掌而為之序

　道光二十三年歲次癸卯孟春中澣

　　督直使者長白訥爾經額識

教練不能畫一紆徑歧塗或致誤於所受而臨

陣無適於用所關實非淺鮮余前在楚省見其

兵雖勇剽而技藝殊疏曾與各營親為講究舍

短取長每技各為一圖俾令照式演習期於適

用自奉

命來直以

畿輔重地尤無日不以武備為兢兢時與諸營將

備討論兵技如其訓習有素於是復舉向日在

楚教練馬步槍箭刀矛籐牌之法相為講授益

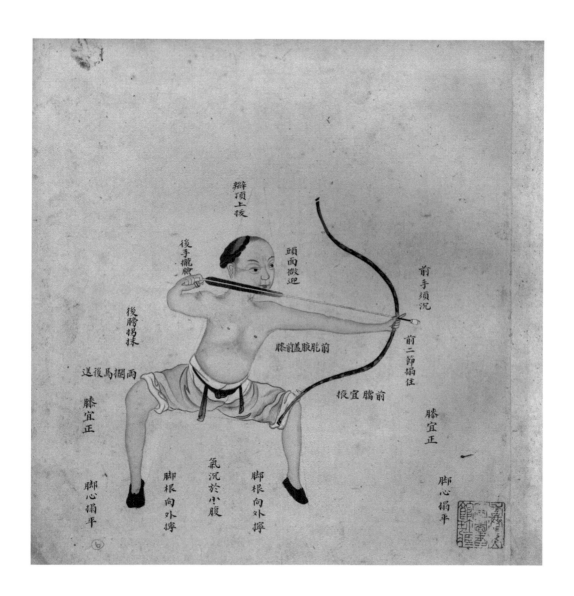

馬箭練法以蹲襠為主兩腳心攔平兩腳跟向外撑兩膝宜正兩攔馬宜向
後送兩腿根從裡面向外撑兩臂宜上翻氣宜沉項宜接上馬照蹲襠之
式使足務將扯手掌聲身要
馬欲蹤臀兩手將扯手
捧起折腰按項待馬
跑穩始將扯手
貫之入弦前手
桿向二鈕得扣
鬆放後手順箭
須彎而沉後手
須靠胸前翻掌得鞭
沉住後腰鞭打馬臀認扣
開弓前手須對鐙眼前膛
宜揪之後膝宜撑之頭宜微迎之前肐胲如攔至前膝蓋開弓攏臉須箭
合嘴角後肘拐抹肘尖對後腰眼擠沖前胁待馬跑至跴地毬斜視丈許
迎而放之前手歸於左肕下後手提起扯手收馬報名馬箭練法當如此

合住馬至道口兩肘須向裡合

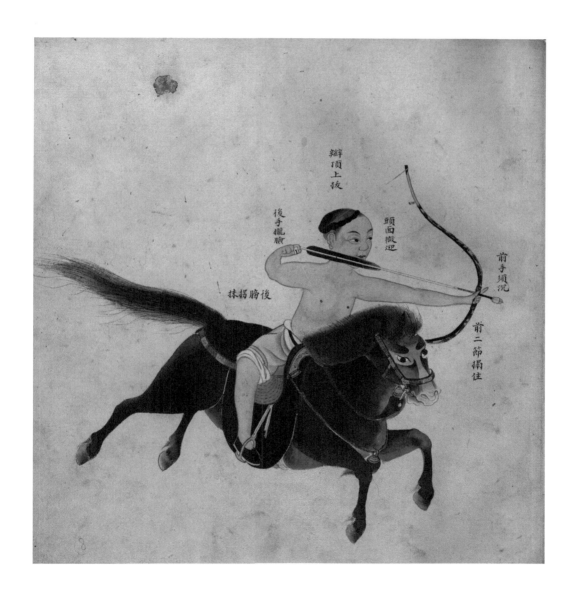

馬箭馬上練法與地
上蹲膃練之無異

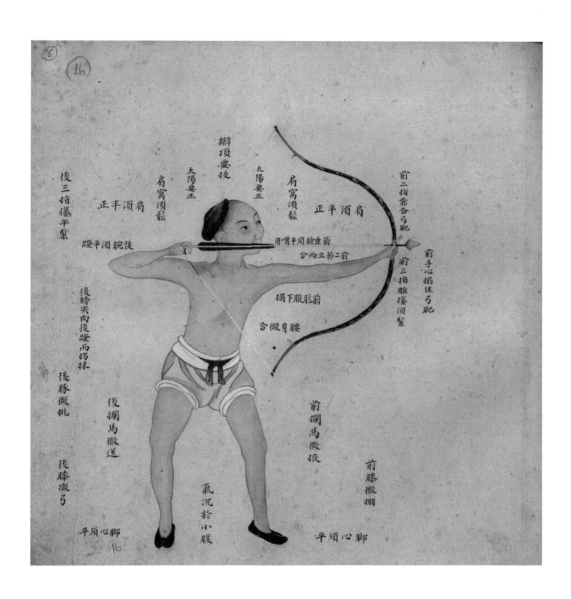

辮頂要掇

太陽要正

肩窩須鬆

正平須肩

後平須腕

肩窩須鬆

正平須肩

太陽要正

前二指常合弓靶

前手心攝往弓靶

前三指雕擭須緊

前嘴平順臉靠箭

合而立節二前

攝下腋肪前

合微身腰

後三指攝平緊

後腰尖向後蹬而拐抹

後膁微挑

後攔馬微送

後膝微弓

前攔馬微撥

前膝微掤

氣沉於小腹

平須心脚

平須心脚

步箭練法邁步當與肩齊兩足站定似丁不丁似八不八前膝微撐後膝微

弓後攔馬送後脥微挑前攔馬微掖腰身微合氣須沉於小腹兩肩須

平而正肩窩須鬆前胠腋下搨前胳出足從袖底用力直入前手心頂住

弓靶前胳膊二節須立

而合前三指

雕攝弓靶

須緊前

大指

根

搨住

弓靶前

二指靠合弓靶後

膀尖向後蹬而微揚

抹後腕須平蹬搬指眼

擦平緊若開弓先順頭

角眼向虎口上對靶待三四字後滾滑搬指輕捷撒放步箭練法當如此

要挑挂玲瓏後手二指須靠箭扣後三指宜

對靶兩太陽要正辮頂要扳箭靠臉須平嘴

箭匣要正

前手攥住弓

靶力向後收

顖骨立住

面脚住蓋前膝

心範準對尖脚前脚

直搦腿後

順斜宜脚後

弩弓練法將前腳
尖對準靶心前
膝蓋住腳面後
腿搠直腳宜科
順身子對正靶
心立住膁子骨
氣向下沉前手
擎住托靶將月
拐放在前腿根
攥緊托靶力向
後收箭匣端正
右手推匣挂弦
眼由斗內照靶
心用力扳弓發
箭宜平宜速弩
弓練法當如此

二、《太白兵备统宗宝鉴》（部分）清咸丰十年抄本

太白兵備統宗寶鑑卷八十

行營諸器下

鬼箭之法用鐵蒺藜裹汁炒染毒藥戳腳曰鬼箭撒

地以為阻路守險之用

入竹筒形

此筒用猫竹去皮庶不裂長一尺工用木盖下用原

節為底貯蒺藜懸之於腰用時手提撒之下地均勻

且速而不結除此皆平摔蒺藜不利用矣

樂上書室

卷八十

197

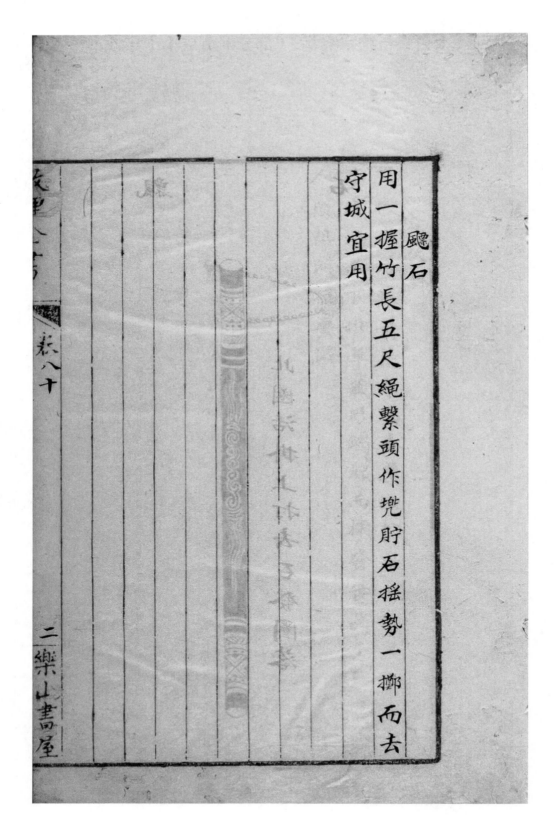

飀石

用一握竹長五尺繩繫頭作兜貯石搖勢一擲而去

守城宜用

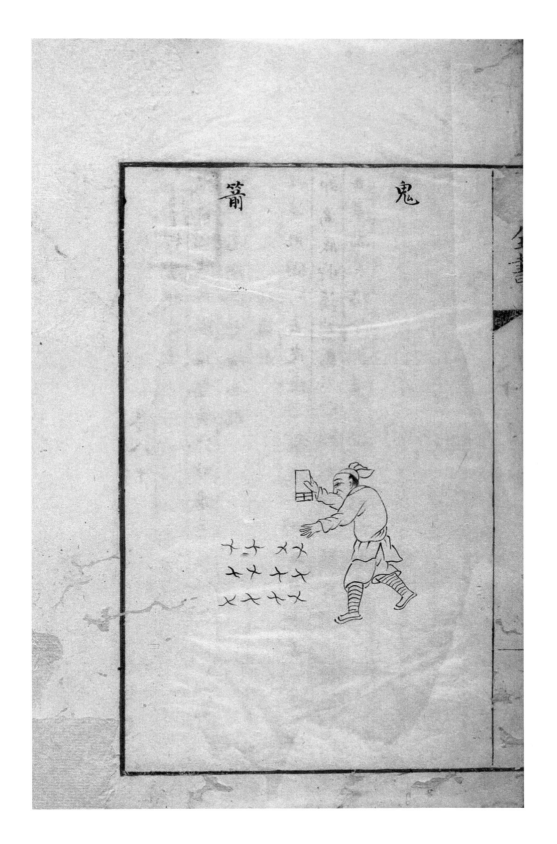

夜伏耕戈

弩機用浮輕箭染草烏毒藥以線引繫樁于二三十
步橫路而下堆草藏形躅線而機發箭必中恐害自
人須阻所行要路

卷八十

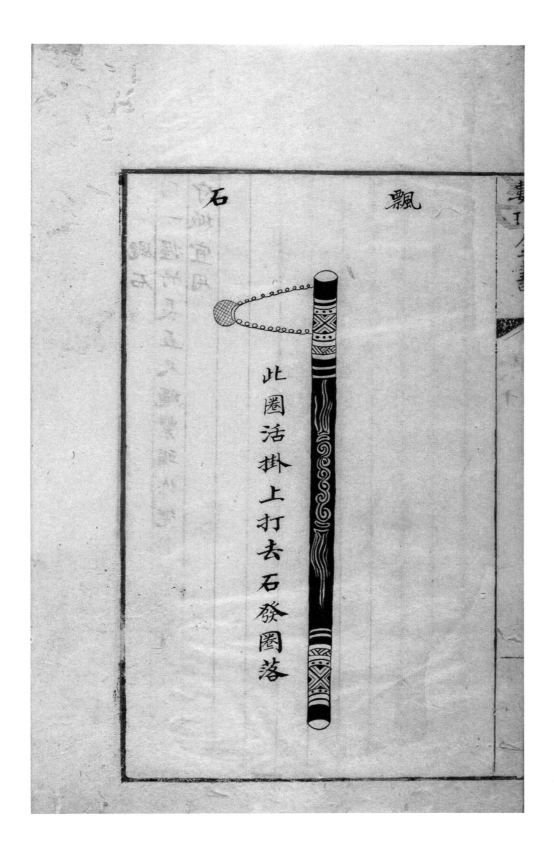

飘　　　石

此圈活掛上打去石發圈落

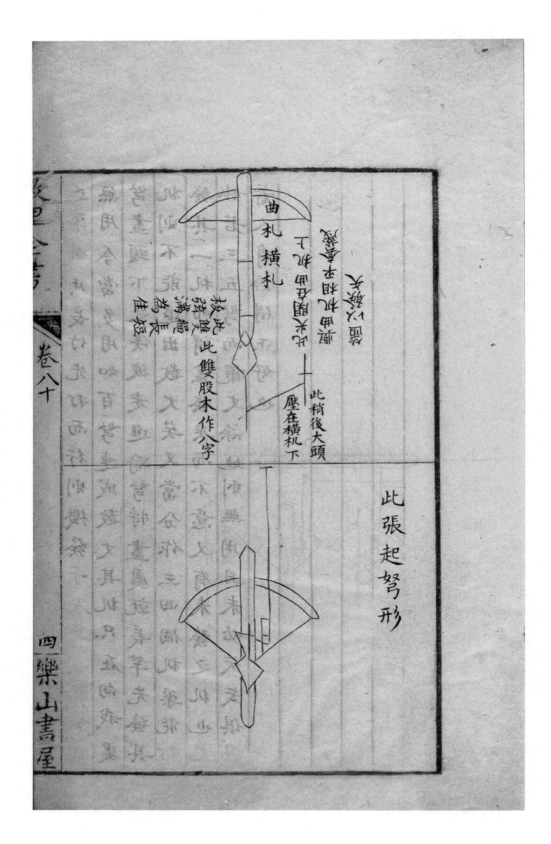

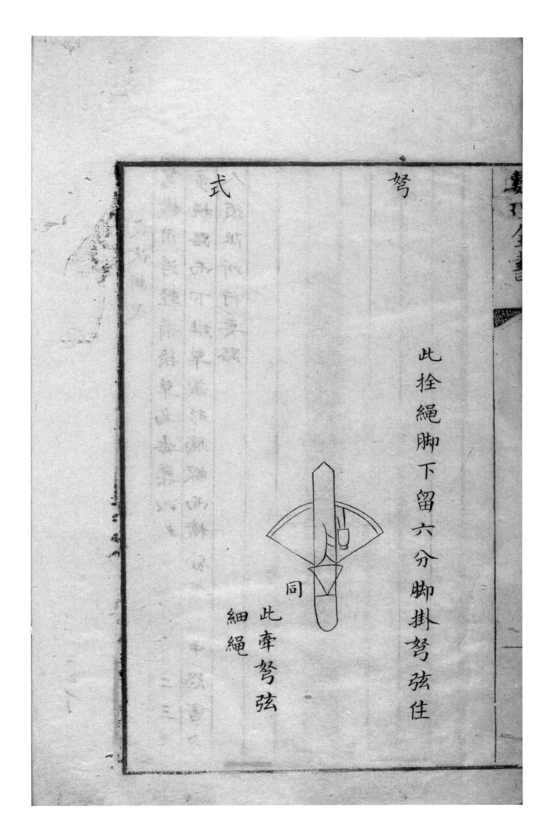

弩

式

此拴繩脚下留六分脚掛弩弦住

同
此牽弩弦
細繩

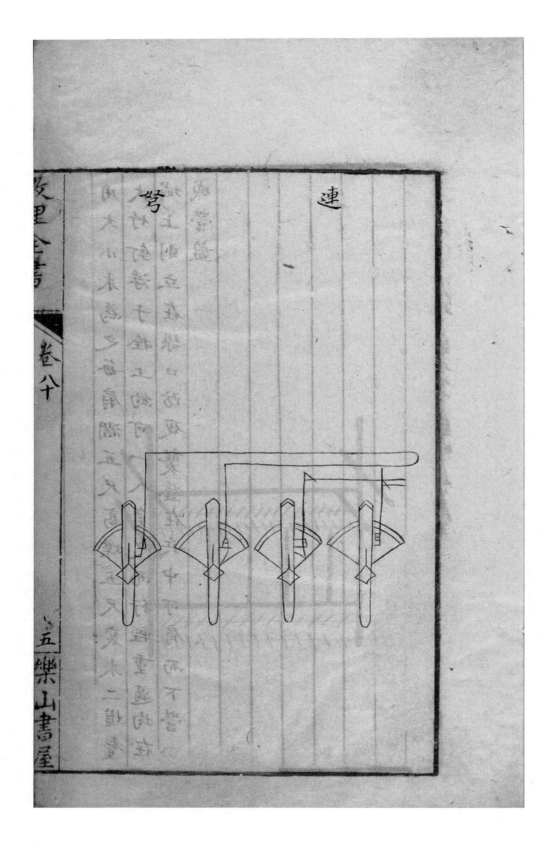

連

弩

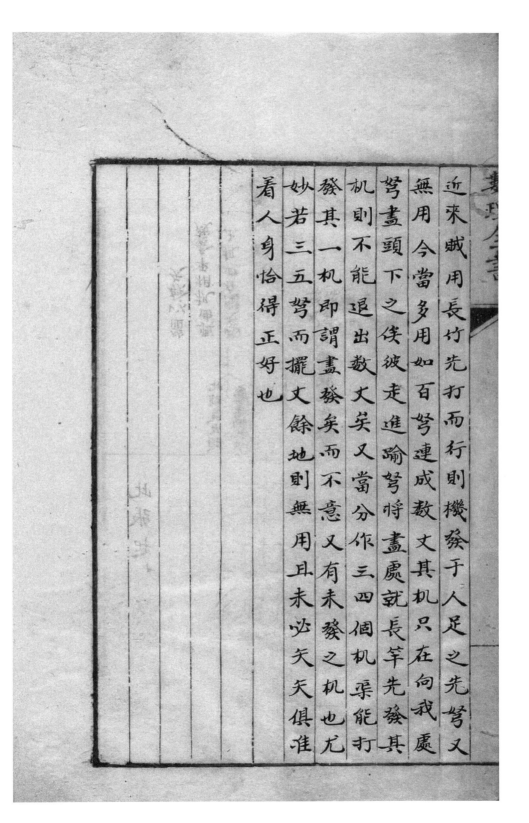

近來賊用長竹先打而行則機發于人足之先弩又
無用今當多用如百弩連成數丈其机只在向我處
弩畫頭下之俟彼走進踰弩將畫處就長竿先發其
机則不能退出數丈矣又當分作三四個机渠能打
發其一机即謂盡發矣而不意又有未發之机也尤
妙若三五弩而擺丈餘地則無用且未必矢矢俱準
着人身恰得正好也

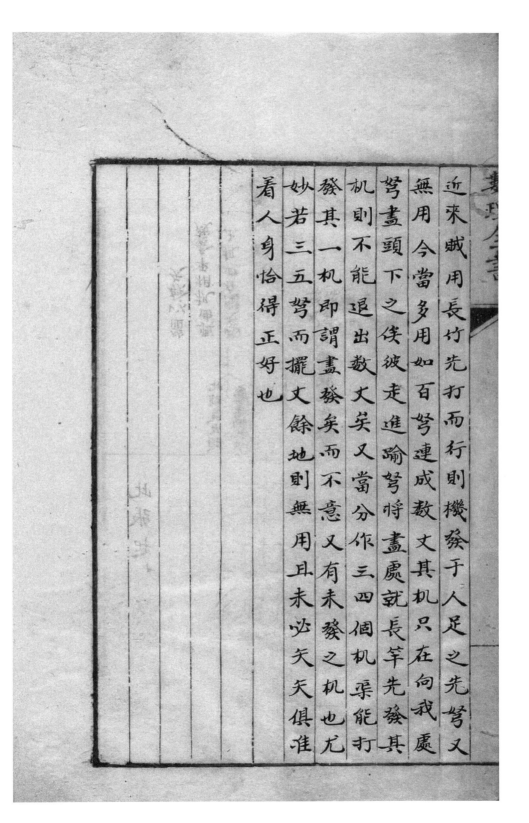

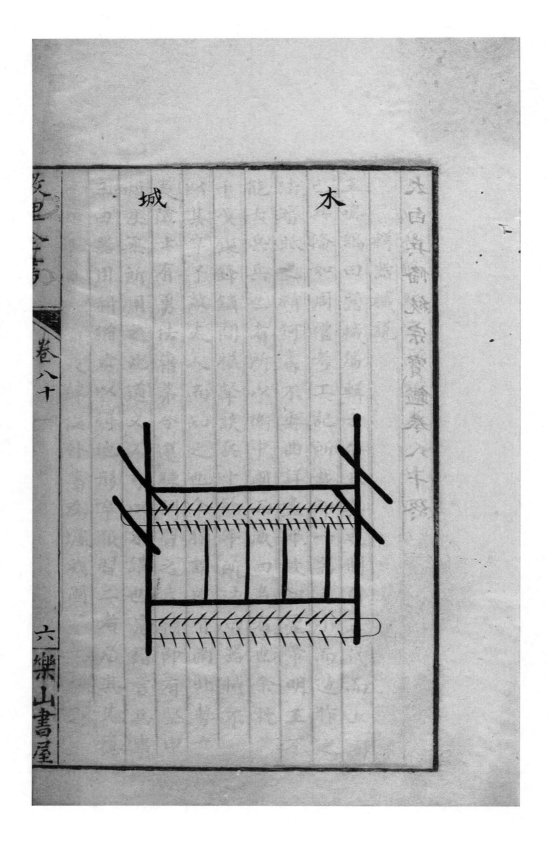

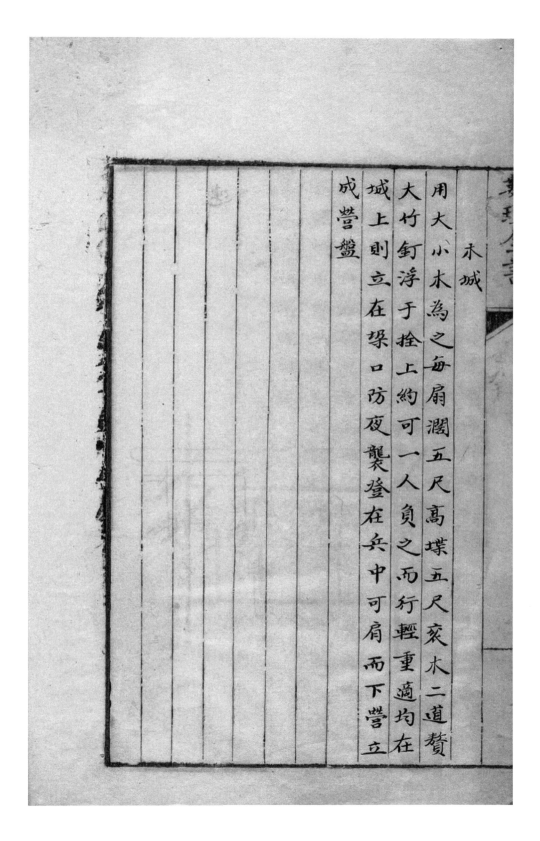

永城

用大小木為之每扇濶五尺高堞五尺冢木二道贅

大竹釘浮于捵上約可一人負之而行輕重適均在

城上則立在垛口防夜襲登在兵中可肩而下營立

成營盤

太白兵備統宗寶鑑卷八十一

輯器械說

王鳴鶴曰器械篇輯古今五兵之制自三代而上固
己具備如周禮考工記所載即一器之小而造作之
法審眠之精何嘗不委曲詳盡耶故知聖帝明王不
能去兵兵也者所以衛中國而威四夷者也余枕籍
干戈鈹鐘間檻擊談兵十餘年所法曰器械不利
以其卒子敵夫人而知之也余獨謂地有南北勢有
夷險士有勇怯籍茅令選練訓習之未預即有堅甲
利刃無所用之此道又不可以不講也晁錯言兵事
三曰器用利猶必以得地形辛服習二者居其先意
可知己方今島夷肆侮外藩為墟我國家悉慕調之

文理大成／卷八十一

一樂山書屋

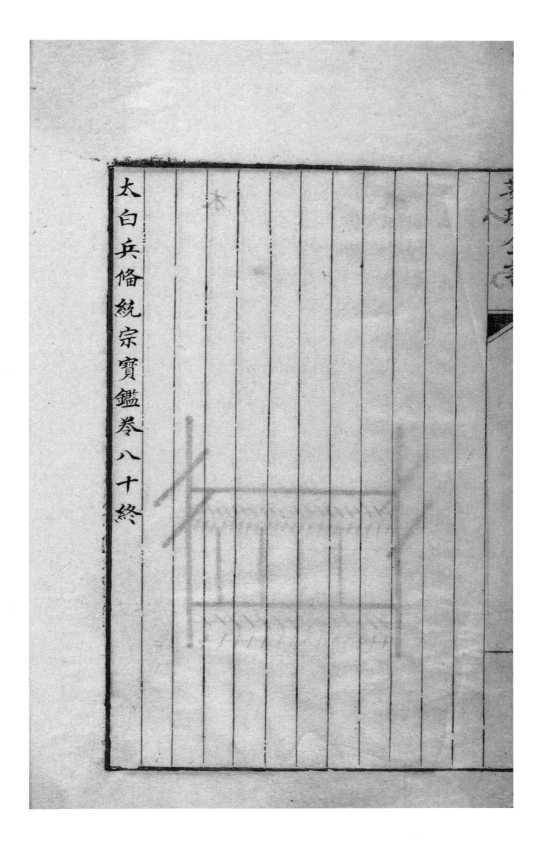

太白兵備統宗寶鑑卷八十終

周禮天官玉府掌王之兵器凡王之獻兵器受而藏
之

內府掌受良兵良器以待邦之大用凡四方之幣諸謂

贄所獻貢謂諸侯之兵器入焉

侯所獻貢謂諸侯之兵器入焉

司兵掌五兵五盾各辨其物與其等以待軍事及授

兵從司馬之法以頒之及其受兵輸亦如之及其用

兵亦如之祭祀授舞者兵大喪廞五兵軍事建車之

五兵會同亦如之

司戈盾舘掌戈盾之物而頒之

司弓矢掌六弓四弩八矢之法辨其名物而掌其守

藏與其出入中春獻弓弩中秋獻矢服

槀人掌受財于職金以齎其工弓六物爲三等弩四

數理全書

兵航海而禦之地形之謂何服習之謂何而況器用
之利鈍未可知也欲圖萬全而期必勝且未易以歲
月計矣凡有閫外之寄者其毋弁髦余言哉

器械上

易繫辭弦木為弧剡木為矢弧矢之利以威天下蓋

取諸睽

說卦離為火為甲胄為戈兵

書禹貢荆州厥貢杶榦栝柏礪砥砮丹惟箘簬楛

說命曰惟甲胄起戎

費誓曰善敹（也縫完也）乃甲胄敿（之乃）乃干（也盾）無敢不弔

（至音也的精偹其）乃弓矢鍛淬乃戈矛礪磨乃鋒刄無敢

不善

匝凡甲鍛草不鍥熟謂至則不堅已澈謂太熟則撓曲也

凡察革之道眡其鑽空欲其窬也小孔眡其裏欲其易也

敗也眡其朕制謂草欲其直也櫜之欲其約也

舉而視之欲其豐也衣之欲其無齘也眡其鑽

空而窬則革堅也眡其裏而易則材更也眡其朕而

直則制善也櫜之而約則周也舉之而豐則明也光耀

也衣之無齘則變也隨人身而變利也

弓人為弓取六材必以其時六材其聚巧者和之幹

也者以為遠也角也者以為疾也筋也者以為深也

膠也者以為和也絲也者以為固也漆也者以為受

霜露也得此六材之全然後可以為良

凡為弓冬析幹而春液角夏治筋秋合三材膠絲

物亦如之矢八物皆三等籥亦如之春獻素秋獻成

書其等以饗工乘其事誠其弓弩以下上其食而誅

賞乃入功于司弓矢及繕人

秋官職金入其金錫于為兵器之府掌受士之金罰

貨罰入于司兵

司厲掌盜賊之任器貨賄辨其物皆有數量貫而揭

之入于司兵

考工記曰函鮑人為甲犀甲七屬兕甲六屬合甲五屬

犀甲壽百年兕甲壽二百年合甲壽三百年凡為甲必先為

二百年合期表裏合取之甲壽三百年凡為甲必先為

容之謂服容者然後制裁草也皮權輕知其上上腰以旅也扎葉

一葉扎為與其下下腰以旅而重若一以其長為之圍

造物武道：清代远程武器装备设计思想研究

中弱則紆曲中強則揚也飛羽豐則遲羽殺則趮也旁掉

是故夾以指而揺也以眡其鴻殺之稱也凡相榦欲生眡謂榦無而

之以眡其鴻殺之節也撓謂弱也榦

搏也謂圓同搏欲重材之摶欲重節欲疏

同疏欲桌鎮票疏而監其

桃氏為劍臘謂兩廣二寸有半寸兩從半之以其臘

廣為之莖圍長倍之

廬人為廬器戈柲六尺有六寸殳如杖長尋尺八

有四尺車戟刃三常倍尋曰酋矛常有四尺夷

讒之為矛無過三其身弗能用也言傷也之為矛無過三其身

也而無已又以害人故攻國之兵欲短守國之兵欲

長攻國之人眾行地遠食欲機且涉山林之阻是故

攷工全書 卷十一 四樂山書屋

奠〔讀為定〕體冰析灂〔涞灂也〕冬析幹則易春液角則合〔讀為治〕夏治筋則不煩〔亂也〕秋合三材則合〔堅密也〕寒奠體則張不流〔猶移也〕冰析灂則審〔猶定也〕環春被弦則一年之事〔謂期年乃可用〕

矢人為矢鍭矢參分〔謂三分之〕茀矢〔茀當作殺〕參分一在前二在後兵矢田矢五分〔謂分之為五〕二在前三在後殺〔當作第〕矢七分〔分之為七〕三在前四在後參分其長而殺其一五分其長而羽其一以其笴〔矢幹〕厚為之羽深水之以辨〔猶正〕其陰陽〔浮之于水以浮沈辨之也〕夾其陰陽以設其比〔箭括抵位處〕夾之〔夾之使輕重均〕其比以設其羽參分其羽以設其刃〔刀居羽三分之一〕則雖有疾風亦弗之能憚矣刃長寸圍寸鋌〔謂箭之足入橐中者〕十之重三垸〔量名〕前弱則俛〔低也〕後弱則翔〔回顧〕

治造作皆度大司農錢邊吏職牟禦冦則庫兵

鼂錯言于文帝曰勁弩長戟射踈及遠匈奴之弓弗

能格也堅甲利刃長短相雜遊弩往來什伍俱前匈

奴之兵弗能當也材官騶發矢道同的匈奴之革笥

木薦弗能支也下馬地鬪劍戟相接去就相薄匈奴

之足弗能給也此中國之長技也

武帝時李廣將四千騎出右北平匈奴左賢王將四萬騎

圍廣廣為圜陳外向胡急擊矢下如雨漢矢且盡廣令

持滿毋發而廣自以大黃射其裨將殺數人漢志有遠

望連弩射法具十五篇

李陵傳發連弩射單于

諸葛亮傳亮性長于巧思損益連弩皆出其意

攷工全書 卷八十一

五樂山書屋

兵欲短守國之人寡食欲飽行地不遠且不涉山林

之阻是故兵欲長

輮人孤旌枉矢以象弧也

荀氏曰魏氏武卒衣三屬之甲操練二石之弩員矢

五十簡置戈其工華同與胄帶劍嬴二日之糧

漢高祖時初為算賦註民年十五以上至五十六出

賦錢人百二十為一算為治庫兵車馬

高祖時蕭何治未央宮立武庫以藏兵器

日官表中尉秦官武帝更名執金吾屬官有武庫令

丞中尉屬官有武庫令少府屬官有若盧考工室

令丞

哀帝時母將隆言武庫兵器天 公用國家武備繕

造物武道：清代远程武器装备设计思想研究

已

玄宗時擇神衛勇者為番頭習弩射又有羽林軍飛

騎亦習弩凡伏遠弩自能弛張縱矢三百步

馬燧為河南節度使造甲必為長短三等稱其所衣

使于進趨

宋太祖時馮義昇岳義方上火箭法試之賜束帛

真宗時馬軍都頭石歸宋進木羽弩箭以木為簳為

翎長尺餘入鎧甲則簳去而箭留牢不可拔五年石

晉言能發火毬火箭

太宗時上部分諸將改討李繼遷以方畧射諸將先

閱兵崇政殿引陳著為攻擊之狀刺射之法且令多

設強弩及賊布陳萬弩齊發賊無所施其拔矢纏一

文獻通考　卷八十一　六樂山書屋

虞詡為武都守令軍中強弩勿發而潛發小弩羌并

兵急攻使二十強弩共射一人發無不勝

陳球守零陵弦大木為弓羽矛為矢引機發之遠射

千步

明帝時北匈奴攻金浦城耿恭為戍已校尉以毒藥

傳矢語匈奴曰漢窒箭神其中創者必有異虜中矢

者視創皆沸大驚匈奴相謂曰漢兵神真可畏也遂

解去

唐初置軍器監後并入少府監開元初以軍器使為

監領領弩甲二坊

府弓之法人具弓一矢二十刀一其介胄戎具皆藏

于庫有所征行則給之番上宿衛　給弓矢橫刀而

牙麻解索扎絲為弦弩身通長二尺二寸兩弭各長

九寸二分兩閃各長一尺一寸七分弝長四寸通長

四尺五寸八分弦長二尺五寸箭木羽長數寸時于

玉津園校驗射二百四十餘步穿榆木沒半䩄有司

并箭奏御詔依式製造

大觀中吳擇仁奏神臂弓實乃天投以甚利之器徽

宗御筆謂射遠攻堅所向無前可謂利器使敵人習

而能之非中國利令民間不得習製

仁宗時有臣僚上言四方令外禦兩邊之患內虞盜

賊之變而天下歲課弓弩甲冑之類入充武庫之積

以千萬數乃無一堅好精利實可以為武俗者臣當

觀諸州作院有兵匠之少而拘市人以備役所作之

發賊皆散走北十戰而抵其巢穴

真宗時幸澶州王師成列李繼隆等伏勁弩分據要
害周文質部下以連弩射殺撻覽

歐陽脩言于仁宗曰諸路州軍分造器械工作之祭
己勞民力輦用般造又苦造作之所但務充數而遠
不固長短大小多不中度然而鐵双不剛筋膠
了不計所用之不堪經歷官司又無檢責此有器械
之虛名而無器械之實用也以草草之法教老怯之
兵執鈍折不堪之器百戰百敗理在不疑臨事而悔
何可及乎

熙寧中內副都知張若水進神臂弓初民李宏獻此
弓其寶弩也以檿為身檀為弰鐙鎗頭銅為馬面

造物武道：清代远程武器装备设计思想研究

高祖紹興中詔有司造克敵弓弓乃韓世忠所獻
命殿前司閱習詔能貫甲踰三右弓施二十矢者
秩一等帝謂辛執曰此弓最為強勁雖被重甲亦
洞澈若得萬人習何可當也其後楊存中以為
敵弓雖勁而士病蹶張之難乃增損舊製造馬黃
法度精密彼一矢木竟而此發三矢矣
元西域人亦思馬因善造礮世祖時與阿老丁同
至京師從攻襄陽未下亦思馬因相地勢置礮于城
東南隅重一百五十斤機發聲震天地所擊無不摧
陷入地七尺宋呂文煥遂以城降元人渡江宋兵陳
于南岸擁舟師迎戰元人于北岸陳礮以擊之舟悉
沉沒後每戰用之皆有功

收里念書　卷八十一

八　樂山書屋

器但形質具而已矣武庫更亦惟計其多寡之數藏
之未有貴其實用者故所積雖多大抵敝惡為政如
此而欲抗威決勝外懾夷狄之強獷內沮姦凶之竊
發未見其可臣私計其便莫若更制法度欽數州之
作而聚以為一處每監擇知工事之臣使專于其職
且蓉天下之良工散為匠師而朝廷內置工宮以總
制其事察其精麤而賞罰之則人人務勝不加責而
皆精矣
熙盇時置軍器監凡產材州置都作院凡天下知軍
器監言者聽諸監陳迹于是利民獻器械法式者
甚眾是歲又道內弓箭南庫而軍器監奏遣使以利
頒諸路作院為式

造物武道：清代远程武器装备设计思想研究

恃而為勇也可不謹乎

王鳴鶴曰周禮有六弓曰王弓弧弓夾弓庾弓唐弓

弓之良者名烏號繁弱其制令不可考武經總要所

戴黃樺弓黑漆弓曰樺首弓麻首弓其名雖異其質則

同今開元弓其制強大耐火九邊將士名用之最稱

利器若腹裹稱良者北京有槽稍槽霸大粘小稍皆

有可稱者其弦甚短口緊而背曲搜之易滿難不善

射者亦無彈袖之病河南有陳州弓南京揚州有小

稍弓皆窄面短身天少熱則多滾失緩急難恃不得

已而有合竹弓之制以漆漆之取其陰雨不解暑天

不走可僭南方水戰之用但無反性發矢不能出百

步之外廣東廣西有生漆下面之弓用雨不畏走滾

軍法定律每

軍器局造

針工局造

鞍轡局造

軍器鞍轡二局成造　每年一造

南京兵仗局前廠季造

器圖出武經總要

古稱工欲善其事必先利其器蓋士卒猶工也械猶

器也器利而工善兵精而事彈勢則然矣故曰兵不

精利與空呼同甲不堅密與袒裼同弩不及遠與短

兵同射不能中與無矢同中不能入與無鏃同鬭而

不勇與無手同其法五不當一然則五兵者三軍所

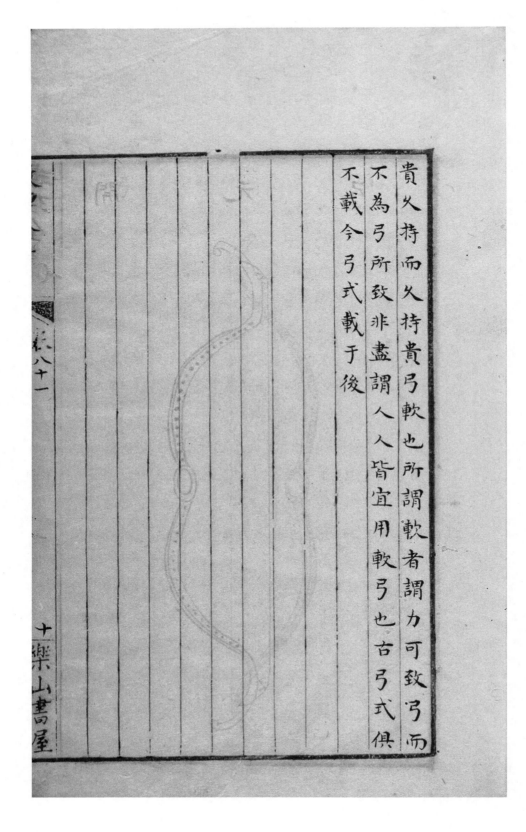

貴久持而久持貴弓軟也所謂軟者謂力可致弓而

不為弓所致非盡謂人人皆宜用軟弓也古弓式俱

不載今弓式載于後

亦步其身極圓細力苦不大射亦不速夫器之利也

因地因時難以執一至于戰陣之用非軟弓不能古

云軟弓長箭快馬輕刀此四事非火閙戰陣者不能

得其趣至于持硬弓而虓攝勇力者此不過將官套

于至于臨敵非持滿不能中非火持對定不能中其

所欲中之處破硬弓方得滿即欲發矢安能火持而

得其巧若果力大而又能火持此又上之上者也或

曰射者意中也突然而發使敵莫測何用火持鶴日

此乃射疎遠日敵及飛禽走獸之妙也先誠其意而

箭隨意發所謂得年應心之妙也至于臨大敵千百為

羣非時滿以待而勢不威猛所謂勢如曠弩捉若發

機全在勢險節短上做二夫故能使敵不敢犯此弓

造物武道：清代远程武器装备设计思想研究

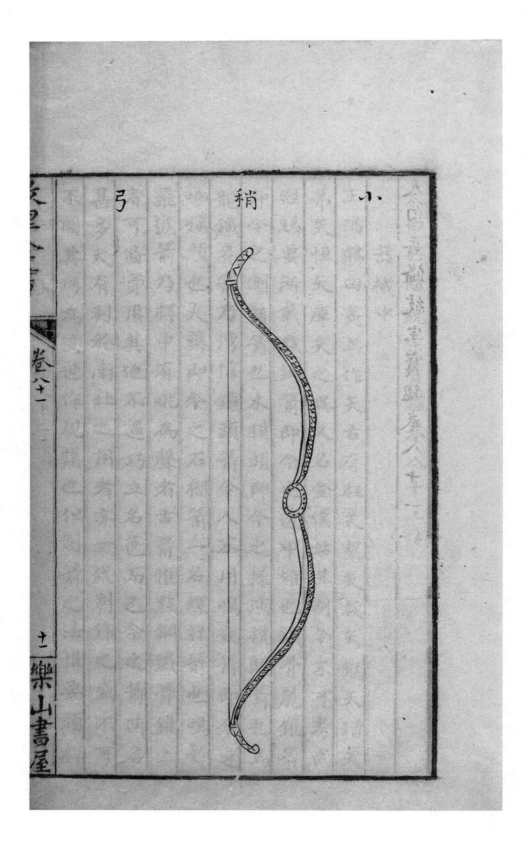

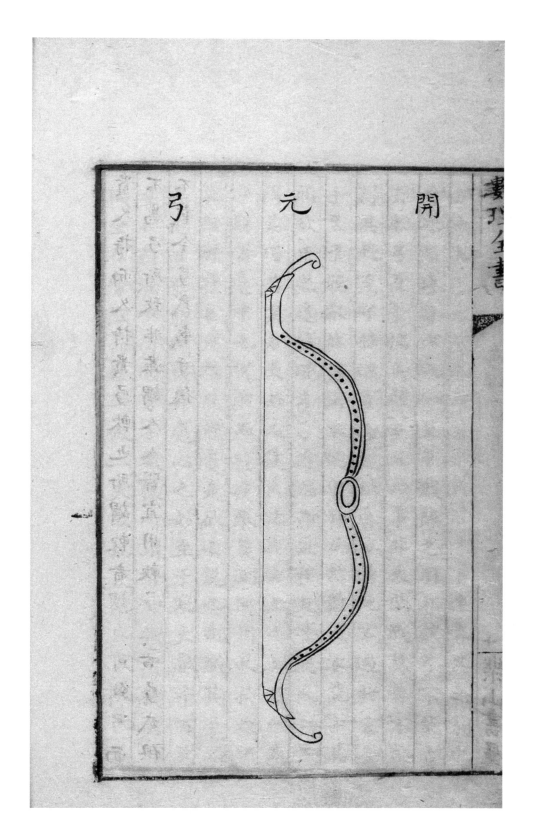

太白兵儞統宗寶鑑卷八十二

器械中

王鳴鶴曰夷年作矢古有枉矢絜矢殺矢鍭矢矰矢

弟矢恒矢庫矢之異又名金僕姑其制今不可考武

經總要所載點鋼箭即今之透甲錐鐵骨麗錐箭

即今之倒鬚箭也水撲頭即今之操演撲頭箭也烏

響撲頭也火藥即今之石榴箭一名螺絲箭也鳴鈴

龍鐵脊箭乃灣信鐵頭箭今人不用鳴鏑箭也烏

飛號箭乃桿中有吼為聲者古箭惟點鋼鐵骨錐二

者可備實用其他不過巧立名色而已今之箭其名

甚多大有利於南北之用者亦一代制作之盛不可

不圖其形為後世作規模也但制箭之法惟要頭桿

收里全芳　卷八十二　樂山書屋

太白兵備統宗寶鑑卷八十一終

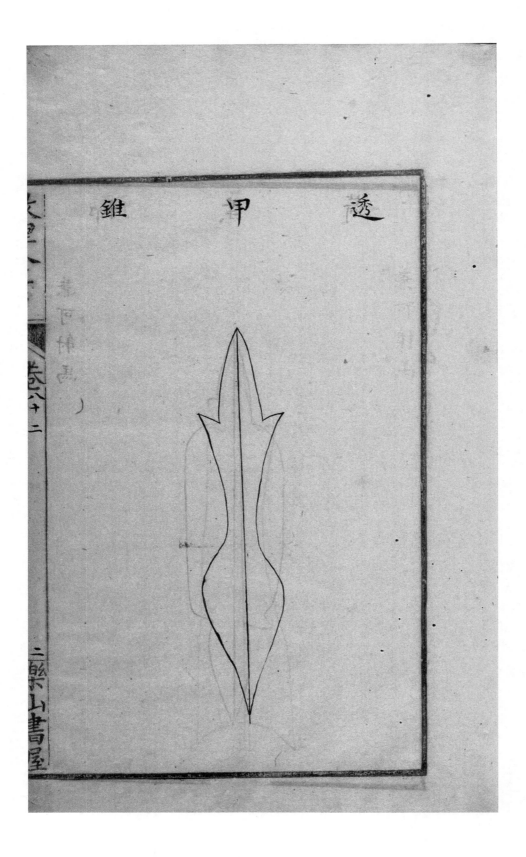

相稱中粗而兩頭少細則肯行矣頭要點鋼方透得

甲過箭肩要益過箭桿方可入堅不然兩強相遇則

箭鏃易入箭腹矣鐵信要長入箭腹五寸方妙其羽

必用生漆下絲纏方不畏雨濕近日邊方栁桿箭易

驃栁桿徑直堅梗九為上等夫箭之輕重當以弓力

為準若南方小弓而發北方大箭則不能過三十步

用北方大弓而發南方竹箭則催折矣而南方所用

之箭不過五錢夾衣五層則不能透又安足以稱利

器也箭名刻於後其箭桿雖有粗細竹木不同其利

小大相遠惟圖其箭頭以別其式樣

233

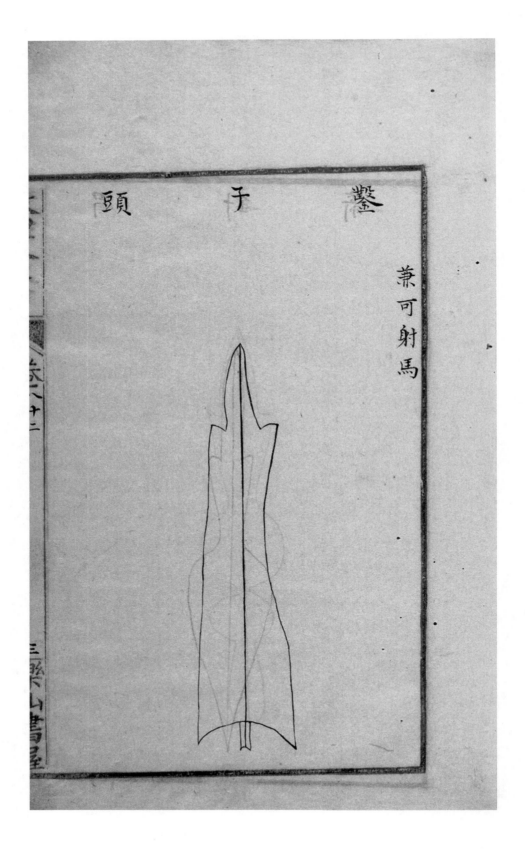

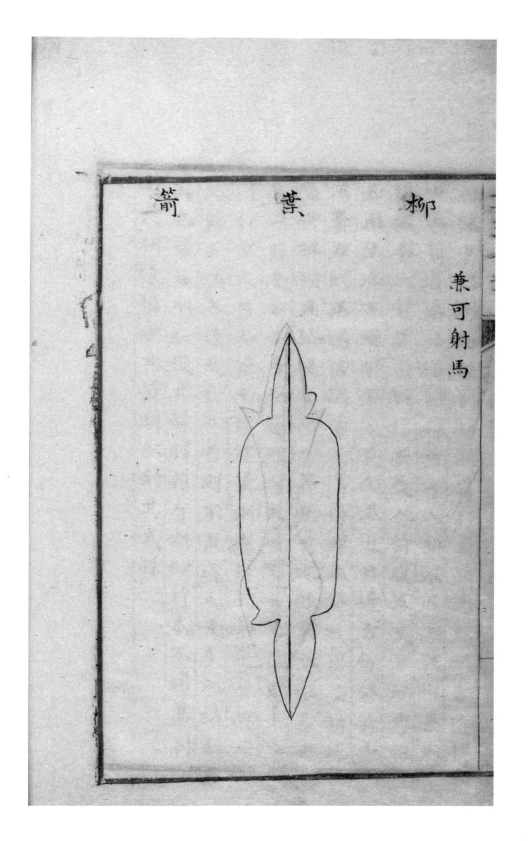

柳　葉　箭

兼可射馬

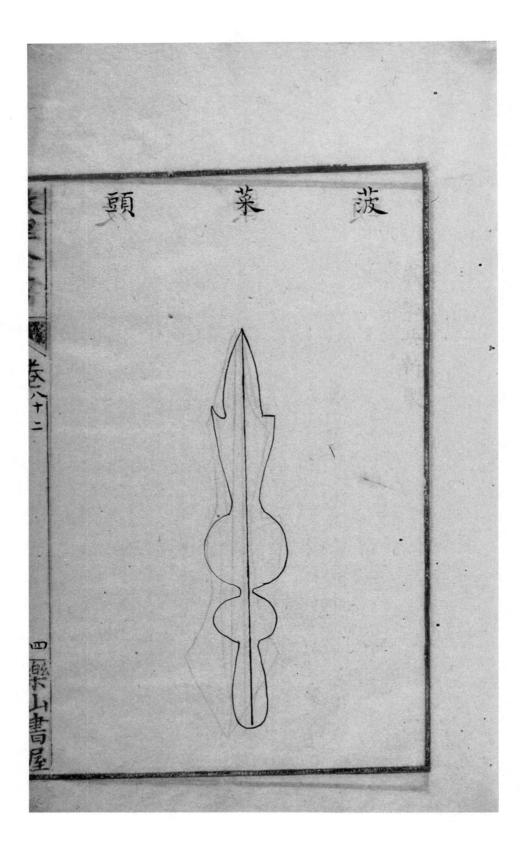

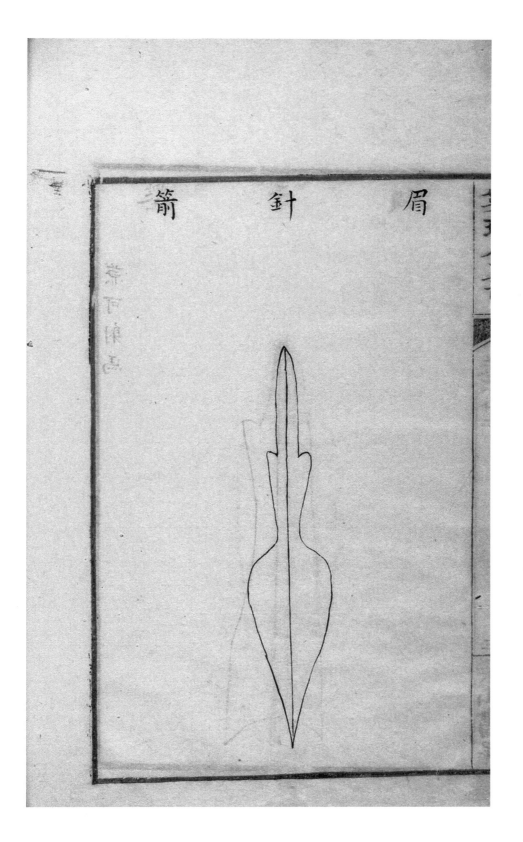

眉　　針　　箭

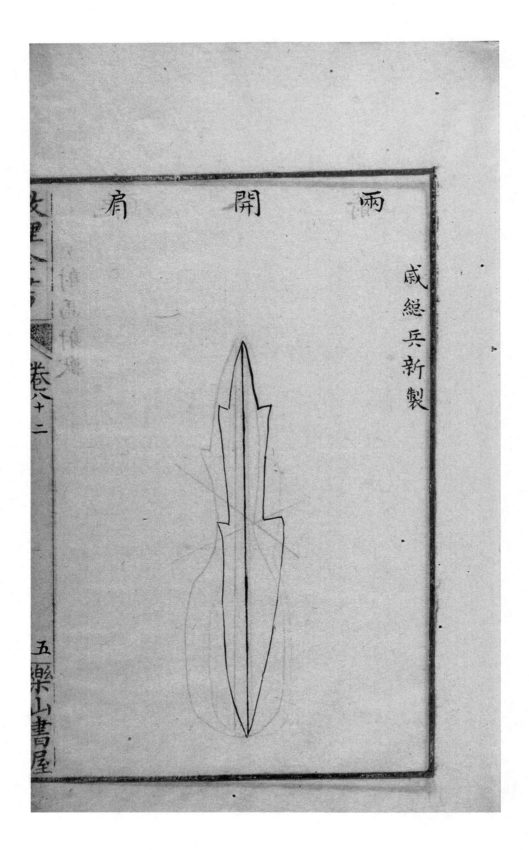

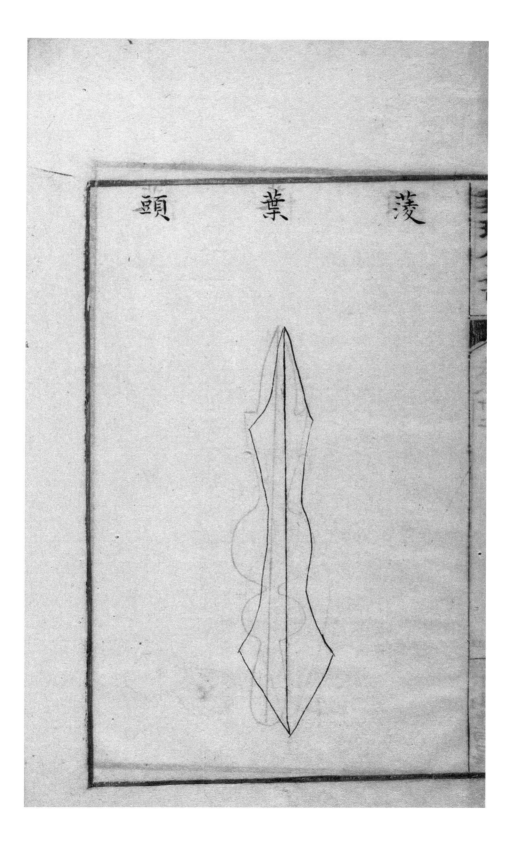

菱　　　葉　　　頭

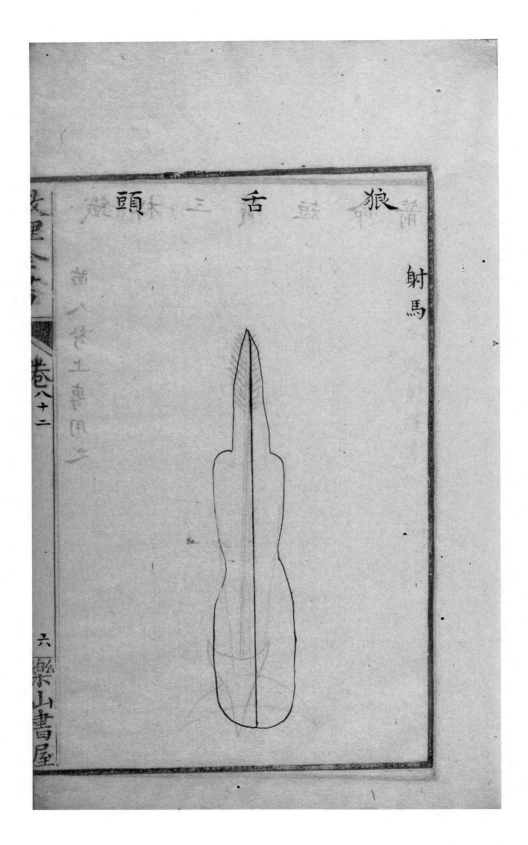

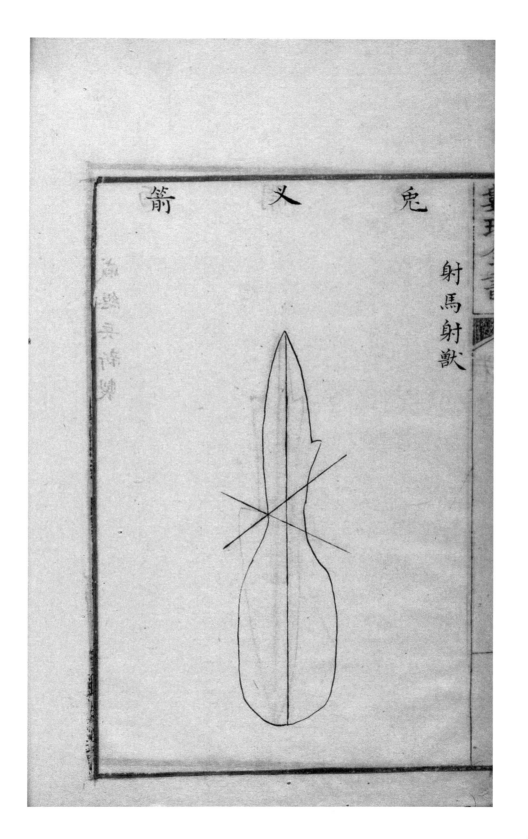

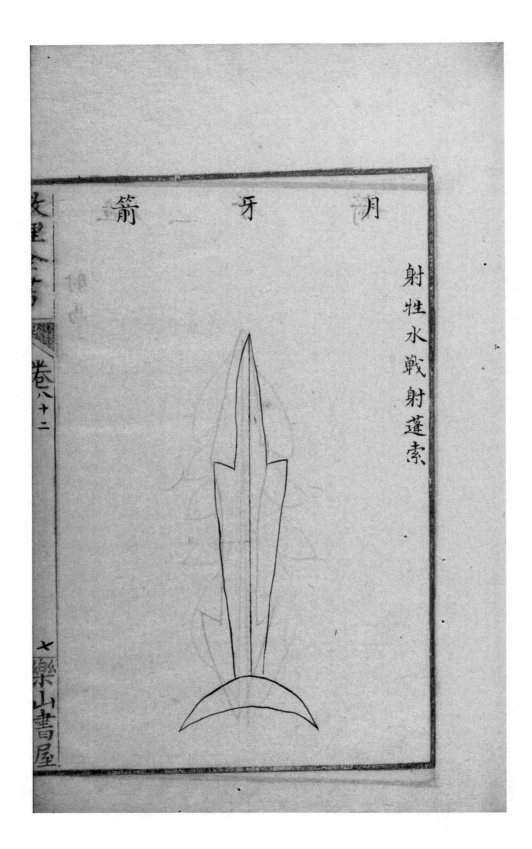

胡牙箭

射牲水戰射蓮索

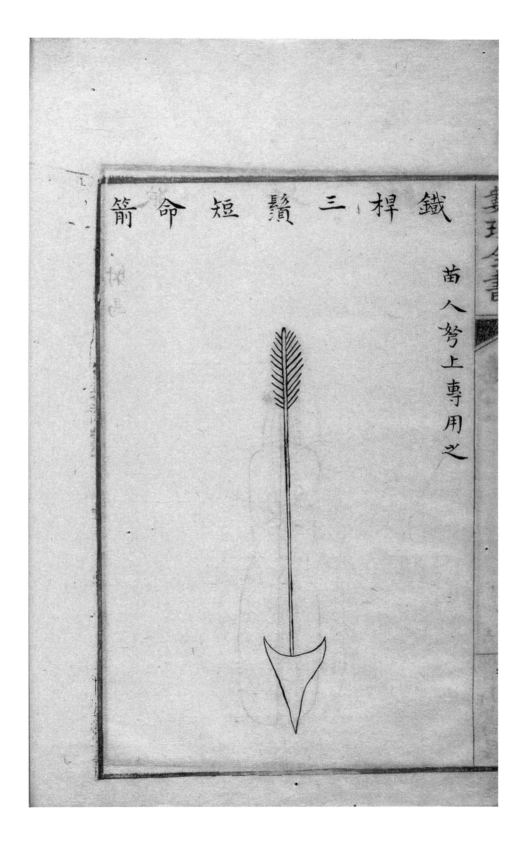

鐵桿三鬚短命箭

苗人弩上專用之

造物武道：清代远程武器装备设计思想研究

艾　葉　頭

射馬

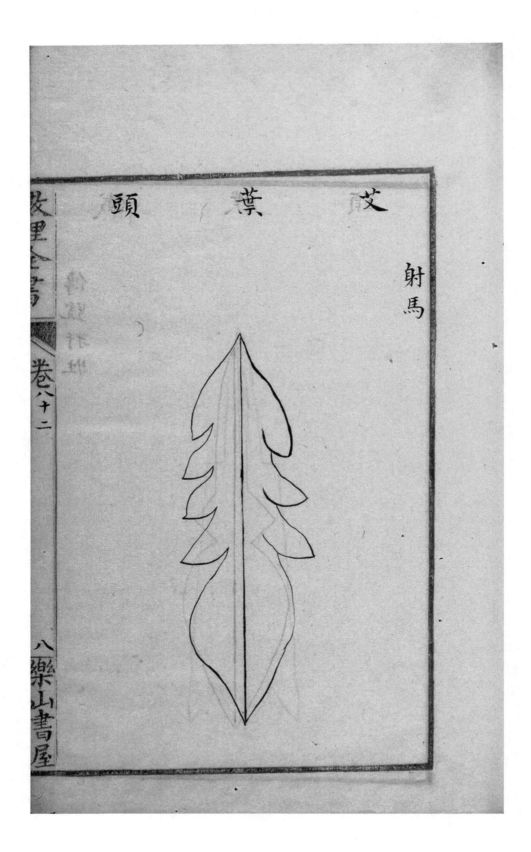

八樂山書屋

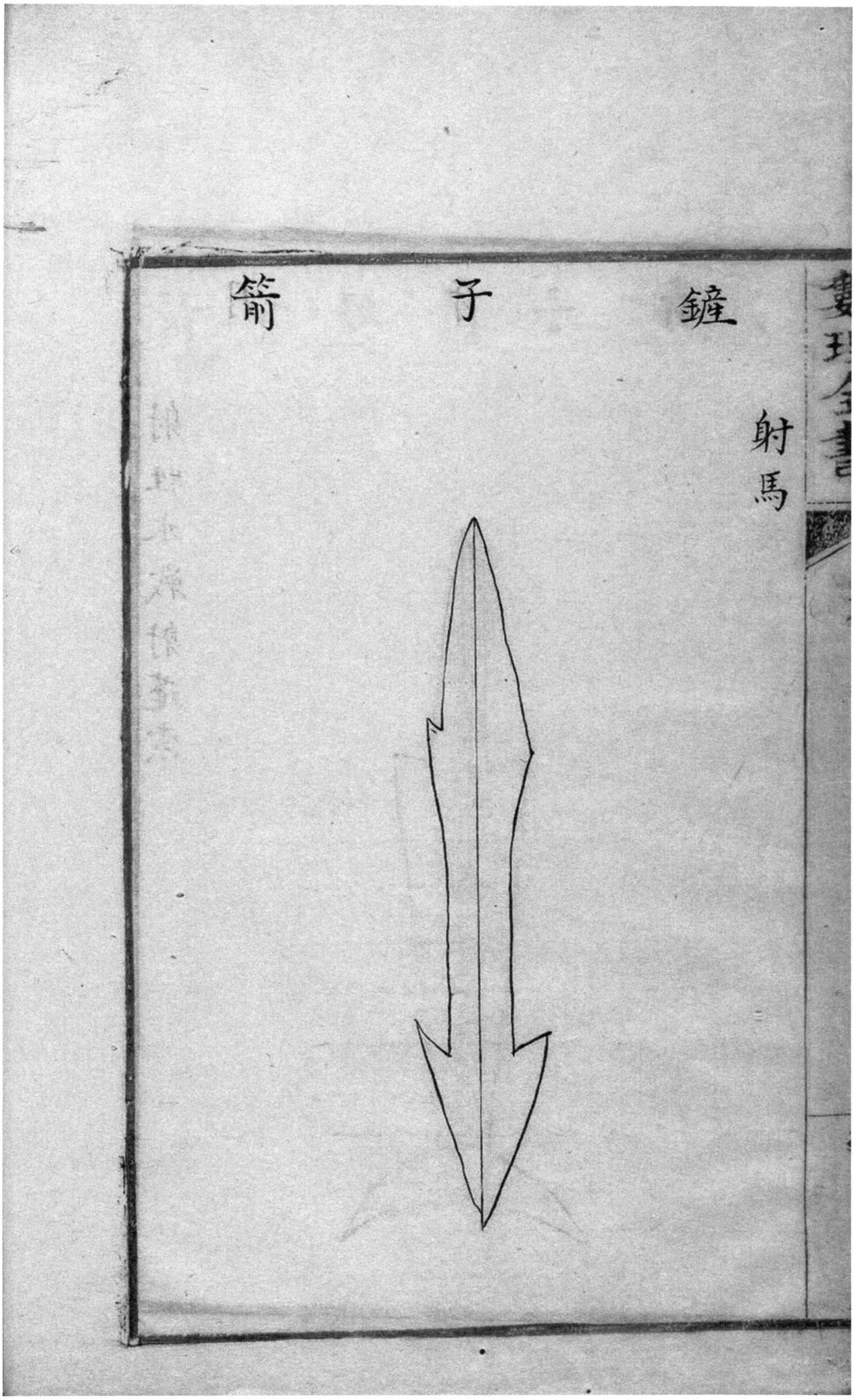
鏟子箭
射馬

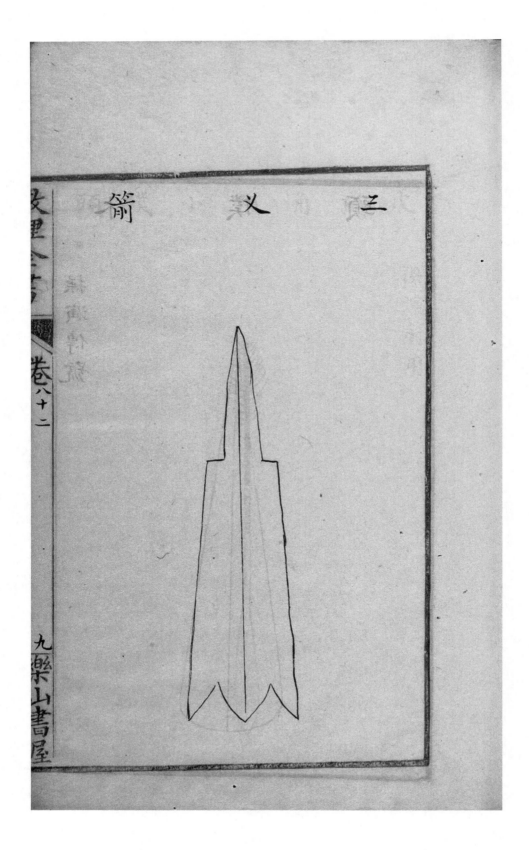

造物武道：清代远程武器装备设计思想研究

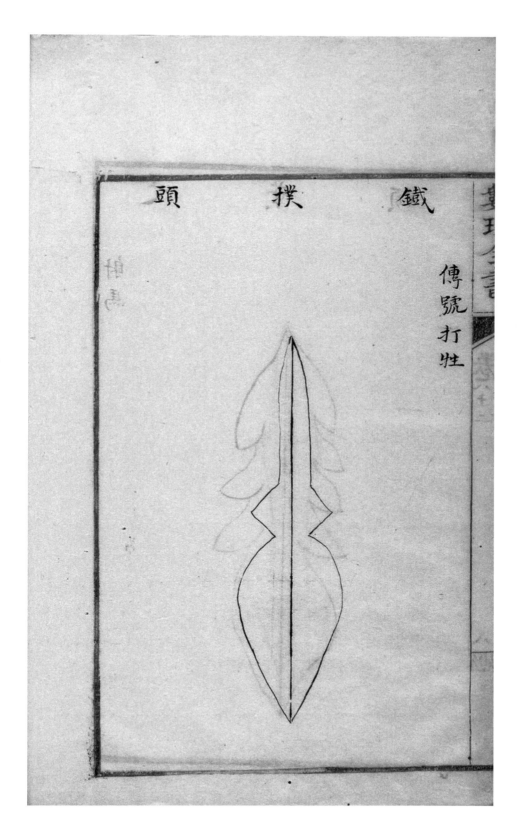

頭　　　　撲　　　　鐵

傳號打牲

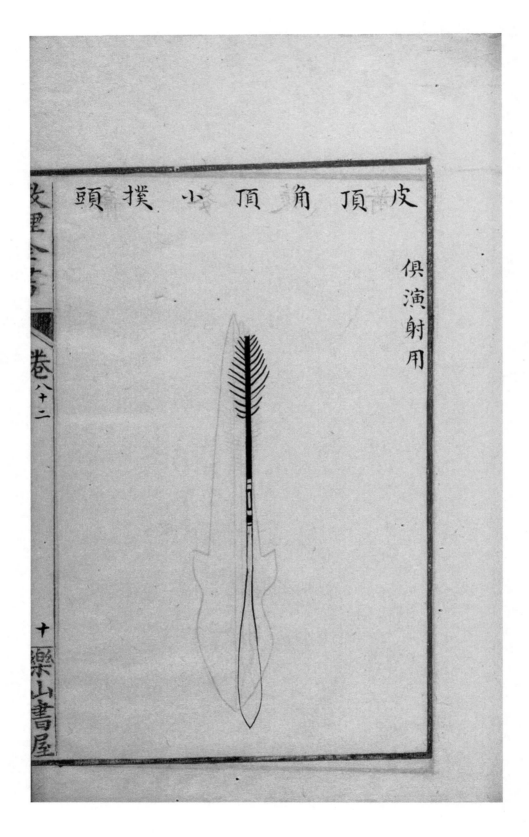

頭 撲 小 頂 角 頂 皮

俱演射用

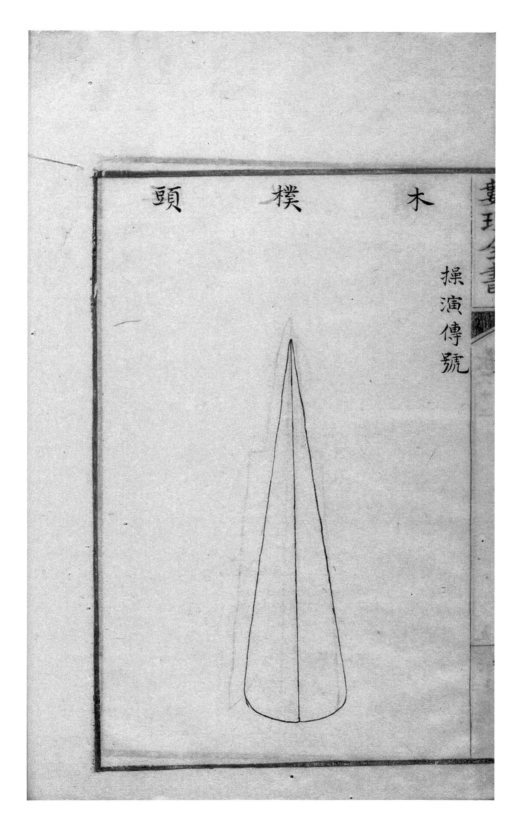

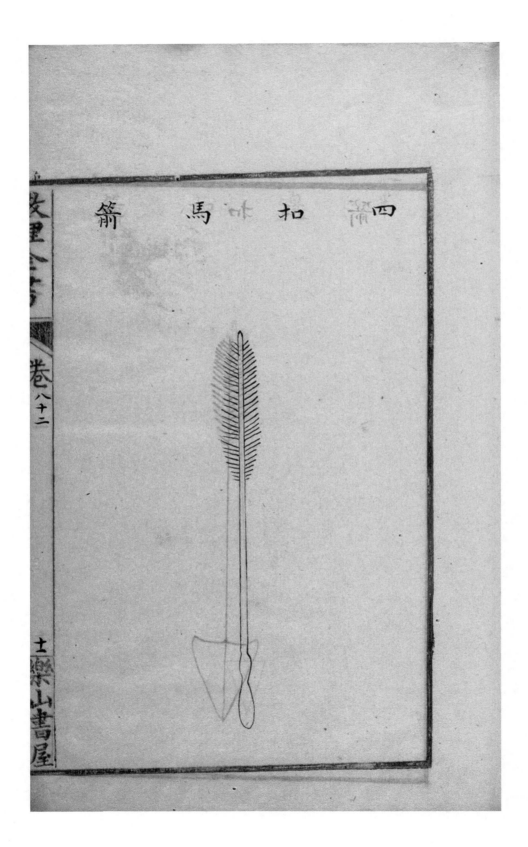

造物武道：清代远程武器装备设计思想研究

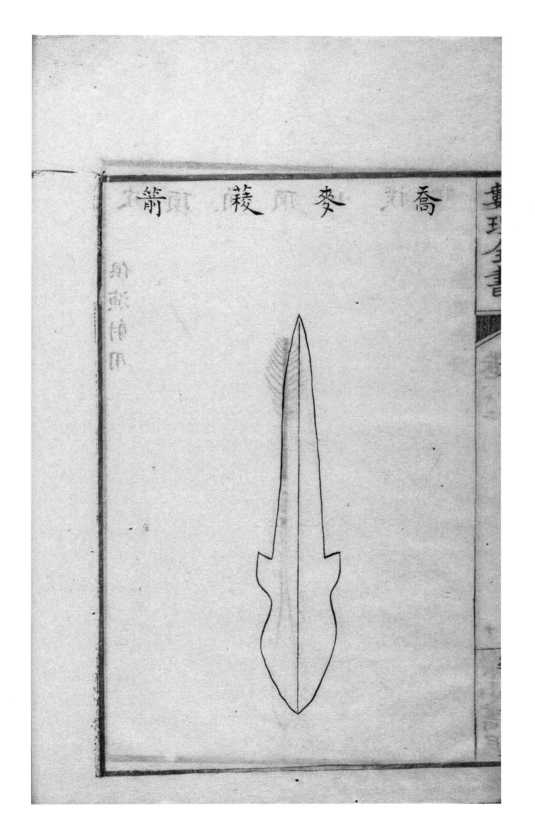

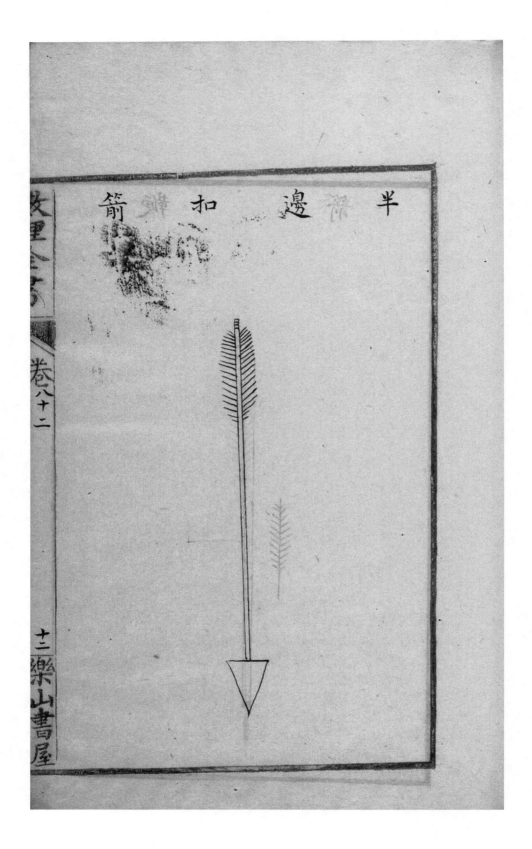

半讓邊扣鞞箭

造物武道：清代远程武器装备设计思想研究

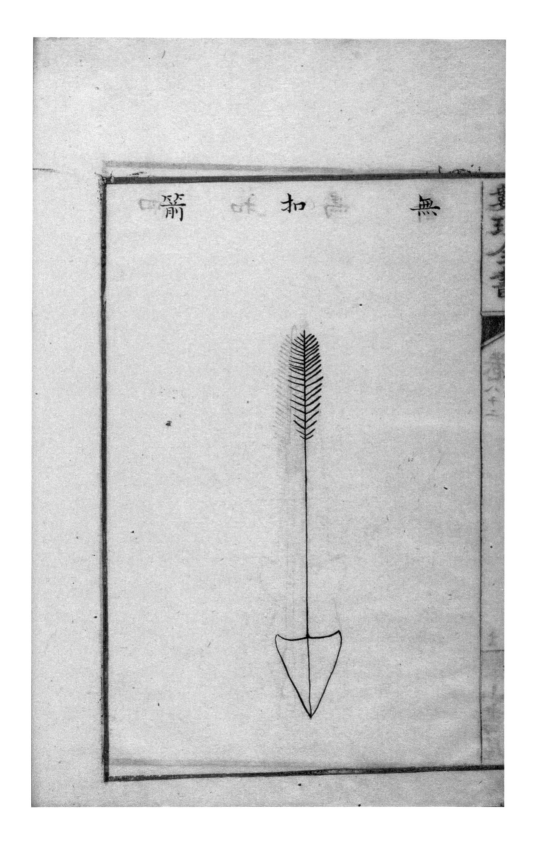

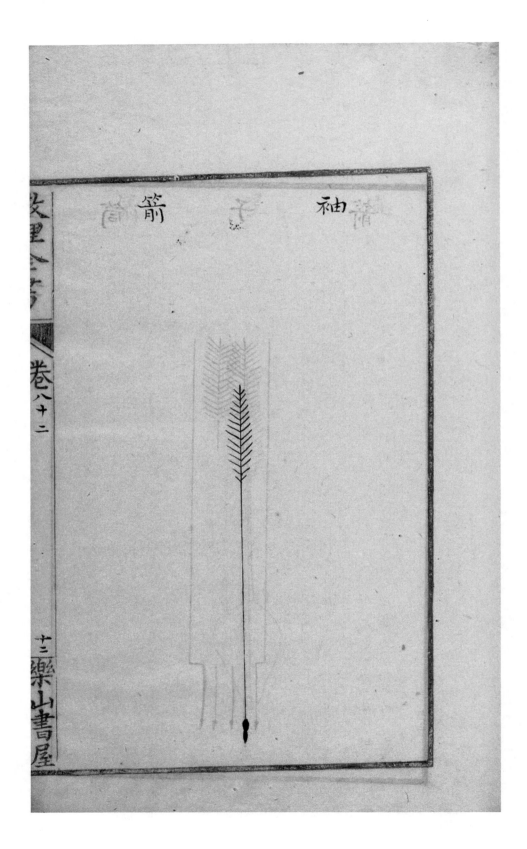

造物武道：清代远程武器装备设计思想研究

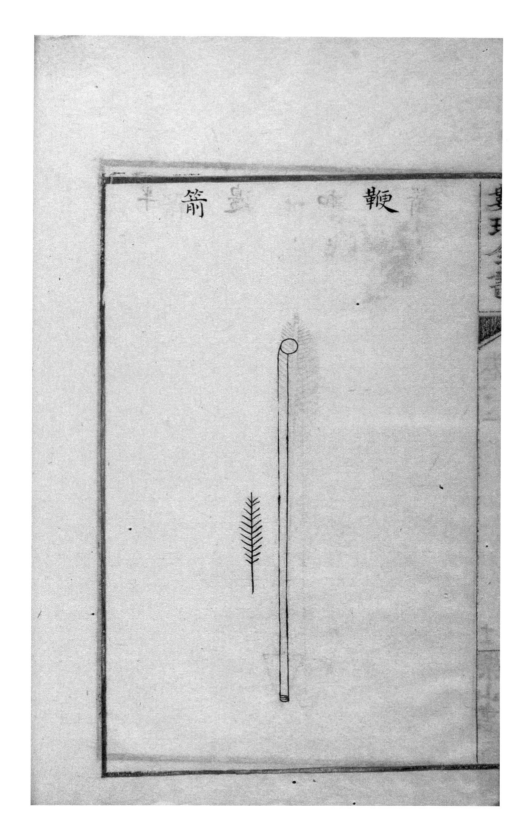

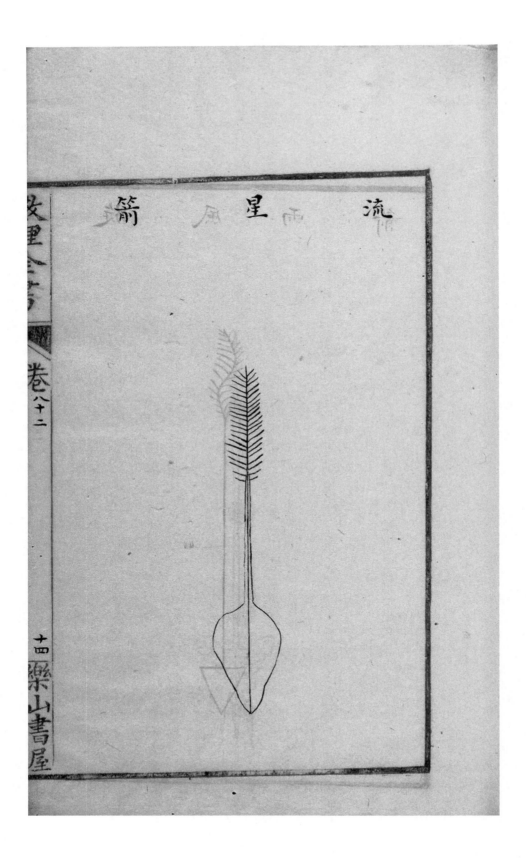

造物武道：清代远程武器装备设计思想研究

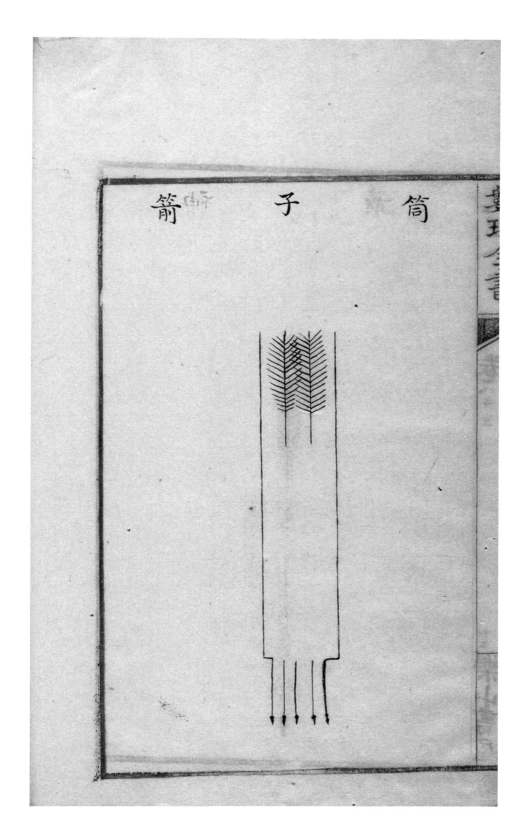

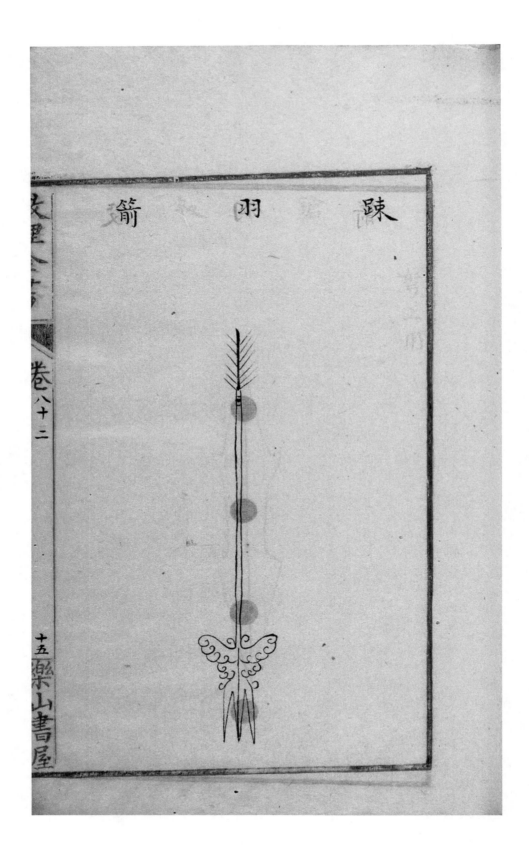

造物武道：清代远程武器装备设计思想研究

258

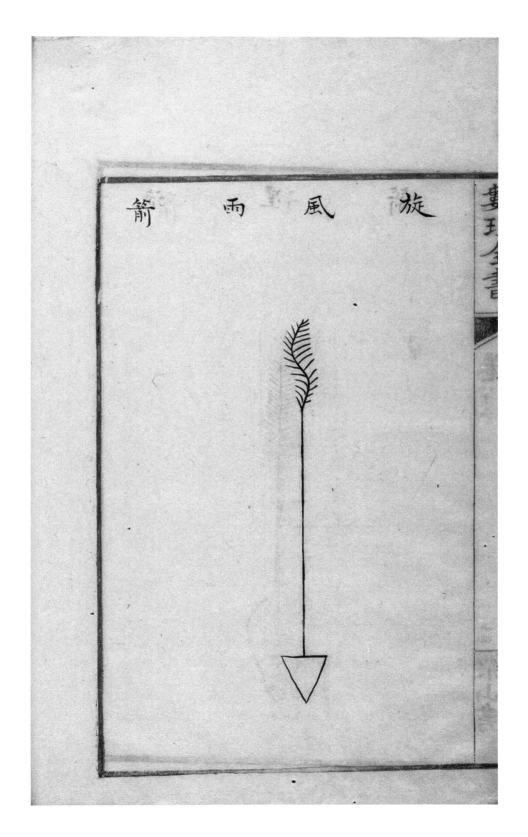

旋風雨箭

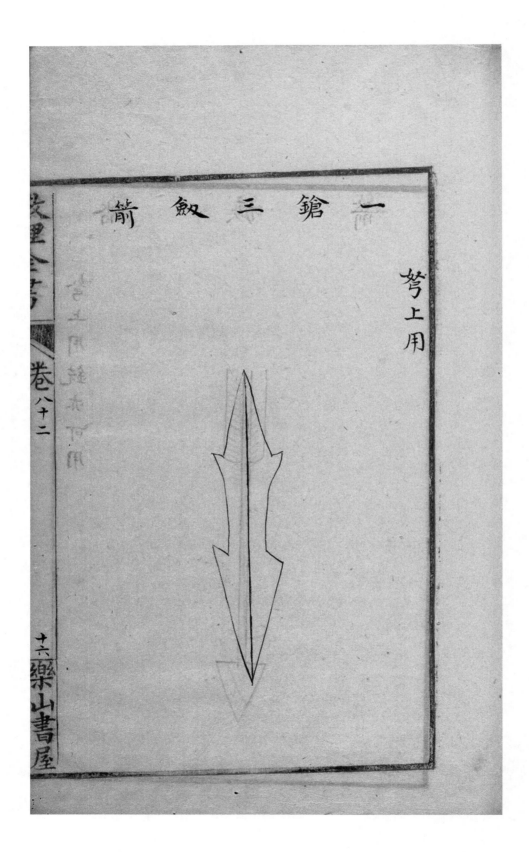

一鎗三斂箭

弩上用

造物武道：清代远程武器装备设计思想研究

260

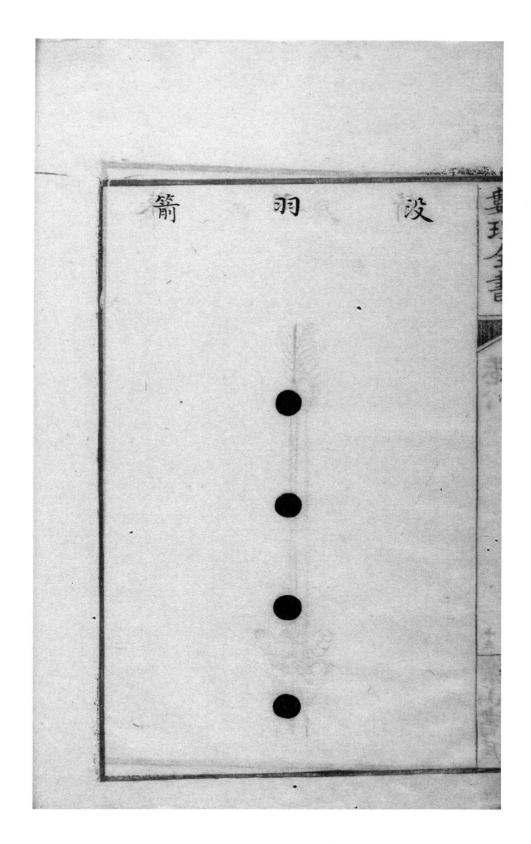

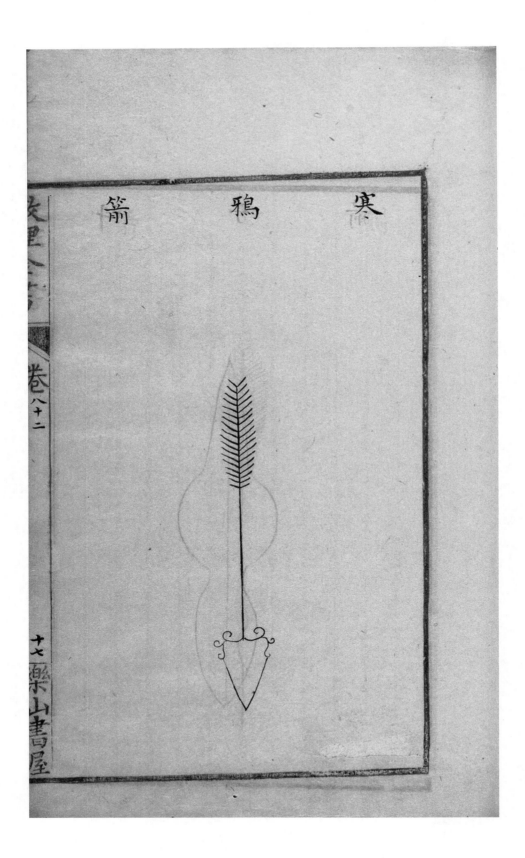

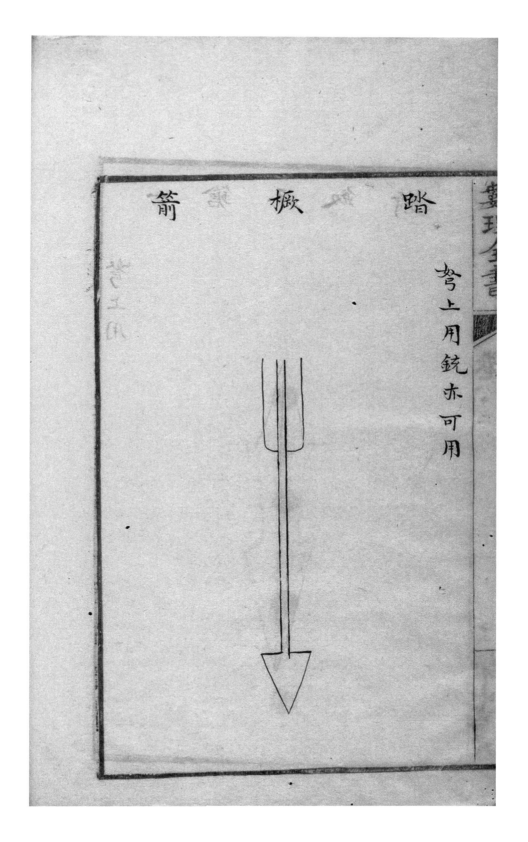

踏橛箭

弩上用铳亦可用

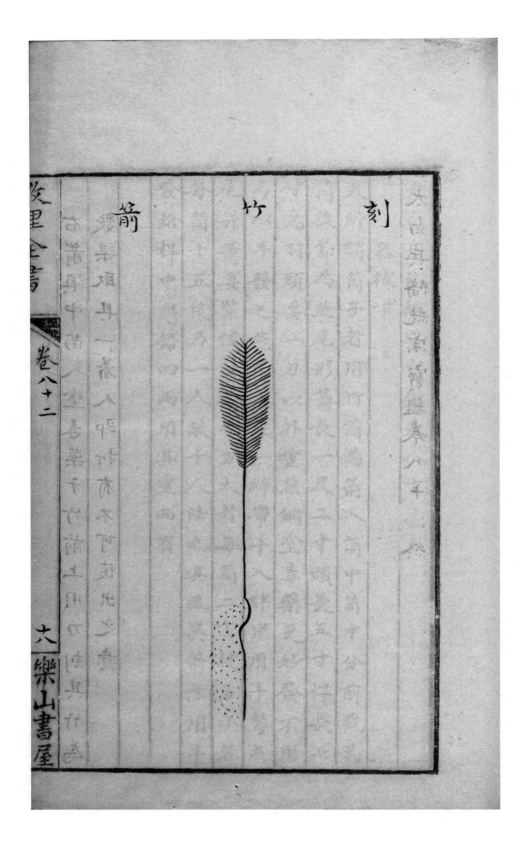

造物武道：清代远程武器装备设计思想研究

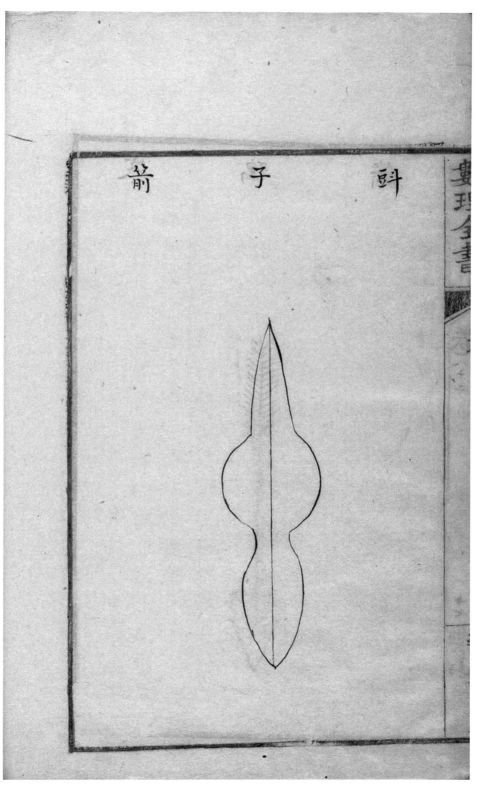

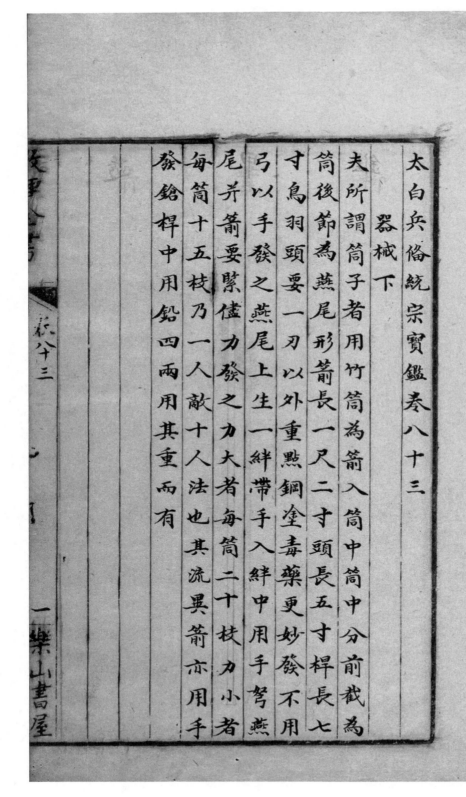

太白兵備統宗寶鑑卷八十三

器械下

夫所謂筒子者用竹筒為箭入筒中筒分前截為
筒後節為燕尾形箭長一尺二寸頭長五寸桿長七
寸鳥羽頭要一刃以外重點銅塗毒藥更妙發不用
弓以手發之燕尾上生一絆帶手入絆中用手弩燕
尾并箭要緊儘力發之力大者每筒二十枝力小者
每筒十五枝乃一人敵十人法也其流異箭亦用手
發鎗桿中用鉛四兩用其重而有

卷八十三

一樂山書屋

右箭滇中苗人塗毒藥于竹箭上用刀刻其竹為

數渠取其一着人即折有不可復出之意

太白兵備統宗寶鑑卷八十二終

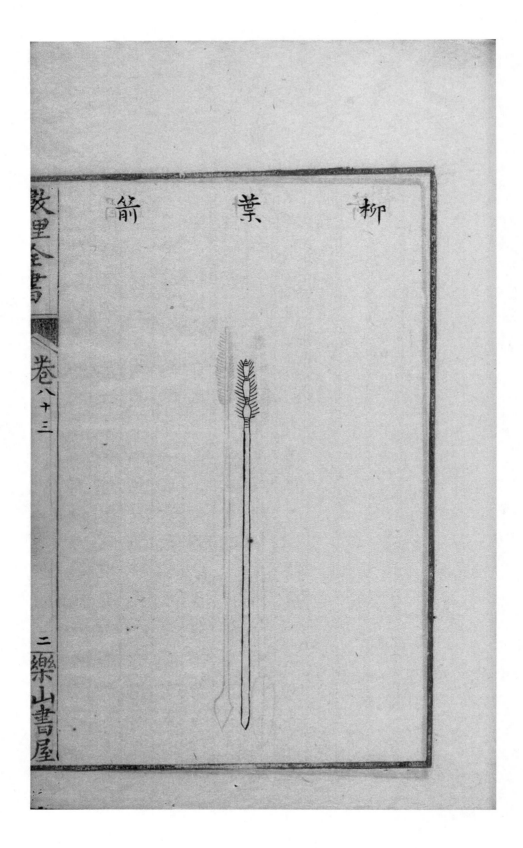

柳　　葉　　箭

武　　　　　卷　　　　　　　　　　二樂山書屋
備　　　　　八
志　　　　　十
略　　　　　三

造物武道：清代远程武器装备设计思想研究

268

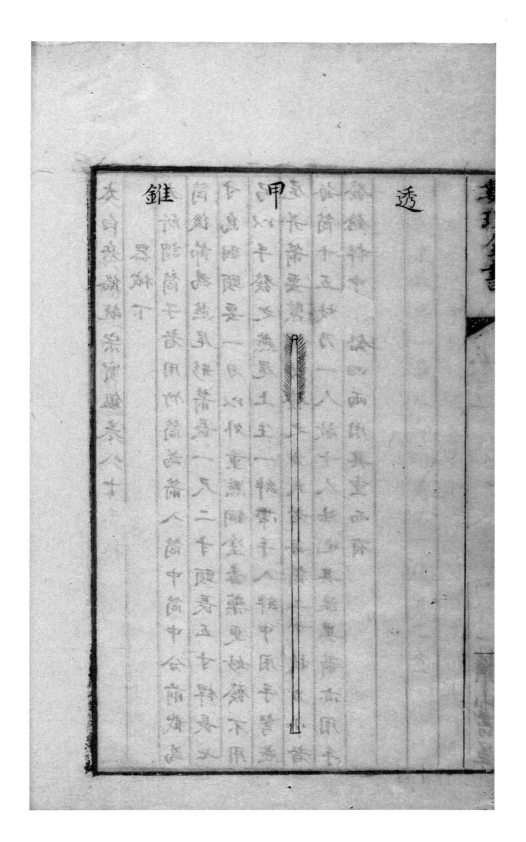

269

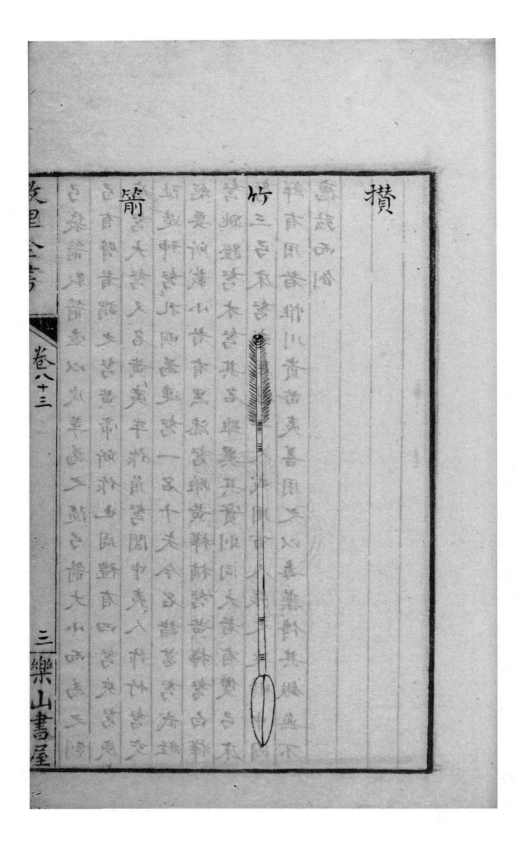

攢

竹

箭

三樂山書屋

造物武道：清代远程武器装备设计思想研究

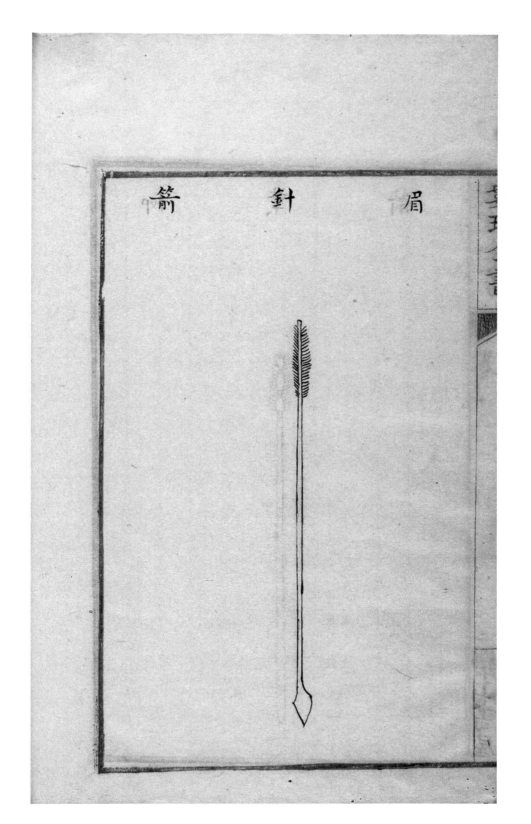

眉　　　針　　　箭

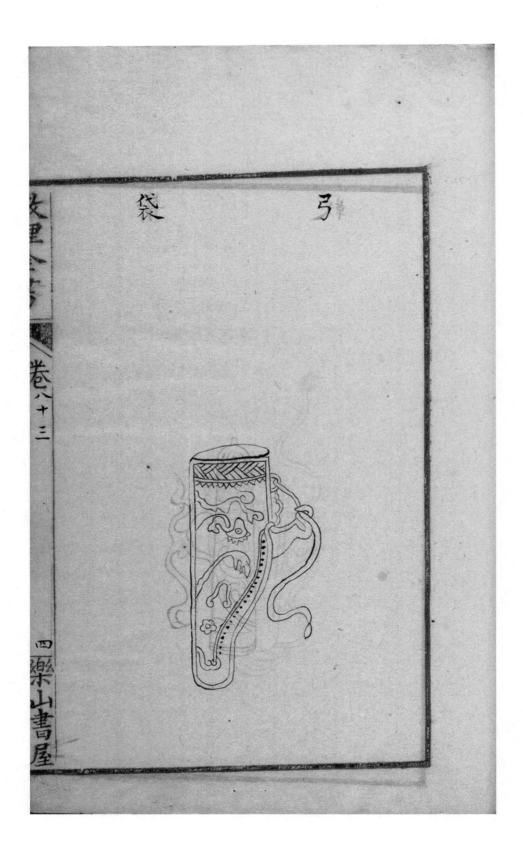

袋衣　　　　　弓

Left side vertical text

攷里　卷八十三　　四樂山書屋

造物武道：清代远程武器装备设计思想研究

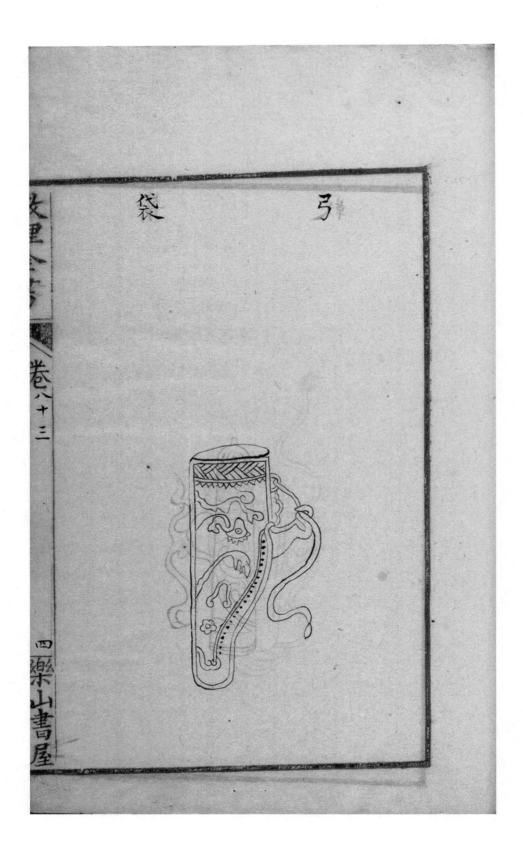

袋衣　　　　　弓

造物武道：清代远程武器装备设计思想研究

272

弓袋箭靫箭壺以皮革為之隨弓箭大小而為之制

弓有臂者謂之弩黃帝所作也周禮有四弩夾弩庾

唐弩大弩又名黃夷牟作角弩間中夷人作竹弩交

阯造神弩孔明為連弩一名十矢今名諸葛弩武經

總要所載小者有黑漆弩雌黃樺梢弩黃樺弩白樺

弩跳蹬弩木弩其名雖異其實則同大者有雙弓床

弩三弓床弩或用數十人或用百人張之近時中國

鮮有用者惟川貴苗夷善用之以毒藥傅其鏃無不

應弦而倒

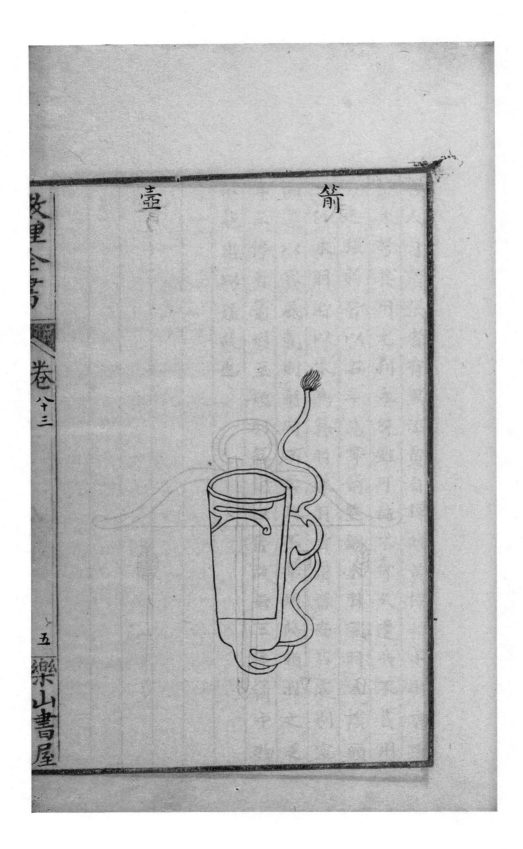

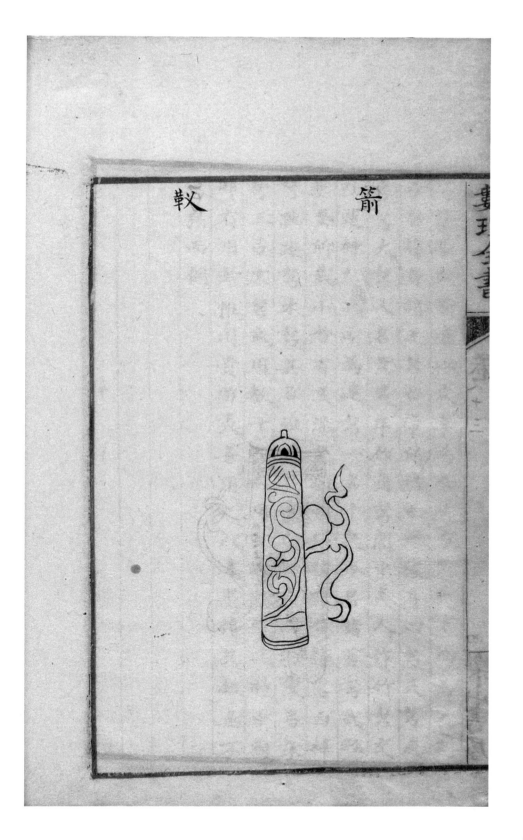

軟　　　　箭

古人自踏張者有黑漆黃白樺雌黃樺稍小則有跳

鐙木弩其用尤利本弩雖可施不可久邊兵不甚用

力之強弱皆以石斗為等箭黠銅木羽風羽木撲頭

三停木羽者以木為箄羽風羽者謂當安羽處別空

兩邊以容風氣則射時不掉此不常用傛領羽之乏

耳三停者箭形至短羽箄鏃三停故云三停箭中物

不能出以短故也

雙

六樂山書屋

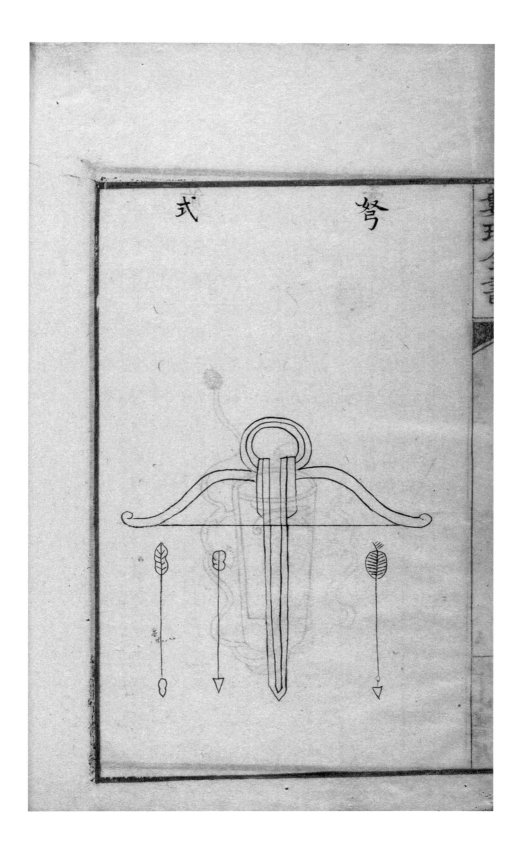

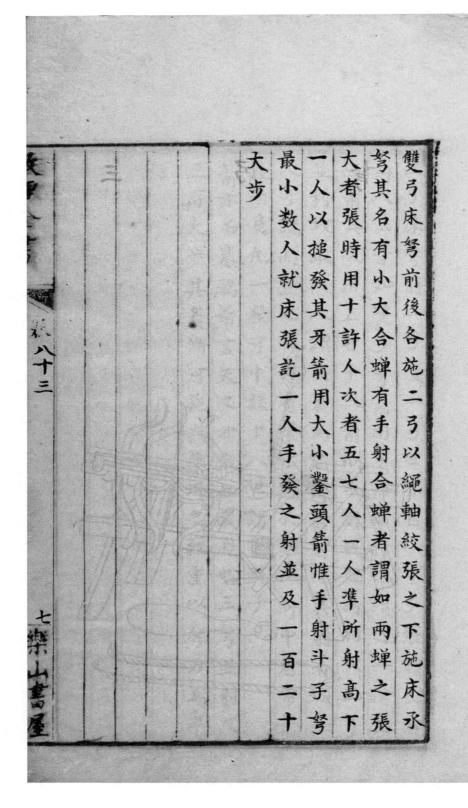

雙弓床弩前後各施二弓以繩軸絞張之下施床承

弩其名有小大合蟬有手射合蟬者謂如兩蟬之張

大者張時用十許人次者五七人一人準所射高下

一人以鎚發其牙箭用大小鑿頭箭惟手射斗子弩

最小數人就床張詆一人手發之射並及一百二十

大步

造物武道：清代遠程武器裝備設計思想研究

雙

弓

床

弩

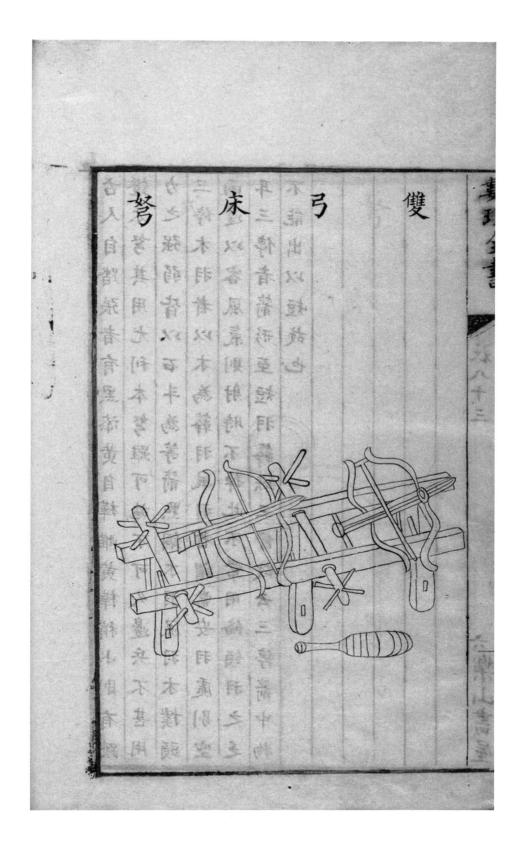

三弓床弩前一弓後一弓世亦名八牛弓張時九百
許人法皆如雙弓弩箭用不簇鐵打世謂之一搶三
鈎箭其次用五七十八箭則或鐵或翎為羽次三弓
並利攻敵故人謂其箭為踏橛箭者以其射著城上
人可踏而登之也人有繫鐵斜於弦上斜中著常箭
數十隻凡一發可中數十八世謂之斜子
箭亦名寒鴉箭言矢之分散如鴉飛也三弩並射及
三百大步其箭儕可施火藥用之輕重以弩力為準

改理全書 卷八十三

八樂山書屋

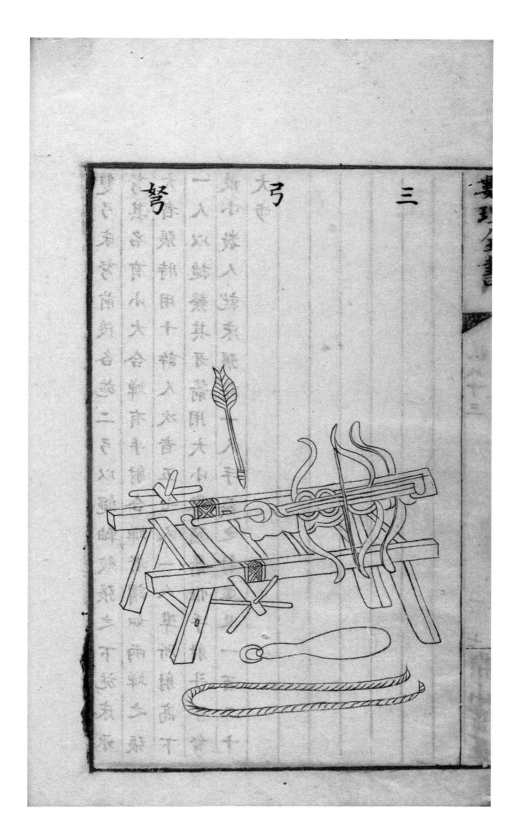

三

弓

弩

造物武道：清代远程武器装备设计思想研究

矛

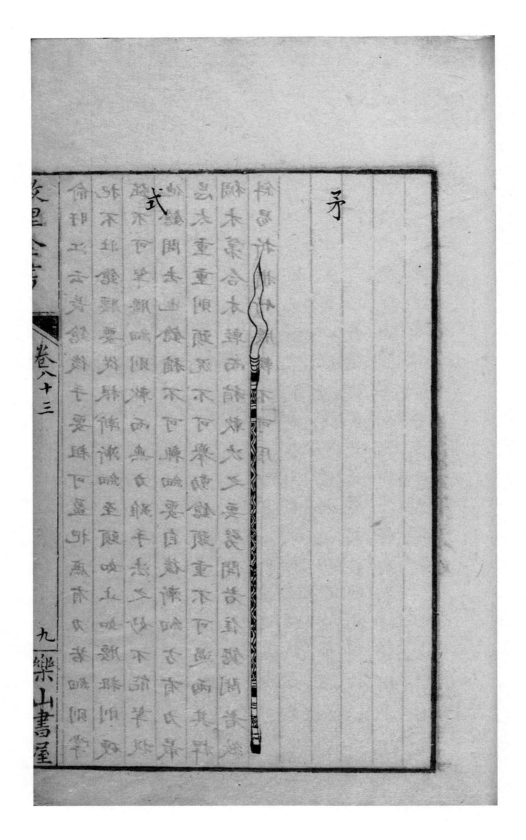

矛之名有二曰酋矛長二丈曰夷矛長二丈四尺因
其長短取名建於兵車用以為勾故長於戟書曰修
乃戈矛是也後世廢車並其矛不用今山東河南以
苗榆川貴以稠水浙東茅勦竹為之曰長鎗乃矛以
屬今長不過一丈八尺短止一丈五尺大抵因人之
身材三倍足矣太長則難為擊刺也浙人又有筤筅
并圖于後

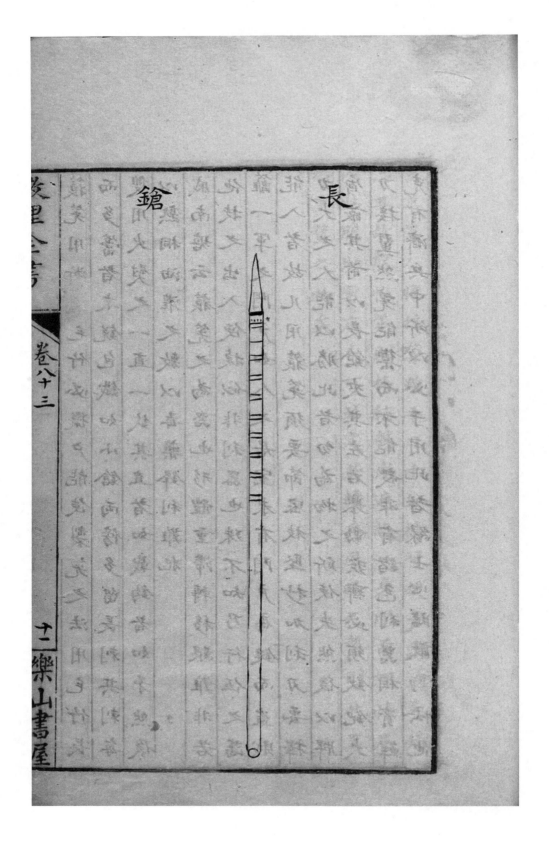

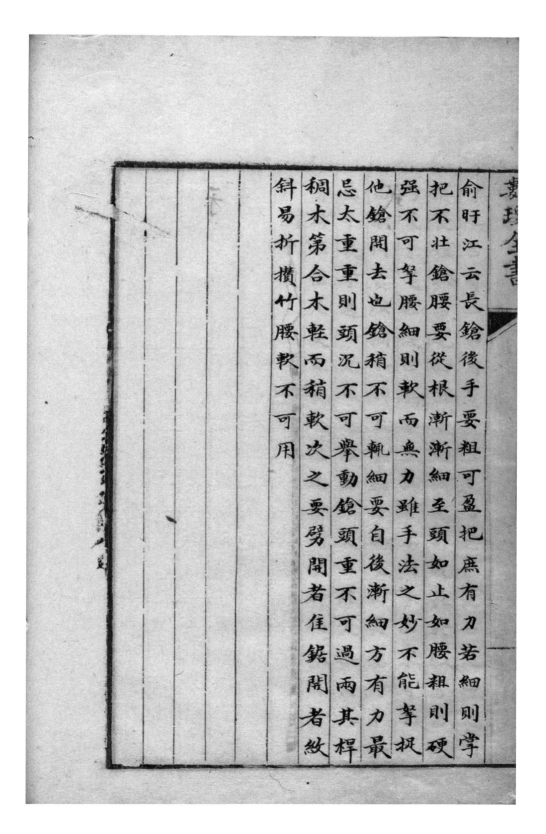

俞旴江云长鎗後手要粗可盈把庶有刀若細則掌

把不壯鎗腰要從根漸漸細至頭如止如腰粗則硬

强不可举腰細則軟而无力雖手法之妙不能举掜

他鎗開去也鎗稍不可輙細要自後漸細方有力最

忌太重重則頭沉不可舉動鎗頭重不可過兩其桿

桐木第合木輕而稍軟次之要劈開者佳鋸開者紋

斜易折攢竹腰軟不可用

器單薄人膽搖奪雖平日十分精習便多張皇失錯
忘其故態惟筅則枝稍繁盛遮蔽一身眼前可恃足
以壯膽助氣庶人人可站定若精兵風雨之勢則此器
為重贊之物矣

籧篨用浙東毛竹必獵戶能使製篨之法用毛竹長

而多簹者末銳包鐵如小鎗兩傍多留長剌其每

雙用火熨之一直一欽其直者如戟鉤者如矛然後

以熟桐油灌之敷以毒藥鋒利難犯

戚南塘云籧篨之為器也形體重滯轉移艱難非若

他技之出入便提似非利器也珠不知乃行伍之藩

籬一軍之門戶如人之居室未有門戶扃鍵而盜賊

能入者故凡用籧篨須要節密枝堅杪加利刀要擇

力大之人能以勝此者勿為物之所使失然後以牌

盾蔽其前以長鎗夾其左右舉動疾齊必須鈀鈀大

刀接翼然篨能禦而不能殺非有諸色利器相資鮮

克有濟兵中所以必于用此者緣士心臨敵動怯他

造物武道：清代远程武器装备设计思想研究

國朝凡軍器專設軍器局軍裝設針工局鞍轡局

掌管時常整點若有缺少件數隨即行下本局算

計物料委官監督定立工程如法造完差人赴

內府該庫收貯如遇軍職衙門開文仍以計較可

否果係應關人數即便奏開照依軍法定律

支給如係舊管征差軍士不應關給者行移駁問

馬鞍務要查勘本軍先前魯无關過或轉納何處

要見明白纏方放支不許含糊一槩支給若直隸

及各布政司呈稟定奪具奏行下依式

造完明白支撥仍拘攽原關舊損件數入官修理

若各處有司歲造之數起解到部務要辦驗堪中

行下該庫交攽如有不堪者就將原經手人員取

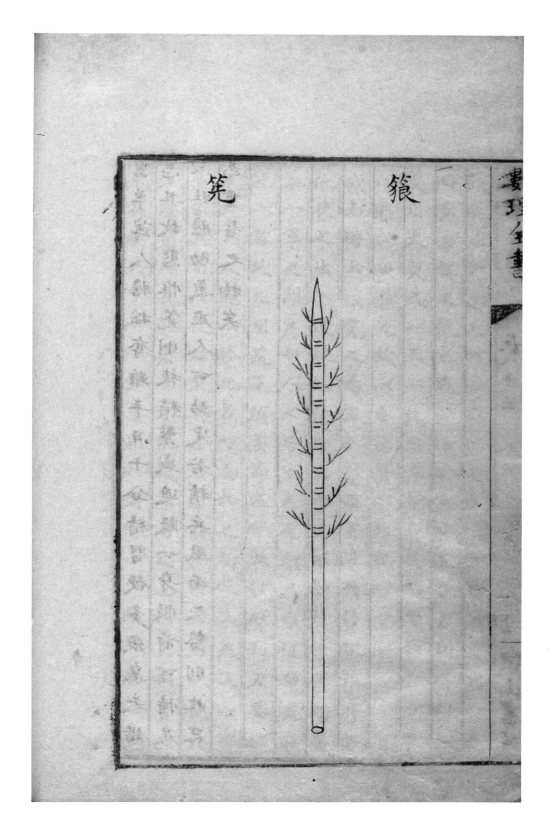

筱　　　　　　筅

輯軍行說

王鳴鶴曰新陣下營諸法并各規略所縷列于後
者皆大司馬許公倫所撰者公當
世廟時員將相材坐策北虜折衝尊俎之間勛庸懋
顯時稱為文武吉甫云故載之簡編者鑒鑒有定
擾大低步騎隊伍奇正閫闔變化縱横不出魚麗
六花偏厢鹿角等法而其要先于定制制先定則
士不亂士不亂則刑刀明如篇中所載幾于制矣
且讀之顯明易曉三軍之中令有識者章解句析
可不煩問辦而了然心目之間此係兵法所未載
故特表之至于禁誼度險以下諸出武經總要
人所習觀均為軍行要法乃彙集以便省覽毋徒

政堅全書　卷八十四　　　　一　樂山書屋

問其軍裝衣鞋別无定例若有奉
旨給賞臨期下庫支給

太白陰經統宗寶鑑卷八十三終

太白兵備統宗寶鑑卷八十四

破虜新陣大暑

大司馬許公論曰陣分前後左右四哨並中軍為五

四哨俱用步卒以五十人為一隊隊摘五人為雜役戰

士寔四十五人也十隊為哨四哨共用步卒一千八

百人二術為正也中軍分四部俱用騎士亦以四十

五人為隊五隊為部共用騎士九百人一術為奇也

哨部俱用束伍法均功罪聯眾志也四哨各設拒馬

鎗即吳璘所製連以鐵索可架可卸騾駄以隨制奔

衝絕技也每隊用三拒馬計每哨共用三十一拒

馬卒凡十五人鎗刀手五人為一伍伏鐵索前弓箭

手五人為一伍立鐵索後神機手五人為一伍居拒

卷八十四

一樂山書屋

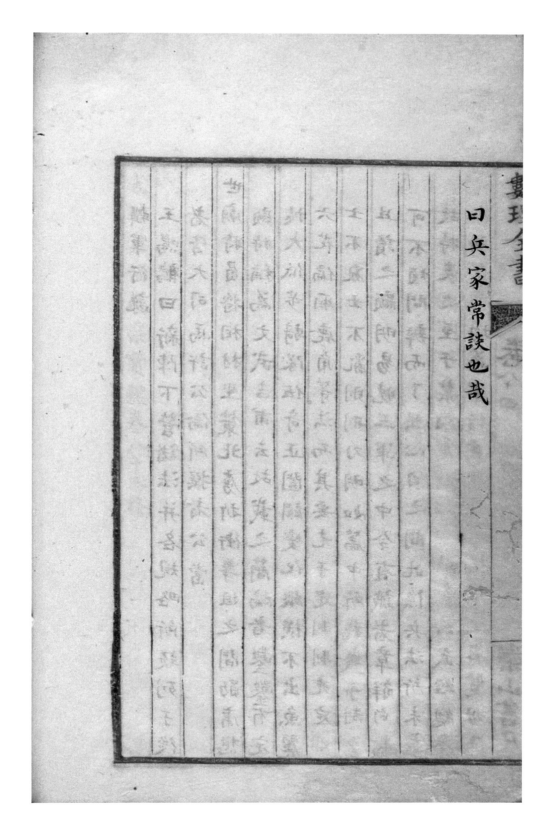

造物武道：清代远程武器装备设计思想研究

用一故令只教以下急營行營二法發砲成營遇賊

即戰頗為簡便凡下操日官軍擺列主將進營掌旗

放砲吹號笛發放等項俱如舊規外惟下營之時初

中軍掌號官帶砲手至適中地方放砲一聲中軍官

旗即帶主將一應標旗金鼓俱急赴放砲地方聚立

再放砲一聲中軍黃號旗不動發出青白紅黑號旗

各照東西南北地方各急走至五十二步半住立于

是各哨官旗見號旗出即帶各高招門角管隊巡視

諸旗各急走至各號旗下同立其中軍四部門角巡

視隊旗亦東西南北各走三十步住立再放砲一聲

在各哨則門旗巡視旗仍在招下立角旗各離門旗

左右走五十二步半住立各隊旗隨急照每隊走十步

卷八十四

二樂山書屋

馬後即以閤鎗施放絕便利也凡戰或至七八十步
內神機先發五人遞換頃刻可得三四發也四五十
步弓矢發十步之內鎗刀手突起使敵遠近應接不
暇此以正合也或敵氣既衰有便可乘或正兵不支
勢須策應或爭先趨刺或間道設伏臨機制變其出
無窮皆藉騎士焉此以奇勝也以其餘三百人設塘
馬五十以司覘報馳驟一百以握神機諸品及諸雜
差以儔營事而官旗不與焉故陣合馬步三千餘人
而成也

下急營法將士無事散處忽傳聲息則下此營
許公論曰各邊操練行營布陣固有定法及其遇虜
便倉皇失措棄馬離次卓立不定平日所習者百不

遣巡視官赴中軍主將口報北路傳有聲息中軍即
放砲一聲起火一枝遣令旗四人四面遠營分付說
北路聲息到了各哨整頓器械齊心隱偹不許喧嘩
各哨齊聲答應分付畢分營待塘馬走報人到放入
營稟畢偹細中軍即放砲二筒起火二枝又遣令旗
四面遠營高聲分付各軍奮勇出戰有功者賞退縮
者照依軍法斬首傳畢回營若賊束衝該哨千把總
官俱親臨督戰候賊至七八十步鳴鑼當賊各隊小
鑼一齊俱響于是火器弓箭一齊望敵俱發至十步
內領哨官擊鑼邊響當賊各隊俱擊鑼邊于是各軍
齊叫殺殺鎗刀及弓箭手持悶棍前後齊起奔賊
搏戰賊敗走走喇喇響各回照舊站立·八二次賊四面

造物武道：清代远程武器装备设计思想研究

半以次擺列在中軍四部別門旗巡不動角旗各
離門旗左右走三十步住立各隊旗亦照每隊一十
五步以次擺立以上共放砲三次分布旗幟營盤定
吳次中軍吹嗳囉各軍散處者執軍器騎馬起身次
吹長聲喇叭發皷各軍并拒馬馱騾急走各尋認本
哨旗號赴各隊旗下擺立如係四哨步軍將火器手
弓箭手鎗刀手各摘一半擺前一層此時拒馬未安
定如此擺定縱有賊來即可拒隊餘者在後共安拒
馬如係中軍原無拒馬止是照隊旗站定將一應旗
鼓人等擺列有序俱聽中軍喇叭響四哨各步軍退
回照陣圖在拒馬內外擺定號旗亦回中軍而營定
吳安營既定塘馬從北以次展旗傳到北面哨官即

見賊即展旗高執次層望見亦展旗以次傳至中軍
前先遣馬軍前陣以待今所謂堵頭馬也次差前下
急營法下營畢將馬軍製入中軍塘馬仍以次各回
營口報知賊緩急多寡如前法戰守

拒馬槍說

許公論曰問設拒馬何也曰制衝突也虜善戰勢險
而節短五步之內長兵技竭復短兵不備接戰無倫
被衝即窘矣用車難于履險為壘難于猝辦拒馬者
攜壘以行而兼車之用者也且長兵衛短于內短兵
衛長于外簽者有倫而應者無暇全勝之術也
問不用弩何也曰在古長兵誠莫利于弩自神機之
技出猛列便利蓋十倍焉故自成以来弩遂廢

數理合書　卷八十四　四樂山書屋

求衝各哨亦照此拒戰第三次添賊面來衝各哨

亦照此拒戰主將仍于中軍量火器或弓箭斬馬刀

鎗鈎等隊策應接戰候各步軍擊賊敗走中軍放砲

發敲即于四門放出奇兵追殺賊散得勝九聲喇喇

響收軍喇喇響回隊動金鼓入營鳴鑼駐隊報功畢

中軍吹嗦囉動身吹喇叭攢隊吹喇喇旋隊各順序

回各地方

下行營法軍行在進忽過聲息則下此營

許公論曰軍行作三股行左前哨右左哨中軍居中

次左右哨右後哨前後左右每三里各設塘馬一層

九里三層以次加多蓋善每人給快馬各持方色旗

一桿無事捲旗聽中軍點敲而行如先一層塘馬撩

輞間列擺為八陣營圖營定巡綽官令戒喧嘩挪鈴
不絕大凡中途遇寇隨作掎角勢前分五軍即合為
三軍用角法以置其首用掎法以牽其足尉繚子行
兵止用左右中三軍蓋兵張兩翼主握零奇應變無
窮儻敵分兵攻戰我兵隨首足齊發急分五兵應援
不可拘泥迭出今從俗名三迭陣教之特自吳璘疊
陣法稍通變之耳

方陣圖說

八陣分布圖內有馳車輜車虛寔奇正層疊成伍變
化不窮按常陳皆向敵但中營有內向有外向外營
有立陳有坐陳將居其中調度約束各有準繩務要
隅落鉤連曲折相對中間九軍錯列頭八尾車步

武經全書　卷八十四　五樂山書屋

矢近日神機愈出愈奇如地螽五子二百步及快槍

二子亦數百步并佛郎機毒火諸品又出神槍之上

矢設專官精教習止持此器佐以將軍諸品雖萬弩

曷能敵哉·

三迭陣法倉卒遇敵行營未定則用此陣法取

更相迭出士馬不疲

初遇則左哨前哨出兵拒敵虜退徐行次過胡虜則

中哨一枝突出陣前拒敵中營大將隨之居左哨前

哨之首中哨之後徐行三過胡虜則右哨後哨突出

陣前拒敵虜退徐行至營所後哨隨即站定向北右

哨擺列向西中軍吶開北門大將入營居中調度安

營布陣前哨急趨向南左哨向東中間騎步相藁車

造物武道：清代远程武器装备设计思想研究

于五而終于八非詭設物象者也信哉

四正四奇分門突陣剿捕虜冦圖説

正人出陣敵人知倘奇人出奇敵人莫測正門時闔

時闢奇門突陣方張每面三兵敵自敗北陣炎不移

曰寔騎時突出曰虛虛以待寔寔以障虛故余謂許

公方陣即古之八陣乃常蛇陣也按兵科給事中鄭

林曰臣通考古今陣法莫有過于軒轅黃帝破蚩尤

之陣夫古之蚩尤即今之胡虜也黃帝按井田作陣

法大軍歸中專主旗皷八節旋繞悉聽指揮若正北

受敵則東北西北二陣為奇兵張左右翼以援之若

正南受敵則東南西南二陣為奇兵張左右翼以援

之其正東正西及四隅受敵亦如之 謂常山之蛇

数里全書 卷八十四

六樂山書屋

數理全書

相蕞方圓互倚即古魚麗、花偏廂、角犁然具備
量車多寡分布步騎大率古馳戰一車甲士步卒七
十五人輜重一車持車二十五人二車百人不得索
亂用之在人敵安知吾車果何出騎從何來徒果何
從哉如步兵不敷照大扶胥一車二十四人推之或
照許公合用步騎軍數但依後陣擺列如無拒馬槍
即用照車當前亦通變之一策也許公方陣一圖四
正四隅俱列門旗大都皆徒孔明縱橫皆八長蛇八
陣出耳考之司諫鄭公林之説尤為確據載觀八陣
天地風雲為四正龍虎鳥蛇為四奇大将握奇為中
軍皆黃帝井田之制也李靖曰天地者本乎旗號風
雲者本乎旛名龍虎鳥蛇本乎隊伍之別所謂數起

軍行中路之中後哨行中路之末每隊相去一百

五十步如遇山路窄狹不能並行者前哨三隊先

行左哨三隊次之右哨三隊又次之如此輪流遞

為一路不許攙越停擁至寬平處仍照前三路分

行不許斷隔違者治以軍法

一凡行軍須令遊兵前持五色旗遇溝塹開黃旗遇

谿河開黑旗遇林木開青旗遇賊開白旗前後遞

相傳開掌旗官失于瞭望者痛决一百因而悮事

者依律處斬

一經過城堡鄉村鎮店不許縱軍離陣驚駭人民強

買物貨飲食奪人乘騎如有違犯定依軍法處治

一軍行步兵在前騎兵在後如遇大一騎兵在前步

擊其首則尾應擊其尾則首尾俱應

者也今遼陽李將軍以此陣教士卒演習頗得機括

營車擺用不敷隨製鐵尖木蒺藜行馬補其空缺

軍行此皆兵法所未載者故表而出之

一軍未發前三日下令收拾行裝鞍勒乾糧鞋履器

械一一足備聽令而行不可使預知所往泄漏事

機

一發軍日不拘時分但聞第一盞喇叭響收拾軍裝

第二盞喇叭響整頓擱立第三盞喇叭響啟行各

哨先令馬軍一半在前一半殿後各隊步軍依次

隨行如出郊外頒令熟知道路夜不收及遊兵前

引左哨行左路右哨行右路前哨行中路之先中

軍臨賊境遇關山險隘及二分山川口先令遊兵於

最高處四面卓望或路傍有深林幽谷草木蒙密

去處須令短兵於内搜索果無姦伏即回報主將

挨次整隊而行

一前哨軍遇賊即于當脚下先占高平之地堅立以

待遞報中軍聽其相機調度此時如有回頭移足

悉以軍法重治退後者即係臨陣先退依律處斬

一渡水先令水手前行探其深淺如有水深卒無船

筏即用犬索數條于兩岸林木或用椿橛上繋足

先令乘覺十數人攀索過水登高遠望果無藏伏

方令各隊持旗槍刀每十餘為一束或十近便處

採砍竹木作排筏下排石槍上鋪以甲用大環穿

攻里全書　卷八十四　八　樂山書屋

造物武道：清代远程武器装备设计思想研究

306

籌海全書

兵在後

一軍行遇大雪大雨人馬寒凍兵器濡濕者即宜擇
地駐劄申嚴隄儆待天晴道乾方可行兵如欲攻
其不意未備者不拘

一軍行遇大風逆來吹人灰沙撲人面目者不可進
兵宜擇地下營以防不虞若風從右背來者是助
我軍急宜進兵然崔浩因逆風兩旁設伏兵待賊
過發伏擊之取勝是謂以權佐攻也

一軍行前有賊兵守我要害斷我歸路宜引兵避之
別求其便或用車營塞其險隘固我人馬且戰且
前用飛槍神砲弩勁兵奪其要害破其圍扼可以
制敵取勝

居水衝恐有漲隘或被決壅不居無水及死水恐
渴飲致病不居無出路謂四面地隘恐被圍難解
及糧運阻絕不居無草菜恐軍乏絕不居下濕恐
人生病軍馬不利不居癈軍故城父母居者恐
被兵圍生疾不居塚墓間與鬼神共處春夏宜居
高而無暴水秋不居溝澗深谷應有洪潦兵法有
曰山中之高謂之天柱澤中之高謂之地柱高中
之下謂之天獄低中之下謂之地獄斥鹵之地草
木不生謂之飛鋒故村墟落荒城古岩謂之虛耗
川谷之口之木無草謂之大罷穹隆鐵脊四面半
垣謂之沃焦亦名龜背神祠社木謂之天社邱陵
之上大山之口謂之厄地大山之　謂之龍頭凡

造物武道：清代远程武器装备设计思想研究

308

於渡索上以聯其筏令先過者于岸上撐曳過水

或用大甕絞作䍐筏或用羊皮渾脫皮囊鑲草于

内令寔繫作木筏渡人尤妙俱要挨次而行不許

攬越

安營

一下營之法擇地為先地之善者左有草澤右有流

泉背山陰向平易通達樵牧謂之四檟居山占其

高陽居水占其上流大約軍之所居就高去下向

陽背生兵法所謂養生處寔軍無百疾居山之左

儉山之右居山之左居山之陽儉山之

陰居山之陰儉山之陽不居無障塞謂四通八達

之道受敵益多不居深草恐有潛襲或被火燒不

路不遠有水如軍遇緊急儹水隨行者湏用羊皮

渾脫盛之或大葫蘆亦可

一四外要害去處裝塘伏路者每更輪流三人于道

傍防候如有細作潛來偷營切勿驚吽放賊過塘

遠遠暗襲至第二塘以裏後無賊兵相繼者即與

答號審切掩捕不許喧噪

一臨賊境凡採薪汲水牧放未出之先湏用遊兵四

遠架梁見賊即便放砲使知迴避

一營壘已設警備再為量分遊兵於營外四面要害

去處每處給與鼓砲隱于幽僻之所或園林村疃

之中如夜有賊來犯我營壘者前項伏兵即從後

一舉砲鳴鼓而出以攻其背如此賊必警疑潰散

造物武道：清代远程武器装备设计思想研究

此地皆不可安營安營皆隨地形以設寬平處即
布方營半險半平處即布偪月營先計人數列營
幾重配地多少隨其眾寡一人三步使隊間容隊
審使剩隊不得少隊如有剩隊則均分四角或中
軍以備急用
一軍行將欲止舍必先令遊兵于營四雺高阜處整
隊駐劄就差乖覺四遠哨探一則以防敵兵一則
以過走通及待營內卓幕以定各守信地說看中
軍發起火三枝則諸軍方許撤隊入營或有瞭見
聲息隨即放砲候主將號令相機應敵
一營邊如無水者以地生蘆葦水草之處及地有蟻
冗其下必有伏泉可開井取水及尋野獸踪跡去

武經總要　卷八十四

一賊出隘口來闘候其半出速馳赴之左右夾攻再
遣精兵由間道奪其高險以銳弩火箭下瞰攻之
可以全勝
一賊入境侵掠且按兵治力待其將退度其歸路從
間道潛出精兵據險設伏再以大軍躡其後候賊
入伏乃鼓譟而前奮力齊攻攻必勝
一賊眾我寡須要避易就險或乘其陰霾昏夜及潛
伏林莽設為疑兵隨形應變擊之則勝
一賊入境內初來氣銳不可當頭截殺候其四散搶
掠其眾必分我當潛兵于鄉村擊之或待其將歸
預為分兵伏于歸路從三分之二以邀攻之則勝
一軍行山峽之間卒然與賊相遇道路窄狹雖眾難

十一　樂山書屋

一凡遇賊夜來犯賊營壘不得已而與之戰其法在
于立營之制也立營之法與布陣同盖止則為營
戰則為陣大陣之中必包小陣大營之內必包小
營前後左右諸軍各自有營大將之營居中諸營
環衛隅落鈎連曲折相對再于各隊量抽短兵于
營外五十步內裝塘如賊至塘所佯為不知放賊
過塘遲遲然後放起火一枝營內軍士皆起披執
兵刃禁聲安坐以待敵至即舉四角烽堠照耀營
壘我軍于暗處何立但見來者便以弓弩槍砲齊
擊截其歸路奮勇疾戰如此則賊可擒也
一賊入隘口待十過其四五我從後旁截之如賊驚
亂則奮兵擊之必勝

一敵若於高山大隴揚兵而行者必別有精兵將由
間道攻我不意我當置望樓遠嫽或有塵起鳥驚
之處當潛遣精騎先于來路據險設伏待其至而
擊之

一敵若乘其風雪飄罷故令偏師來攻待我應之彼
必佯為敗北此欲誘我入伏也我當勒陣緩退潛
於軍後多選精兵從賊來路及庚其歸路密切覘
望如有伏兵即分軍為三四潛入伏所互換攻擊
若彼伏兵敗走我軍就彼伏定待彼來誘我者入
伏即起而攻之

起營安營規度

凡行營湏待大營旗纛起行或聽駕前銅角聲各營

卷八十四　　　十二　紫山書屋

數理全書

用當命冒雙勇力之士先鳴鼓大譟而乘之以短
兵接戰再遣健步精兵潛登岩岈陰阻夾攻古人
以此為谷戰譬如兩虎闘于穴中猛者必勝

一我軍為敵所圍斷我前後我欲突圍而出必當以
仍合一處互相特角緩行慎勿驚亂
以長鎗大牌補空分為三部各部勇戰突突之出圍
步兵居內車騎長箭手鎗手刀手相恭居外前後

一與敵遇於深林之內當視林木疎密處則布騎
兵雜于鎗牌密處則布短兵各以奇正更戰更息
此謂林戰之法也

一敵人遠來疲勞可擊方食可擊天時不順可擊地
形未得可擊亂行可擊

315

平陽人徐某請募諸將發下大將軍砲正被虜衝敢

打人馬藥粉其勢即解徐公起擢為侍郎又大同總

兵周尚文曾用戰車載大將軍砲待賊叢集來時放

打傷賊眾困而解彌陀山困住官軍之圍今若用守

城門自好若用戰車野戰上載大將軍數十車待急

繫賊眾時用放打又豈不能如二公成功乎

神器莫過于佛郎機

各樣火器名色甚多然類皆裝藥纔放了復裝藥

又放未免遲滯且連放銃熱難為三四放必炸若佛

即機則子砲在外放子一筒又放在佛郎机空腹內

一筒再放連放四五子砲亦不熟所以為好只要各

會放人隨身帶一小口袋內帶看安藥子銃五六筒

方許起行每日下營量撥步軍或五隊十隊馬軍五

隊或三四隊步軍披甲馬軍不摘鞍伺候長圍及架

砲布列已定方許入營休息有盜人衣糧諸物及盜

騾馬寧殺并檢括隱藏人遺失物者俱斬知情首告

者給賞知而不首者同罪若收得馬騾驢馱者即送

該營轉送大營召人識認如有遺失被後唷官軍收

獲者收役官治以大罪

凡將下營未定之時須撥幾隊人不解甲馬不解

鞍長圍架砲先定然後入營休息及嚴謹營不偷

盜然後營自整也

大將軍破敵

正統己巳虜犯京城彰義門當虜衝有給事中山西

即如兩眼銃一般即如三眼四眼銃一般

藥箭夜不収俏射賊馬

造藥之法山西陽曲縣陽溪諸里極為積製藥成先

試淬針以之刺蛙一跳即死藥味不難即本土所生

烏頭婁離等物夜選乖覺有胆之人各藏牛角短弓

竹杆小箭待虜睡熟將馬拴住攢簇以藥淬箭臨到

跟前或十步或五步暗行刺射戰馬一中無不死者

亦古人夜解賊馬鞍之類也

電棑雷丸

其為器也管用七尺兩以銅為之小管七寸兩以藥

發之小管之口塞以鉛丸出入橐中日夜任發遠者

一二里近亦二千步丸及之處人馬聲傷此蓬忽日

摟連放之又安架上隨手轉放皆便其聲震響所打

無不破透若鳥嘴銃雖好安藥鉛子小亦遲即打著

人不係致命處亦打不死也

火鎗莫便于夾把銃

夾把銃即快鎗一般但快鎗是一塊鐵打的一條鐵

棍一般太重夾把銃則上半截渾用鐵下半截扁扁

一片鐵兩邊加木板夾住鏇牢所以名為夾把銃

口頭上再傍邊加上如夫刀相似一扇鎗若見賊放

夾把銃打了一時再裝藥不及賊卻早撞在面上則

即作棍打賊亦可即作鎗照賊札將去亦可一物而

三用焉況放時原用一鉛子若臨賊放時多添二三

鉛子在內發去則散間多打著賊即如連珠砲一般

長鎗猱拘扎鈎之无有不勝矣不然只徒設而无人

善用之終亦不能濟事又或離安營處遠遠亦預先

密設此地網卻用精兵往挑戰先出數人記定地網

有可往來之路還出地網外賊必來迎敵故意詐敗

走回賊一時急趕來必陷地網之中仍用前法眾一

擁鎗鈎馳擊之无無不勝

一城堡懸樓可有十蓋以上二件是山陰人楊經

懸樓體制高七尺闊八尺出墻六尺一樓只用十人

而十人用兵可護百丈其餘梁口即不用人亦可此

其益一也樓之左右各開外掩火門在我得以視彼

而彼不得以視我此其益二也門之左右隨使使用諸

般火器使我得以擊彼而彼不得以擊我即雜以弓

數理全書

錄所載

一地網

古人結草尚可以絆敵馬罟穿猶能以陷獸則今邊
墻外掘品字窖坑或内安鐵尖之物或上覆草土以
蓋使敵人莫知或陷其中固亦地網之類然無人看
守即跌一二敵馬其餘皆驚知便用他物踏知填塞
者復復如平地矣此我不善用地網之過也此用地
網當於敵人來處或夜密遣衆挑掘成窖坑上覆以
脆薄板片或只劃掘此馬蹄大兲品字羅列如網上
或以舊布片盖之猶上土鬆壓灘平却用兵迎敵將
來往近窖處擺陣以待相敵間少為退回之狀則
敵必前來捕趕不行想間必陷我品窖内即急回以

睡着隱藏賊或因雪上墻者殊矣此其益十也

禁誼出武經總要

凡兵體尚靜惡誼靜則有序誼則必亂其軍行在路

若要喚人及進退止息令每隊取曉事者兩人一人

執小緋旗于于本隊外旁行去隊十步以為望一人

專聽待喚如去賊近即遙相暗報欲令止息即卧旗

子當隊下即住候見旗立即速行或要抽退令旗子

不住前招當隊回身速行其大軍首尾亦各差小校

領主將處分他人不得輒傳聲

度險

凡軍行入山林翳薈之地防有伏兵先須選遍健三

二百人於險阻不防之處偷路過把其出道又選驍

算理全書

矢亦可此其益三也樓底之門上繫蜂窩大砲使其
左右遊擊使賊不敢倚衆以齊攻此其益四也夾牆
之內時實滾虎圓砲使其往來衝擊使賊不得恃猛
以近牆此其益五也又樓相設約可兩三箭之地得
以兩頭夾攻使賊不得以施其一面專攻之計此其
益六也上下三處以砲擊使賊顧此失彼顧彼失此
不得恃其齊心捨命之勇此其益七也樓在各画視
聽即賊使詐使巧便能覺知而預防不得遂其日夜
攻取之謀此其益八也又況支更鼓者亦在于樓雖
昏夜必知賊動靜其與在城牆內往來提鈴不能外
視賊或潛耙上城者異矣此其益九也又況戰守者
俱在于樓雖遇雨雪亦不失信地其視避雨腰鋪或

次排列第三隊亦如之餘軍亦準此待末隊過盡即

左右兩廂對行引發如非賊境即軍伍相連緩行過

渡依常引發仍置斥候遠望如前法

齎粮

夫千里饋粮士有飢色樵蘇後爨師不宿飽況深入

敵境飛輓不通襲師及寇益資擬倫雖云困粮于敵

亦虞清野以待舊法人持乾粮三斗可用數旬若班

師在道去境猶遠儲貯之絕即須揀擇羸瘦牛馬應

卒以充軍食庶全人力不至為賊困遍　舊法米一

石取無谷者淨淘炊熟下漿水中待水曝乾淘去塵

又蒸曝之經十遍可得二斗每食取一大合先以熟

水浸之待濕徹然後煑食之一人可五十日　盐三

勇當道悉搜或曰高山樹抄使人遠視審無藏伏分
兵前後以為堵截然後遣輜重光渡以步兵繼進其
齊水亦如之凡遇坑穴闊三五丈人馬不可通即
令軍中每人把一木橛子及一束薪蜀之顛遠傳填
之立可渡凡遇峭崖峻壁之阻則以接梯倚其壁
選遍健者手持鉤竿身繫二繩索緣梯並勾木石而
上至牛穩處即繫繩于木垂兩頭至地繫橫關為軟
梯與象軍攀緣並續加繩索及縋人登之
出隘
凡軍行賊境若逢山水窄隘橋梁齊渡須防壅過自
相蹂踐及為敵人邀截先令左右廂虞侯各領第一
隊過便于兩邊卓隊排陣以為防守次第二隊過以

唧口中亦可止渴　每人將葫蘆或竹筒皮樻可受

二升者科前程之水即盛行馬軍每人將乾酪與

馬恐馬渴乏邊兵遠行則有糜餅麨飯雜餅之

類糜餅用糜末作麨投沸湯和為餅厚一分候令切

作碁子曝乾收貯如在營岩內以湯沃而食之如路

行及戰陣中乾食之味美不渴愈于雜餅麨飯麨並

製如常法惟曝極乾令可齎持及火

斥堠聰望

凡軍遣候吏必擇精明勇敢奇謀遠慮者令被鄉國

之人引導而往或刻獸足即中路為都行之狀或土

冠微禽而隱伏叢薄之間盖欲密聲晦迹惕人知覺

然後傾乛而聽專目而視諦伺它物以迎知敵人之

升以水沰入鍋中炭火燒之即堅小不消一人食可
五十日又宜夏月遠行粗布一尺以一升釀醋浸
曝乾以醋盡為度每食以方寸㦤之可食五十日
取小麥麵作蒸餅一枚浸醋一升㦤作曝乾以醋盡
為度每食每悟桐子大㦤之人可食五十日豉三升
搗如膏加盐五升捻作餅子曝乾每食如棗核大以
代醬菜人可食五十日　米麩一升人食可一日
牛一頭食之五十人可一日　馬一匹食之五十人
可一日　驢一頭食之三十人可一日　如更急難諸
戎裝用皮者亦可煑食救飢　山行即採松皮每十
斤與米五合煑之食爛熟半斤一人可食一日每
人將油麻半斤如渴取三十粒含之立止　烏梅乾

造物武道：清代远程武器装备设计思想研究

人已上舉幡大呼主者遣疾馬往視

探馬

軍行前後及左右五里著探馬兩騎十里加兩騎十
五里更加兩騎至三十里用十二騎前後為一道其
最遠及以次遠者各等第楝壯馬給興之馬弱則恐
為賊所擒若兵多發引稍長即路上更量加一兩道
其乘馬人每令遙相見常接高行各執一方面旗無
賊則卷有戰則舒以次遞應至大軍大軍見旗展則
知賊至庶得擇利敲机應變迎前出戰也

遞鋪

凡軍行去營鎮二百里以來須置遞鋪以探報警急
紛擇要迅使往來疾速平正別置健尼之人水路亦

支里全書 卷八十四

十九 樂山書屋

畫珍全書

精故見之痕則知敵濟之深淺觀樹動則驗冦來之
馳驟眾草多障者使我疑也飛鳥不泊者下有伏兵
也驚獸奔逸者謀潜襲也

敵來之伏餘見察敵形門

凡此之類哘可察而預知之必待逢敵之軍而後用

其耳目則不能及矣若師行斥堠多擇高要之處察

望四邊前探不得推後探以為鋒左矛不得望右矛

以為冋是以軍行軍止必先謹聽候之法也

探旗

軍前及左右下道各十里之内五人為一部人持一

白幡一絳幡見賊騎舉絳幡見步賊舉白幡傳語後

第二第三部諸主者白之賊百人巳下但舉幡指百

藏伏既置燧烽軍內即須置一都烽應接四山諸烽

其都烽如見煙火忽舉即報大總管某道煙火起大

總管當須戒嚴收保遣差人亦探

軍誓

兵法曰夏后氏誓衆於軍中欲人先成其慮也商人

誓衆於軍門之外欲人先意以待事也周人將交刃

而誓之以致人意也故書之所記三代令王出兵代

罪必立誓命之文所以申飭有衆堅整士心為戰陣

之首也今之出師凡將發及戰主將當觀臨士衆明

布誓言使在下無不聞者感激衆志然後行也誓曰

大將某官告爾三軍將校士卒整爾衆庶謹聽予命

今多戒入不賓侵敗王器大我邊隆宮戎稽事毒流

卷十四　　二十　樂山書屋

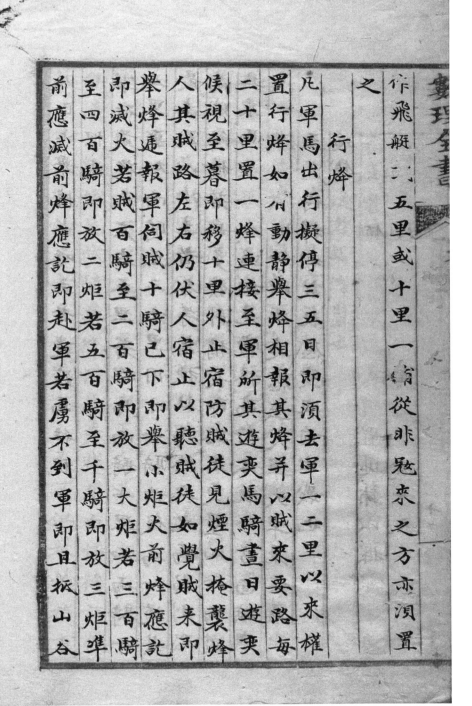

作飛艇二

五里或十里一墩從非寇來之方亦須置

之

行烽

凡軍馬出行擬停三五日即須去軍一二里以來權
置行烽如有動靜舉烽相報其烽并以賊來要路每
二十里置一烽連接至軍所其遊奕馬騎畫日遊奕
候視至暮即移十里外止宿防賊徒見煙火掩襲烽
人其賊路左右仍伏人宿止以聽賊徒如覺賊來即
舉烽遞報軍伺賊已下即舉小炬火前烽應訖
即減火若賊百騎至二百騎即放一大炬若三百騎
至四百騎即放二炬若五百騎至千騎即放三炬準
前應減前烽應訖即赴軍若虜不到軍即且拔山谷

則不吉而事利令明法審則不筮而計成然而智者
以權佐政古稱有五助焉一曰助謀二曰助勢三曰
助怯四曰助疑五曰助地兵家之机不可不察也

符契

符契之設尚矣周武王問欲引兵深入諸侯之地三
軍卒有緩急利害吾將以近通遠從中應外以給三
軍之用奈何太公曰主與將有陰符凡人等有大勝
克敵之符長一尺破軍擒將之符長九寸降城得邑
之符長八寸却敵報遠之符長七寸誓眾堅守之符
長六寸請糧益兵之符長五寸敗軍亡將之符長四
寸有失利亡士之符長三寸諸奉使行符稽留若符
事聞世人者皆誅之敵雖至智莫之能識然近代或

造物武道：清代遠程武器裝備設計思想研究

于庶民帝授我爷钺肃将天诛尔尚一乃心力锐

乃戈予共藏大愁有进死而荣无退生而辱用命有

厚赏不用命有显戮兔哉尔众服勤王事毋于兴刑

此誓之大意也主兵者临时为纳以誓军

　　定惑

夫万众之聚事变不一起为谲乱不可不虑或士卒

未信下轻其上或妖异数起众情生畏主将当修德

政令缮砺锋甲勤诚誓众以祇天诚复择吉时具牲

牢盛馔震鼓铎之音以祭牙旗精意虔请以观祥应

若人马喜曜旌旗皆前指高陵金铎之音扬以清鞞

鼓之音宛以鸣此得神灵之助当示众以安其心否

则矫说善祥而布之于下乃可定也虽云任贤使能

千人已上用雙虎雙豹符符尾樞密院以右符第一
為始盛以木函封以本院印與宣命相副付於使臣
宣內其言下第一符發兵馬若干主將遇宣與符即
將左符看驗得合乃為興發發訖即以本司印封題
右符還付使臣歸京仍飛驛別奏凡主將所掌符
契專擇一官為腹心典領凡給受符次第月日
所發兵馬之數皆書于籍勿得謬誤以偽照覆若再
有抽發樞密院即下右符第二至第五各以次行用
周而復始其降宣遣使封題勘合並於下第一之制
其銅符右叚委樞密長官於本院嚴固封鎖以承旨
主事各一員典掌亦置籍抄記如法本院官通押遍
祉照驗　木契長七寸濶二寸厚一寸五分上下面

用或置草不同宋康定以制符契頒于公邊諸部
今附其法於右云符長五寸濶二寸厚六分上面刻
篆字曰某處發兵符下面鑄虎豹為飾中分為二段
牙檔相合右一段左旁作虎豹頭四支左一段右旁
開四竅為開合之處先勘合訖却將篆文兩面相向合
定於側向刻十干字為號其第一符勘甲已字為
合第二符勘乙庚字為合第三符勘丙辛字為
合第四符勘丁壬字為合第五符勘戊癸字為
合左符即全刻十干半字右符即依次刻甲已
等兩半字右五段留京師左五段付逐道主將收
掌
凡發兵馬三百人以上至五千人用一虎一豹符五

宋大將石普上言北面敵行陣間有所號令則遣
人馳告恐失計畫復虞姦詐請令將帥各持破錢造
牌遇傳令合而為信真宗以古有兵符廢之巳久因
制漆木為牌長六寸濶三寸腹背刻字而中分之置
鑿柄令可合又穿二竅容筆黑上施紙札每臨陣則
分而持之或傳令則書其言而繫軍吏之頸至彼合
契乃書復命焉

字驗

舊法軍中咨事若以文牒往來瀆防洩漏以腹心報
覆不惟勞頓亦防人情有時離叛宗軍中事畧不四
十餘條以一字為暗號

請弓 請箭 請刀 請甲

云■虔契中剖為上、二段上段内為魚形出
題一二三次第下段内刻空魚為勘合之處左側題
云左魚合右側題云右魚合上三段下一段上三段
留主將收掌下一段付諸軍州城寨主收掌凡主
將差發兵凡百人以上先發上契第一段盛以皮囊
封以本司印并文牒相副遣指使或職員齎付文牒
内具言發第一契兵馬若干其州縣城寨主得牒與
契即將下契與上契勘驗得合及交付兵馬付訖其
上契卻用本司印封題發付使人齎歸其第二第三
契差發勘合並如下第一契條約如丹有抽發即依
次用之周而復始其收掌給受委官置籍一準符剖

傳信牌

請得所報知即書本字回亦加印記如不先即空印

之使衆人不能曉也

鄉導

經曰不用鄉導者不能得地利管子曰主兵者審加

地圖然後可以行軍襲邑蓋入人之境者我孤軍以

進彼密嚴而待渡險則有發伏之虞涉川則有壅決

之憂晝行則有暴來之闘夜止則有虛驚之擾頓舍

必就薪水牧必依芻草一事不偹則自投于死安

能獲冠哉故敵國之山陵立阜可以設險者茂草蒲

葦之中可以隱藏者道里之遠近城郭之小大委曲

切詭必智之所在水草之所有卒乘之衆窠哭甲之

堅詭必交知之則兵行鄉導不可無也

欽定全書　卷　二十四　樂

請槍戈　　請馬　　請衣服

請鍬幕

請糧料　　請車牛　　請船

請草料

請攻城守具　請添兵　　請移營　　請進軍

請退軍　　請固守　　未見賊　　見賊訖

賊多　　賊少　　賊相敵　　賊添兵

賊移營　　賊進兵　　賊退軍　　賊固守

圍得賊城　　解圍城　　破賊圍　　賊圍解

戰不勝　　戰大勝　　賊大捷　　將士投降

將士叛　　都將病　　戰小勝

士卒病　　戰大勝

右凡偏裨將校受命攻圍臨發時以舊詩四十字不
得令字重每字依次配一條與大將各收一本如有
報復事據字于尋常書伏或文牒中書之加印記所

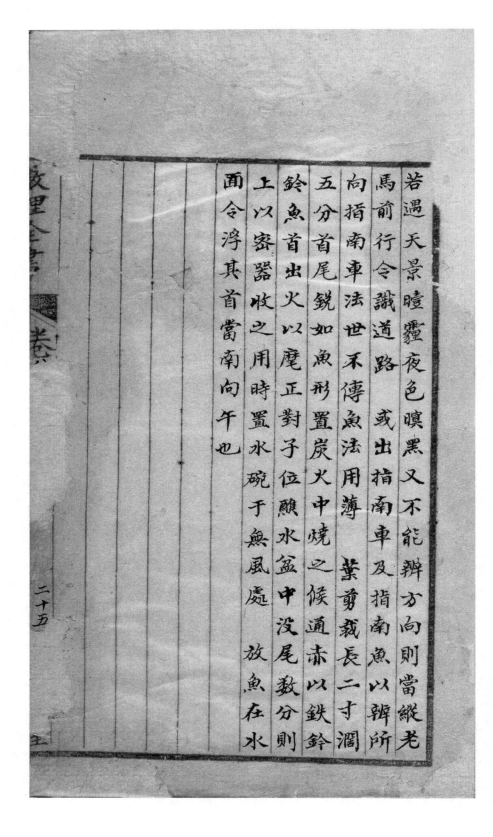

若遇天景曛曀夜色暝黑又不能辨方向則當縱老
馬前行令識道路或出指南車及指南魚以辨所
向指南車法世不傳魚法用薄葉剪裁長二寸濶
五分首尾銳如魚形置炭火中燒之候通赤以鐵鈴
鈴魚首出火以尾正對子位醮水盆中没尾數分則
上以密器收之用時置水碗于無風處放魚在水
面令浮其首當南向午也

凡用軍事或俘虜為鄉導者須防賊謀陰持姦言為

其誘誤必在鑒其色察其情參驗數人之言委曲相

合乃可信任便當厚其頒賞要之爵秩乃選腹心智

謀之士挾以偕相出處密防其貳也然不如索蓄壘

用之士但能諳練行途亦不必土人也如在曠野四

隅莫辨又值夜晦當視北辰及候中屋為正

正月昏昴中旦心中　二月昏井中旦箕中

三月昏柳中旦南斗中　四月昏翼中旦牽牛中

五月昏角中旦危中　六月昏氐中旦壁中

七月昏危中旦婁中　八月昏南斗中旦翠中

九月昏牛中旦昴中　十月昏盧中旦室中

十一月昏營室中旦軫中　十二月昏奎中旦元中

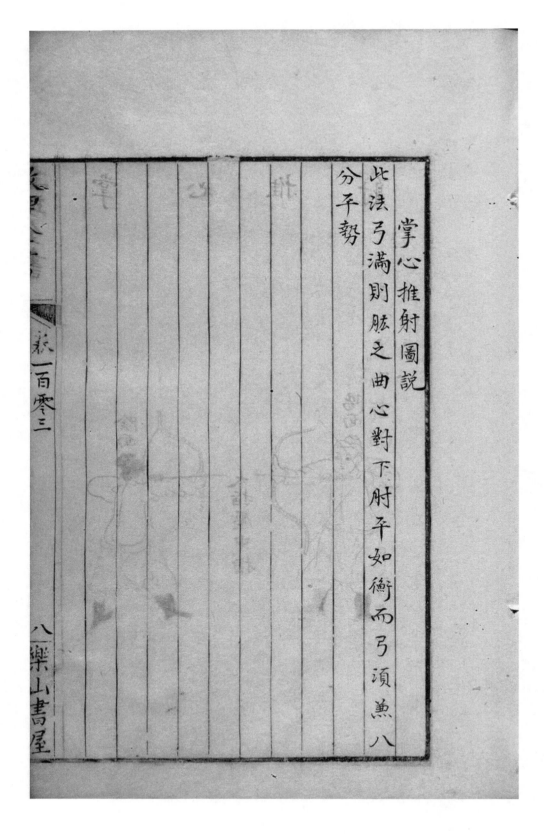

掌心推射圖說

此法弓滿則肱之曲心對下肘平如衡而弓頂焦八

分平勢

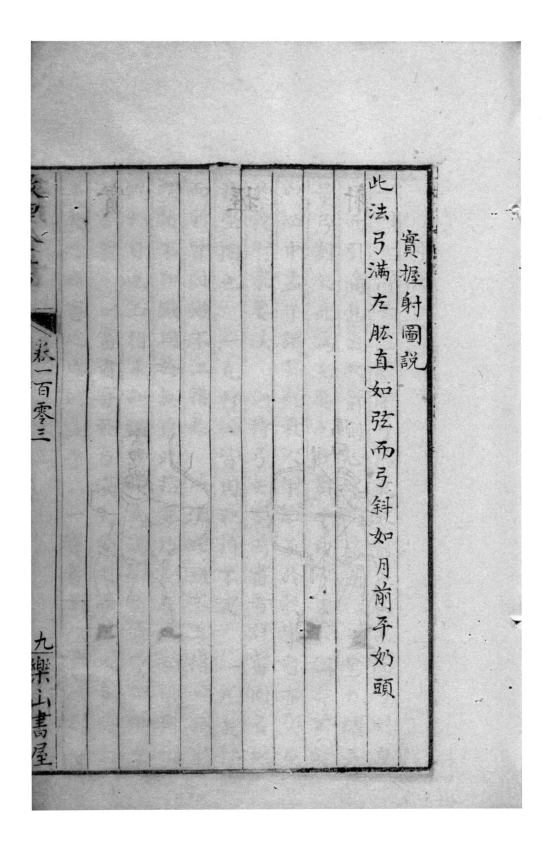

實握射圖說

此法弓滿左肱直如弦而弓斜如月前乎妳頭

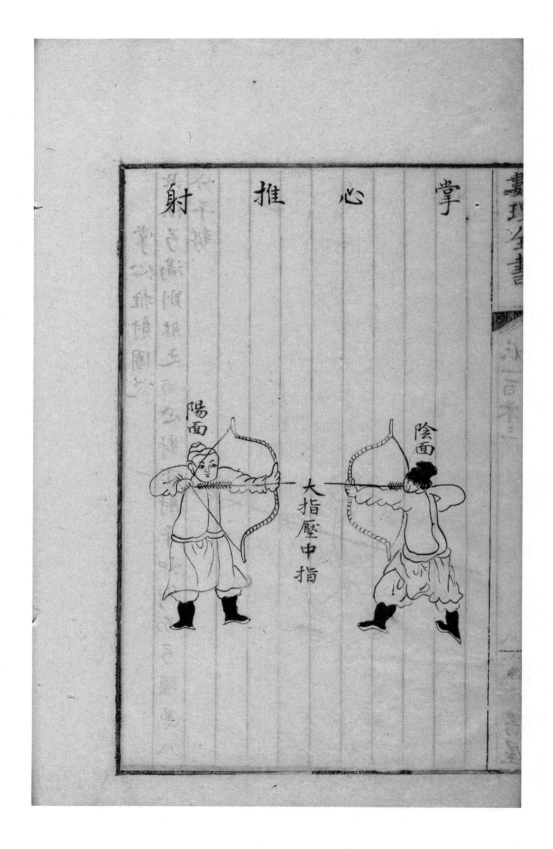

造物武道：清代远程武器装备设计思想研究

射法

一烈女傳云怒氣開弓息氣放箭蓋怒氣開弓則力
雄而引滿息氣放箭則心定而慮周一量力調弓
量弓制矢此為至要也故荀子曰弓矢不調羿不能
以必中孟子謂羿之教人射必至於殼學者亦必至
於殼射家要法一持弓矢審固審者詳審固者把
持堅固也一凡打袖皆把持因不定一凡矢搖
而弱皆因鏃不上指也一法曰鏃不上指必無中
理指不知鏃同於無目此指字乃是左手知鏃到不
假於目也必指末知鏃然後為滿必箭箭皆知鏃方
可言射一審者審於弓滿矢發之際今人多於大
半矢之時審之亦何益乎一審者今人皆以為審

欽定全書　卷一百零三　十　樂山書屋

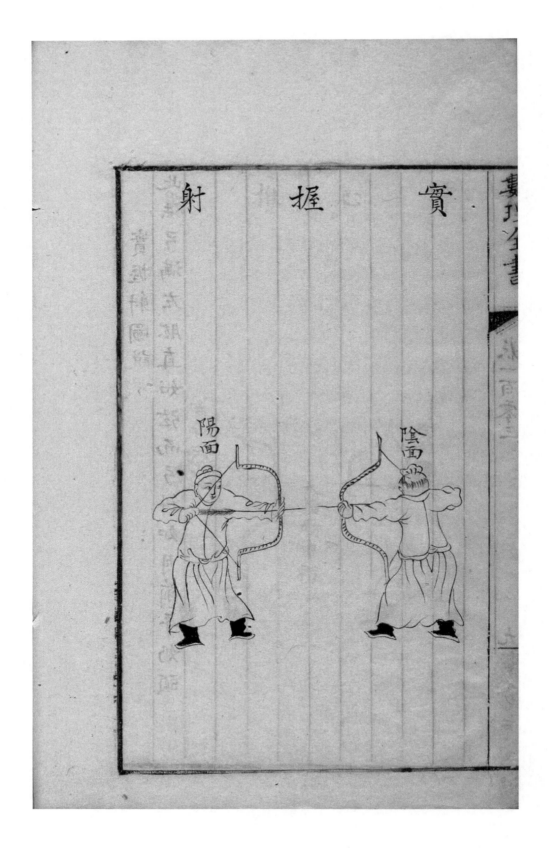

有中者亦幸耳一教騎射箭法勢如追風目如流

電滿開弓急放箭目勿瞬視身勿倨坐出弓如懷中

吐月平箭如弦上懸衡凡射或對賊對把站定觀

把子或賊人不許着扣此眼法也　目稍瞬則不及避而制於人

凡射前腿似橛後腿似瘸隨箭政移只在後腳左

左政右妙　此向正中的之　凡射前手如推泰山後手

肩尖直對右腳尖丁字不成八字不就射右政左射

如握虎尾一拳主定前後直正慢開弓緊放箭射大

存於小射小加於大　存壓其前手　務取水平前手撒一

後手絕着　二句使射之玄兩臂騰伸合則一箭疾而加於尋常數齊一齊　凡射法箭搖頭乃是右手大食指扣弦太

等矢法也　此

緊之故其扣弦太緊之故是無名小指鬆開之故學

的而已殊不知審的第審中之一事耳益弓滿之際
精神已竭手足以虛若卒然而發則矢直不直中不
中皆非由我心使之也必加審之使精神知易手足
安固然後發矢其不直不中為何一射法中審字
與大學應而後能得應字同君子於至善既知所止
而定而靜而安矣又必能應焉而後能得所止君子
於射箭引滿之餘發矢之際又必加審焉而後中的
可決欲知審字工夫合於應字工夫玩味之乃得
一大指壓中指把弓此至妙之古法也決不可不從
之一九箭去寧高而過的慎勿低而不及也此人
人之病記之記之，一九中的之箭可取必者皆自
從容閒暇中能必之之未有忙忽而可取必者忙忽而

造物武道：清代远程武器装备设计思想研究

皇玉全書

射者有此病射時用小草稍一寸用無名指小指共
恰於手心箭去而草不墜即箭不搖擺矢兀對敵
射箭只是個膽大力定勢陰節短則無不中人無
能避矢此狀形容不出大端將弓扯起且勿盡滿且
勿輕發只是四平架手立定則勢陰矢必待將近
數十步約我一發必能中敵必能殺人至死或患將
切身或為賊先鋒一中而收利十倍則節自短矢馬
上之賊只當者大的射不可射人諺云射人先射馬
擒賊必擒頭是也

太白兵備統宗寶鑑卷一百零三終

结　语

从古至今，在社会发展的长河中，军事与战争在一个国家和民族的发展中扮演着非常重要的角色，一个国家的没落与崛起都伴随着军事活动的发生。从博物馆中陈列的古代冷兵器，到现代战场上的高新武器装备，无不蕴含着广大人民智慧的结晶。

武器装备的发展水平往往是一个时代最新科技水平、设计工艺、文化思潮的反映，也反映着战争发展变化的趋势。中国古代武器装备的发展可分为石兵器、青铜兵器、铁兵器及古代火器四个历史阶段。从大范围划分，前三个阶段归于武器装备阶段，此后进入冷兵器与火器并用阶段，直到鸦片战争以后，西方近代火器传入中国，才逐渐结束了使用冷兵器的历史。在漫长的冷兵器时代，由于频繁的战事需要，一个政权往往将当时最为先进的制造技术、最能代表该时代的审美趣味运用到兵器的设计与制造中。在武器装备战斗力生成模式转变中，兵器、兵役制度、作战形式等基本要素往往发生了质的转变，军事理论、军事教育训练、军事法制等辅助要素也在质上或量上产生了重要飞跃。

从现代设计的角度来说，无论哪个时代的武器装备设计都能完整体现出外观与结构、制造和工艺、操作与交互、性能与威力等四个对立统一的设计属性。武器装备在历史的进程中逐渐发展为实用性与象征性的统一体，其过程可以归纳为：实用大于审美——实用与审美共存——审美大于实用——实用大于审美。实用性（从小到大）与象征性（从大到小）的转变在于兵器演化序列中的冷火交替阶段。

在对武器装备的设计过程进行分析后，其作为军事斗争中具有杀伤力的作战器械装置，是典型的工程技术设计产品，是一种力求实现功能的设计产物，特别是要满足其军用性能的要求。我们可将兵器设计分为性能设计和造型设计两大部分，性能设计包括材料性能，结构性能，防护性能以及系统性能。造型设计可以分为结构特征设计以及外观造型设计。主要针对性能设计中的材料与工艺，功能与结构以及外观造型设计中的比例与尺度，均衡与稳定，涂装与色彩，以及环境与和谐等部分展开研究。

对于武器装备的外观造型设计来说，虽然不作为武器装备设计中的决定因素，但也是整体设计中不可忽略的一部分。一件设计合格的武器装备，不但具有良好的应用性能，同时它的造型也能带给使用者和观者带来审美的愉悦。不是陈列在博物馆中的艺术作品才具有美的性质，在战场上以刀剑火炮的阳刚之美为代表的武器装备也具有其独特的美感。因此，武器装备的设计思想需要更客观地看待以及更深入地挖掘，应该运用技术美学理论，寻找技术美学与武器装备设计思想之间的潜在联系，建立一个符合审美规律的武器装备设计思想体系。

因此，武器装备的设计思想与现代武器的外观设计，具备很强的内在关联性。现代武器在实用的基础上，审美同样是不可忽略的软实力，也应该具有丰富的美学价值。长期以来，受国情、军情影响制约，我军武器装备研制存在着重视性能参数、忽视外观设计的现象，与外军同类武器装备相比差距较为明显。新时期武器装备的建设和发展，要求我们必须重视外观设计的作用意义，更新理念、正视不足、加大投入，在践行强军目标、推进武器装备现代化中，塑造具有中国特色、符合人民军队形象、满足国家战略需求的新一代武器装备外观设计风格，更好地展示国家军事实力，为完成党和人民赋予的新时代使命任务提供有效地支撑。

当前，文化日益成为民族凝聚力和创造力的重要源泉，成为军事竞争乃至综合国力竞争的重要因素。具体地把握当代军事科技和当代战斗力系统主导性因素及其应用规律。深入挖掘武器装备设计思想，为现代武器涂装、外观设计、造型与材料等提供可能的借鉴，为整体兵器演化发展时序提供必要的延续环节。

习近平总书记在十九大报告中指出，要坚持走中国特色强军之路，全面推进国防和军队现代化，做出了建设世界一流军队的"三步走"战略部署。武器装备作为国防和军队现代化的重要组成，正在以时不我待的紧迫感，加速赶超世界一流。在此时代背景下，更应将武器装备外观设计置于更重要的地位，更新理念、加大投入，力争使我军武器装备的外观焕然一新，更好地展示人民军队威武之师的形象，扬我国威军威，提振民心士气。

因此，我们首先要抓紧研究制定具备中国特色的武器装备外观设计标准。只有先确定了标准，技术攻关才有方向目标，设计制造才能有章可循。

其次，要与国家军事战略相适应。积极防御战略思想是我党军事战略思想的基本点，一直以来，我们坚持不搞侵略扩张、不称霸、不争霸，赢得了相对和平稳定的国际环境，赢得了国家发展的重要战略机遇期。武器装备作为国家力量的直观展示，在整体外观风格上也应体现"积极防御"的思想，服从服务于国家战略。

再次，要注重吸收国外先进经验。世界各军事强国在武器装备外观设计方面，都已经形成了鲜明的风格特色。我们要博采众长、兼容并蓄，并且能够体现中华文化特色增强民族自豪感。

最后，要抓紧培养专业化人才。建设一支水平高、造诣深的专业队伍，是提升我军武器装备外观设计水平的关键所在。武器装备外观设计人才培训周期长、难度大，要构建适应专业特点的培训体系，设立武器装备外观设计学科门类，集合相关专业院校的力量，提高培训的质量和效益。依托军民融合的模式，还要注重实践的积累，因为武器装备外观设计是一门实践性很强的专业，只有在实践中接受检验、不断总结，才能得到各方面水平的提高。